华中师范大学出版基金丛书
学术著作系列

气候变化教育

U0157286

赵　峰
陈　实　主编

C B J J

华中师范大学
出版社

图书在版编目（CIP）数据

气候变化教育/赵峰，陈实主编. —武汉：华中师范大学出版社，2023.6
ISBN 978-7-5769-0079-8

Ⅰ.①气…　Ⅱ.①赵…　②陈…　Ⅲ.①气候变化-教育研究
Ⅳ.①P467-4

中国国家版本馆 CIP 数据核字（2023）第 019607 号

气候变化教育

ⓒ赵　峰　陈　实　主编

责任编辑：喻　彬	责任校对：方统伟	封面设计：罗明波

编辑室：第一分社　　　　　　　　　　电话：027－67867317

出版发行：华中师范大学出版社有限责任公司

社址：湖北省武汉市洪山区珞喻路 152 号　　邮编：430079

电话：027－67861549（发行部）

网址：http://press.ccnu.edu.cn　　　　电子信箱：press@mail.ccnu.edu.cn

印刷：武汉兴和彩色印务有限公司　　　　督印：刘　敏

字数：350 千字

开本：710 mm×1000 mm　1/16　　　　印张：21.75

版次：2024 年 1 月第 1 版　　　　　　印次：2024 年 1 月第 1 次印刷

定价：98.00 元

欢迎上网查询、购书

敬告读者：欢迎上网查询、购书；欢迎举报盗版，电话 027－67867353

目　　录

气候变化教育

第1章　气候变化科学基础

本章概要

　　本章主要介绍气候变化科学的基础知识，分为地球气候系统的组成及关联、气候系统的能量平衡和关键物质循环三个部分。首先，简要阐述地球气候系统的基本概念和组成成分，并介绍各要素之间的关系。其次，厘清与气候变化有关的能量平衡要素及过程，分别阐述气候系统能量的来源、耗散及传输过程。最后，梳理气候系统物质循环的关键过程，尤其是碳循环和水循环及其在气候变化中发挥的作用。

学习目标

　　1. 运用文献法和案例法，总结地球气候系统的组成部分、功能及关联。

　　2. 运用文献法和系统分析方法，归纳与气候变化有关的能量平衡机理。

　　3. 运用文献法和系统分析方法，概括碳循环的关键要素和循环过程。

　　地球气候系统的组成、功能及关键过程是学习气候变化的基础，也是本章的主要内容。整体而言，地球气候系统保持能量动态平衡和物质守恒，但气候系统各个组成部分内部的能量和物质含量随着气候的变化在不断改变，且各组成部分之间相互联系、互相影响，存在着复杂的平衡机理和循环过程。

1.1　气候系统的组成及关联

地球气候系统概念是以系统思维方式来研究地球的气候，不仅分析影响气候的各个要素，同时还关注各要素之间的相互联系与影响。完整的气候系统由大气圈、水圈、冰冻圈、岩石圈和生物圈五个部分组成，这里我们首先界定天气、气候与气候系统的概念，然后就气候系统五个部分的功能和联系进行阐述。

1.1.1　气候与气候系统

1.1.1.1　天气与气候

人类赖以生存的陆地和海洋被混合气体组成的大气层包围，大气的波动时刻影响着活跃于大气层底部的人类，而天气就是大气波动产生的一种现象。在日常生活中，我们经常提及天气状况，因为天气变化的周期短且现象复杂，对生产生活有极大影响。中国城市气候学家周淑贞教授将天气定义为某一地区在某一瞬间或某一短时间内大气状态（如气温、湿度、压强等）和大气现象（如风、云、雾、降水等）的综合[①]。政府间气候变化专门委员会（Intergovernmental Panel on Climate Change, IPCC）认为天气是指在某一地点和某一时间的大气状况，包括温度、气压、湿度、风和其他关键气象要素，以及雷暴、沙尘暴、龙卷风等特殊现象的发生。综上所述，天气是指某一地区短时间内低层大气呈现的各种状态（如气温、气压等）和现象（如云、雨、雪等）的综合。

相比于天气，气候是指更大时空尺度的大气现象和过程，具有一定的稳定性。通常以气象要素（气温、降水等）的各种统计量（平均值、极值、概率等）来表述气候。对于气候的概念，周淑贞教授认为，气候指的是在太阳辐射、大气环流、下垫面性质和人类活动的长时间相互作用下，某一时段内大量天气过程的综合[②]。IPCC则认为气候有广义和狭义之分。狭义的气候指一段时期（不少于30年）内天气相关数值（如温度、降水等）的平均值及其变动的统计性描述。广义的气候是对气候系统状态（频率、规模、持久性、趋势等）的统计。因此，气候是在太阳

①　周淑贞. 气象学与气候学 ［M］. 北京：高等教育出版社，1997.
②　周淑贞. 气象学与气候学 ［M］. 北京：高等教育出版社，1997.

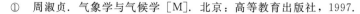

气候变化教育

辐射与海陆分布、下垫面性质、大气和海洋的大规模运动等因素的相互作用下，某一地区天气要素的多年平均与浮动状况。

　　天气与气候都是大气要素发生波动的结果，但天气变化往往发生在较小的时空尺度内，具有很大的波动性和随机性。而气候是指长时间的、大范围的气象特征，一般比较稳定且具有规律性，是对多年观测的天气现象的总结和概括。因此，天气是气候的基础，气候是对天气的概括。一个地方的气候特征是通过该地区各气象要素（气温、湿度、降水、风等）的多年平均值、峰值、波动趋势及特殊年份的极端值反映出来的[①]。二者之间存在着统计联系，可以从时间上反映出短期与长期的关系。

随堂讨论

　　请以自己的家乡为例，说明该地区天气和气候的特点，以及近些年发生的变化。

拓展阅读

　　竺可桢（1890—1974），字藕舫，浙江绍兴人，我国近代著名的气象学家、地理学家、教育家，中国科学院院士。他是中国近代地理学和气象学的奠基者，对中国气候的形成、特点、区划、变迁，以及地理学和自然科学史都有深入的研究，是中国物候学的创始人。

　　1910 年，竺可桢考取第二批庚款公费生赴美留学。因此时的中国以农立国，为了振兴中华，他选择了伊利诺依大学农学院。1913 年获农学学士学位后，又考入哈佛大学研究院地学系，研习气象学，28 岁获博士学位后旋即回国，投身于科学救国的事业之中。

　　竺可桢是一位"只问是非，不计利害"的科学家。即便是在"文化大革命"期间，82 岁高龄的他在无助手协助的情况下，完成了《中国近五千年来气候变迁的初步研究》这一力作。该文的中文稿载于《考古学报》1972 年第 1 期，英文稿载于《中国科学》16 卷（1973 年第 2 期）。文中，竺可桢重建中国近 5000 年的气温史，指出在前 2000 年，黄河流域年平均温度比现代高 2 摄氏度，冬季温度高 3～5 摄氏度，与现在长江流域相似；后 3000 年有一系列的冷暖周期，每个周期约 400～800 年，年平

---

　　① 翟建青，代潭龙，王国复. 2020 年全球气候特征及重大天气气候事件 [J]. 气象，2021，47（4）：471-477.

均温度变化范围为 0.5～1.0 摄氏度。此文不仅标志着历史气候学的奠基，也显示了中国古代异常丰富的自然记录在当代气候变迁和全球变化研究中有着特殊作用。英国《自然》周刊评价说："竺可桢的论点是特别有说服力的，着重说明了研究气候变迁的途径。"施雅风院士也称该文"是这个研究领域在 70 年代我国在国际上最有影响的代表作，开辟了现代气候变化研究的新方向"。

摘自：

中国科学院. 纪念竺可桢先生诞辰 120 周年 [EB/OL]. (2010-03-26) [2022-02-26]. https://www.cas.cn/zt/rwzt/jnzkz/jnzkzxsbg/201003/t2010 0326_2807 874.shtml.

1.1.1.2 气候系统

20 世纪 70 年代以来，现代气候学研究的一个重要进展是提出了气候系统的概念，强调需要把大气圈、水圈、冰冻圈、岩石圈和生物圈 5 个圈层作为一个整体来加以研究，从多圈层相互作用的角度来理解过去和现代气候的变化规律与机理，预测和预估其未来变化[1]。20 世纪 80 年代，地球科学开始进入一个新的发展时期，美国科学家进一步提出了地球系统的概念，将岩石圈改为固体地球圈（包括岩石圈、上下地幔和内外地核），气候系统的研究也随之扩充为地球系统的研究，人们逐渐认识到气候变化是地球系统各子系统相互作用在大气圈中的反应[2]。

1.1.2 气候系统的组成

气候系统由大气圈、水圈、冰冻圈、岩石圈以及生物圈 5 个圈层组成，是多圈层及其交互作用形成的复杂体系，也是人类赖以生存以及实现人与自然可持续发展的基础[3]。气候系统的各个组成部分，通过彼此间

气候变化教育

---

① 周天军，陈梓明，邹立维. 中国地球气候系统模式的发展及其模拟和预估 [J]. 气象学报，2020，78（3）：332-350.

② 高晓清，汤懋苍，朱德琴. 关于气候系统与地球系统的若干思考 [J]. 地球物理学报，2004（2）：364-368.

③ 尹彩春，赵文武，李琰. 气候系统中临界转变的研究进展与展望 [J]. 地球科学进展，2021，36（12）：1313-1323.

的物质交换和能量交换紧密地结合成一个复杂的、有机联系的气候系统[①]，在不同时空尺度上有着密切的相互作用。

1.1.2.1 大气圈

大气圈是地球气候系统的主体，也是太阳辐射的过滤器，大气环流在陆地与海洋之间驱动了能量和物质的全球循环。大气圈对气候系统的变化非常敏感，在五大圈层中对气候变化的响应速度最快。大气对太阳辐射有一定的吸收、散射和反射作用，使投射到大气上界的太阳辐射不能完全到达地面。当太阳辐射穿过大气层时，大气中某些成分（水汽、氧、臭氧、二氧化碳及固体杂质等）具有选择吸收一定波长辐射能的特性。太阳辐射被大气吸收后变成了热能，因而使太阳辐射减弱。太阳辐射通过大气时，遇到空气分子、尘粒、云滴等质点都要发生散射，但散射并不像吸收一样把辐射转变为热能，只是改变辐射的方向，使太阳辐射以质点为中心向四面八方传播。大气中云层和较大颗粒的尘埃也能将太阳辐射中一部分能量反射到宇宙空间去，其中云的反射作用最为显著。

大气中温室气体产生的温室效应在地球气候系统中起到重要作用。温室气体（GHG）包括水汽（H_2O）、二氧化碳（CO_2）、甲烷（CH_4）、氧化亚氮（N_2O）、氢氟碳化物（HFCs）、全氟碳化物（PFCs）、六氟化硫（SF_6）、氯氟烃类化合物（CFCs）、氢代氯氟烃类化合物（HCFCs）、臭氧（O_3）等[②]。温室气体吸收由地表或大气放出的长波辐射，再将一部分能量以长波辐射的形式返还给地面，这样的过程不断重复，延长了能量在地球系统内部停留的时间，使得地表及对流层温度升高，产生温室气体效应，如图1-1-1。进入工业化以来，大气中 CO_2 的含量不断增加，而且在很长时期内将持续增加，对气候系统形成很大的影响如表1-1-1所示。IPCC第四次评估报告（AR4）指出，在温室气体的总增温效应中，二氧化碳（CO_2）的作用约占63%，甲烷（CH_4）的作用约占18%，氧化亚氮（N_2O）的作用约占6%，其他的作用约占13%。

---

① 周淑贞. 气象学与气候学 [M]. 北京：高等教育出版社，1997.
② 张志强，曲建升，曾静静. 温室气体排放评价指标及其定量分析 [J]. 地理学报，2008（7）：693-702.

温室效应是一个自然变暖的过程。

照射到地球上的阳光部分会被反射，部分则被大气中的温室气体捕获，转化为热量。

大气中温室气体的数量迅速增加，从而导致地球的温度升高。

图 1-1-1　温室气体效应

表 1-1-1　1970—2010 年人为温室气体（GHG）年排放贡献度

人为温室气体名称	排放贡献度		
	1970 年	1990 年	2010 年
源于化石燃料的燃烧和工业流程的二氧化碳	55％	59％	65％
源于林业和其他土地利用的二氧化碳	17％	16％	11％
甲烷	19％	18％	16％
一氧化二氮	7.9％	7.4％	6.2％
含氟气体	0.44％	0.81％	2％

注：此表中含氟气体为《京都议定书》定义的含氟温室气体，有氢氟碳化物（HFCs）、全氟化碳（PFCs）、六氟化硫（SF_6）及三氟化氮（NF_3）。

1.1.2.2　海洋

海洋是水圈的主体，储存了全球 97％ 以上的水量，吸收了 20％～30％ 人类排放的 CO_2，是气候系统重要的调节器和稳定器。本节主要介绍以海洋为代表的水圈在地球气候系统中的作用，但不可否认陆地水也是全球水圈的重要组成部分。由于海水比热容较大，对于同样的温升幅度，海洋相比大气和陆地可储存更多的能量。因此，海洋热含量是全球气候变化最为关键的指标之一。自 1990 年起，IPCC 历次评估报告均提及或评估了海洋温度和海洋热含量变化。首次评估热含量的 IPCC 第三次评估报告（AR3）指出，"海洋热含量自 19 世纪 50 年代开始上升"；IPCC 第四次评估报告（AR4）进一步指出，"1961 年以来至少在深度

3000m以内已经观测到海洋增暖的现象，海洋吸收了80%的地球系统净能量输入"；IPCC第五次评估报告（AR5）修正了AR4的结论，指出"海洋吸收了90%以上的全球变暖能量，1971—2010年间上层700m海洋几乎确定已经增暖，700m以下深海也已可能变暖"[①]。

海洋蒸发量约占全球总蒸发量的86%，是大气中水汽的主要来源，其变化不仅对海表温度和盐度有直接调节作用，而且能够通过环流与降水对陆地生态环境的形成和演变产生显著影响。与此同时，气候变化也对海洋蒸发有显著影响，全球温度的上升使得大气的持水能力增强，导致水循环加快，有利于蒸发量增加。

1.1.2.3 冰冻圈

冰冻圈对地球系统其他圈层以及社会经济可持续发展具有重要作用，其变化对全球气候的影响不可低估[②]。

首先，极地地区对全球气候变化有"放大器"的作用。历史和现代的观测结果都表明，极地气候变化的幅度是中、低纬度地区的两倍左右，在极地更易监测到在中、低纬度地区不易察觉到的细微变化。

其次，极地冰雪中储存着历史时期气候状况的信息，是我们重建历史气候的重要证据之一。南极地区是大气环流的沉降区，是各种大气携带物质（水汽、不可溶性杂质——微粒、可溶性杂质等）的沉积汇区。人类通过对南极大陆冰盖上大气携带物质沉积通量的详细观测，研究这些物质沉积通量从冰盖边缘到内陆的变化，可以反演全球大气物质含量的自然本底特征、研究大气环流强度等参数的变化、检测区域乃至全球的气候环境变化。南极冰盖以其沉积连续、单位时间内沉积量大、干扰较少且保存了过去气候环境变化高分辨率、连续记录的特性，成为全球历史气候环境变化最好的记录载体。

最后，冰冻圈是气候变化的"加速器"。冰雪覆盖的变化，对气候有很大影响，小至海冰与大陆积雪的季节与年际变化，大到冰河期大陆冰盖的巨大改变，都会对气候产生影响。冰雪覆盖面积增大使地表反照率

① 成里京. SROCC：海洋热含量变化评估 [J]. 气候变化研究进展，2020，16（2）：172-181.

② 秦大河，姚檀栋，丁永建，等. 冰冻圈科学体系的建立及其意义 [J]. 中国科学院院刊，2020，35（4）：394-406.

增加，因而减少了地表对太阳辐射的吸收。冰雪可减少海洋向大气的热量输送，因而使气候变冷，这对维持冰雪有利。冰雪消融会导致地表吸热增加，促使平均气温加速升高，又会进一步加快冰雪消融的速度，形成正反馈[①]。

拓展阅读

气候变化背景下全球冰雪圈的变化

1979 年以来，北极海冰面积正在逐月缩减。相对于 1979—1988 年，2010—2019 年 8 月—10 月的北极平均海冰面积减少了 $2 \times 10^{6} \mathrm{km}^2$（约 25%）；同时，2011—2020 年间北极年均海冰面积达到了自 1850 年以来的最低水平。遥感卫星观测显示，1979 年至今，北极海冰的厚度在减薄，体积也在减少。其中，水下探测数据显示，北冰洋中部海冰厚度相比于 1970 年代中期减薄了 75cm。海冰厚度减小的区域冰流速增加（高信度）。近 20 a 来，海冰以一年冰为主，多年冰（超过 4 a）趋于消失，北极海冰向年轻化、稀薄化和快速移动化发展。1979—2019 年间，南极海冰面积增有减，减小区域主要在阿蒙森海与别林斯高晋海（特别是夏季），增加区域位于威德尔海与罗斯海东部。其中，海冰面积最大值出现在 2014 年，此后至 2017 年，海冰面积明显缩减，随后又有所增加。

1992—2020 年格陵兰冰盖物质亏损达 48，900（41，400～56，400）Gt，引起海平面上升 13.5（11.4～15.6）mm，并导致格陵兰地区基岩在 2007—2019 年间均衡抬升数十厘米。年代际冰盖物质亏损率也加速增长，从 1992—1999 年的 390（−30～800）$\mathrm{Gt \cdot a^{-1}}$，显著增加至 2010—2019 年的 2430（1970～2900）$\mathrm{Gt \cdot a^{-1}}$。其中，格陵兰西北部和东南部的物质亏损量最大。

摘自：

Climate Change 2021：The Physical Science Basis［R］//Contribution of Working Group I to the Fifth Assessment Report of the Intergovernmental Panel on ClimateChange. Cambridge and New York：Cambridge University Press.

---

① 王绍武. 冰雪覆盖与气候变化 [J]. 地理研究，1983 (3)：73-86.

1.1.2.4 岩石圈

地球表面由岩石构成，尤其以岩浆岩为主，即从地内上升的炽热岩浆冷凝而成的岩石。在岩浆岩上面，往往有一层较薄的沉积岩（一般不超过4km～5km）和更薄的土壤覆盖层。地球的这一表层，包括岩浆岩、沉积岩和土壤覆盖层在内，被叫做岩石圈[①]。岩石圈对气候变化的影响一般是在较大的时间尺度内（千年以上）体现，但岩石圈对短期气候变化也会产生作用，快速变化过程（如火山爆发等）会向大气中排放大量火山灰，改变区域的能量传输过程，从而显著影响气候[②]。

1.1.2.5 生物圈

生物圈是指在地球上存在生物并受其生命活动影响的区域，按其海陆分布可分为陆地生态系统和海洋生态系统。陆地生态系统是指地球陆地表面由陆生生物与其所处环境相互作用构成的统一体。这一系统占地球表面总面积的1/3，以大气和土壤为介质，生境复杂，类型众多。按生境特点和植物群落生长类型可分为森林生态系统、草原生态系统、荒漠生态系统、湿地生态系统以及受人工干预的农田生态系统等。在陆地的自然生态系统中，森林生态系统的结构最复杂，生物种类最多，生产力最高，而荒漠生态系统的生产力最低。由于陆地生态系统的多数生态学过程都受到温度的调控，气候变化会对全球陆地生态系统产生深远的影响[③]。同时，生态系统的变化也会影响气候。以森林生态系统为例，其在调节全球碳平衡、吸收温室气体等方面具有重要作用。

海洋生态系统是海洋中由生物群落及其环境相互作用所构成的自然系统[④]。海洋生态系统受到气候系统的显著影响，同时也会通过光合作用及微生物碳泵等方式吸收、固定大气中的二氧化碳，通过呼吸作用排放二氧化碳，从而对气候系统产生影响。整体而言，海洋固定二氧化碳的能力有限，过量溶解二氧化碳也会造成海水的显著酸化，威胁海洋生态系统的稳定性。

① 金祖孟. 地球概论 [M]. 3版. 北京：高等教育出版社，1997.
② 汤懋苍. 岩石圈强迫对气候变化的作用 [J]. 气象科学，1995（4）：2-6.
③ 夏建阳，鲁芮伶，朱辰，等. 陆地生态系统过程对气候变暖的响应与适应 [J]. 植物生态学报，2020，44（5）：49-514.
④ 王友绍. 海洋生态系统多样性研究 [J]. 中国科学院院刊，2011，26（2）：184-189.

1.1.3 气候系统各要素之间的关系

气候系统各圈层内部和各圈层之间存在着不同时间尺度的复杂相互作用，共同影响气候系统物质循环和能量平衡的变化[1]。从物质循环角度来看，与气候系统过程有关的物质（如碳元素和水，包括固、液、气三种形式）在各个圈层中进行循环，总量不变但各圈层内的比例在不断变化。这些变化既受到各圈层内部过程的影响，也受到各圈层之间相互作用的影响，如生物圈内部的光合作用过程，会影响碳元素和水在生物圈和大气圈之间的循环，而大气圈中水汽含量也会通过降水或干旱的形式影响光合作用，从而进一步影响碳水循环过程。因此，气候系统各要素之间相互联系、互相影响，共同决定全球的气候状况，如图 1-1-2。

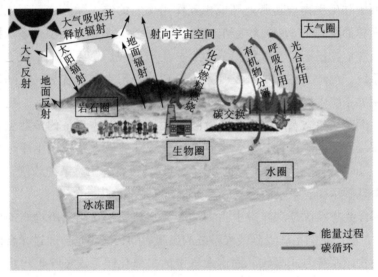

图 1-1-2　气候系统物质能量交换图

当气候系统受到外在或内在辐射强迫（Radiative Forcing）时，会产生响应，从而偏离原来的平衡状态。气候系统通过改变自身状态（地表气温、水汽含量、大气温度直减率等）使地气系统重新恢复辐射收支平衡的过程，称为气候反馈过程。气候反馈会引起一系列气候响应，比如地表气温变化、水汽变化、大气温度直减率变化、地表反照率变化、云

---

① 林朝晖，曾庆存. 气候系统及模式中反馈机制研究Ⅰ. 概念和方法 [J]. 气候与环境研究，1998 (1)：2-15.

气候变化教育

变化、生物地球物理和生物地球化学变化、冰盖变化等。反过来，气候响应也会通过不同反馈机制影响地球辐射收支。如果某种反馈机制的影响使全球平均大气顶辐射收支变化沿初始方向增大，那这种机制产生的是正反馈；反之，则为负反馈。在负反馈情况下，地球辐射收支变化会逐渐趋近于零，不再产生追加的气候响应，气候会在新的平衡状态中稳定下来；而在正反馈情况下，地球辐射收支变化与气候响应彼此促进增长，气候就很难稳定下来①。

随堂讨论

1. 分析气候系统中各成分之间的相互影响体现在哪些方面？
2. 设计针对气候系统关键反馈过程的示意图。

1.2 气候系统的能量平衡

由于地球表面是一个球形曲面，到达地球大气顶层的太阳辐射分布不均，这导致了地球赤道到两极的能量收支不平衡，而大气圈中不同颗粒物对太阳辐射的作用，使得大气和地表的能量收支也存在差异，进一步形成了全球气温、风带和洋流的分布模式，在全球尺度对能量进行再分配。

1.2.1 能量过程

1.2.1.1 能量来源

太阳辐射是地球气候系统的主要能量来源，是决定地球气候系统热力状况的根本因素。太阳辐射主要由可见光线（$0.4 \sim 0.76 \mu m$）、红外线（$\geqslant 0.76 \mu m$）及紫外线（$\leqslant 0.4 \mu m$）三部分组成。在全部太阳辐射之中，波长在 $0.15 \sim 4 \mu m$ 之间的太阳辐射占99%以上，且主要分布在可见光和红外区，前者占太阳辐射总能量的50%，后者占43%，紫外区的太阳辐射能很少，仅占7%。大气上界的太阳辐射强度随日地距离的变化而有所不同。就日地平均距离而言，在大气上界，垂直于太阳光线的单位面积，1秒钟内获得的太阳辐射能量，称为太阳常数。近年来，根据标准仪器探测得出太阳常数值约为1367（±7）W／m²，多数文献采用1370 W／m²。

① 赵树云，孔铃涵，张华. IPCC AR6 对地球气候系统中反馈机制的新认识 [J]. 大气科学学报，2021，44（6）：805-817.

第1章 气候变化科学基础

由大气上界向地球表面投射的太阳辐射受到大气圈的吸收、散射和反射作用，不能完全到达地面，因而地表获得的太阳辐射强度通常比1370 W / m² 小①。全球地表水平面上接受的多年平均日射量约在范围80～320 W /m² 之内。此外，太阳高度、白昼长度、纬度位置也是影响太阳辐射强度的重要因素。

1. 2. 1. 2　能量耗散

入射到地球的太阳辐射能会经历反射、散射和热辐射等过程离开地球系统，将能量返回至太空，从而实现地球系统的入射—出射能量平衡。下面简述几种主要的能量耗散途径。

（1）**反射**

反射是指到达地球的太阳辐射能量，有一部分被直接反射返回太空的过程。反照率指地表对入射太阳辐射的反射通量与入射的太阳辐射通量的比值，反映了地表对太阳辐射的反射能力，不同性质、状态的下垫面具有各自的反照率特性。新雪对太阳辐射的反射作用最为显著，反照率为 80％～95％。云的反射能力也较强，但具体反照率依赖于云的厚度、相态和含水量等宏微观特性。人造地表的反照率最低，如柏油路面等的反照率为 5％～10％。植被因光合作用吸收光能所以反照率也较低，森林的平均反照率为 10％～20％。全球地表的平均反照率为 31％左右。

（2）**散射**

太阳辐射通过大气，遇到空气分子、尘粒、云滴等质点时，就会发生散射，且不同粒子可对不同波段的太阳光进行差异散射。散射仅改变辐射的方向，使得太阳辐射以质点为中心呈辐射状传播。由此，约 6％的太阳辐射因散射向上返回宇宙空间，到达地面的太阳辐射被削弱。若太阳辐射波长小于所遇空气分子的直径，则发生分子散射。辐射的波长愈短，越容易被散射。雨后天晴，天空呈青蓝色的原因便在于此。当散射质点的直径与入射辐射的波长相当时，则发生米散射。米散射没有选择性，对入射光的各种波长具有相等的散射能力。

（3）**长波辐射**

按照辐射的基本定律，任何物体只要其绝对温度大于零，均要以某种光谱波段向周围辐射能量。因而，地面和大气在其温度变化范围内以

---

① 姜世中. 气象学与气候学［M］. 北京：科学出版社，2010.

热辐射形式放射的辐射能，且主要部分落在红外光谱区，属于长波辐射。地面和大气的辐射作为长波辐射，是地面与大气、大气与大气、大气与宇宙环境间热量传输的重要方式。地面发射的辐射与地面吸收的大气逆辐射之差——地面有效辐射，可说明地面通过辐射方式损失热量的多少。

1.2.1.3　能量传输

太阳辐射在进入地球系统后的运动变化过程中将太阳能转化为其他形式的能量。地表各区域吸收太阳辐射的时空差异性造成热量、水量在地球表面的分布具有不均匀性。吸收、大气逆辐射、潜热与感热等动态过程能够调节长、短波辐射量以维持全球的能量平衡。

（1）吸收

地球气候系统中的大气、地面两个子系统均可对太阳辐射产生吸收作用。其中，大约22%的入射太阳能被大气中的水蒸气、灰尘和臭氧吸收，48%的能量穿过大气并被地表吸收。大气各层次物质对太阳辐射的吸收具有挑选性，平流层以上主要是氧气和臭氧对紫外辐射的吸收，平流层以下主要是水汽对红外辐射的吸收。但由于大气中主要吸收物质的吸收带均位于太阳辐射光谱两端能量较小的区域，故直接吸收对太阳辐射的减弱作用不大。

（2）大气逆辐射

大气较少吸收太阳的短波辐射，但却能强烈地吸收地面长波辐射而升温，并向外辐射能量。大气辐射的方向可上可下，向下归还给地面的部分反射即为大气逆辐射。大气逆辐射的强弱主要取决于大气层温度、湿度的垂直分布，且与云量密切相关。大气逆辐射使地面因放射辐射而损耗的能量得到一定的补偿，由此使大气对地面发挥保温的作用。寒冬里人造烟幕能够强烈地吸收地面辐射，增强大气逆辐射、减少夜晚地面辐射损失的热量，从而达到预防霜冻的目的。

（3）潜热

潜热是物体相态变化时所吸收或释放的能量。其通量变化是地表能量平衡的重要组成部分，也是地表水量平衡的分量之一[①]。地表与大气层

---

① 仲雷，葛楠，马耀明，等．利用静止卫星估算青藏高原全域地表潜热通量[J]．地球科学进展，2021，36（8）：773-784．

之间以潜热形式进行热量交换的方式称为潜热输送。潜热输送发生在各类下垫面表层，地表湿度、空气饱和差、土壤湿度和风速等因子能够影响潜热输送的方向。通常，从下垫面蒸发的水分远多于空气中的水汽在地面凝结的水分。因而，潜热输送的结果大多是地面失去热量，大气获得热量。

（4）感热

感热是物体温度变化而不改变其原有相态所需吸收或释放的能量，感热通量控制着输送给大气的热量和大尺度运动的动能耗散，同时影响大气的水分收支。下垫面与低层大气的温度不相等时，两者之间将产生感热交换，使得大气的动量、热量、水汽和污染物的垂直和水平交换作用明显增强。白天，强烈的日光照射使得地温高于气温，感热通量由地面传送给上面较冷的空气并促使其增热。夜间，地面辐射冷却，气温高于地温，感热通量为负值，热量由空气传送给地面并促使空气冷却。空气层之间的热量传送，也总是由暖的气层流向冷的气层。

随堂讨论

1. 人类活动可能会对地表反照率产生哪些影响？进而如何影响气候系统能量？

2. 结合温室效应原理，解释为什么能量在大气中的停留时间会影响地球的气候？

1.2.2 大气—地表能量动态平衡

1.2.2.1 大气能量的动态平衡

地球的气候由进出大气的能量流所决定，约有 30％到达大气上界的太阳辐射被云层、大气粒子或海冰和雪等明亮的地表直接反射回太空，该部分能量对地球的气候系统不起作用。达到大气上界的太阳辐射约有 22％被大气所吸收，48％的能量穿过大气最终被地表吸收。大气的另外两个能量来源是经由感热和潜热过程从地表传输到大气的能量，分别占大气全部热量来源的 13％和 47％，如图 1-2-1。这些能量后又通过长波辐射返还给地面。俗语"太阳暖大地，大地暖大气，大气还大地"描述了这个过程，即太阳辐射大部分被地表吸收，地表通过潜热和感热传递热量给大气，而大气又通过长波辐射将热量返回给大地的过程。

气候变化教育

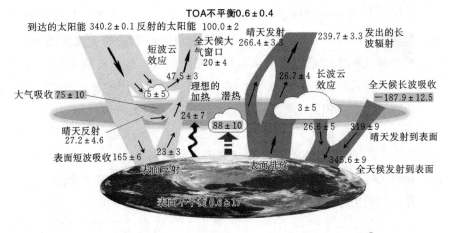

图 1-2-1　2000—2010 年期间地球的全球年平均能量预算[①]

注：TOA—大气层顶部。所有通量的单位是 $W \cdot m^{-2}$（太阳辐射强度单位），太阳通量为浅色，红外通量为深色，深色阴影框代表大气能量平衡的主要组成部分。

1.2.2.2　大气—地表能量交换

大气与地表之间的能量交换是天气和气候的主要驱动因素，其时空分布有着重要意义，不仅驱动海洋环流，还为地球表面水的蒸发提供动力，控制着水文循环。因而，大气—地表能量的交换深刻地影响着地球气候。大气热力环流对气候系统中热量和水分的重新分配起着重要作用，是气候形成和变化的基本因素。一方面，它驱动不同性质气团移动，调节高、低纬与海、陆之间温度和降水等气候要素的分布；另一方面，大气环流将低纬度的热量传输到高纬度，调节了赤道与两极间的温度差异。此外，由于大气环流的方向和洋流的性质差异，造成海陆间热量交换，破坏了天文气候的地带性分布。

1.2.2.3　地表能量平衡的年变化与日变化

从全球长期平均温度来看，地球气候系统入射和出射的辐射量多年基本不变，即全球的能量收支基本是平衡的。因而，可以用简单的方程式来估算地球气候系统的辐射平衡，探寻其变化态势。

地球气候系统的辐射平衡方程为：

$$B_s = Q_s(1 - A_s) - F_s$$

———————————

①　STEPHENS G L, LI J, WILD M, et al. An update on earth's energy balance in light of the latest global observations[J]. Nature Geoscience, 2012, 5(10): 691-696.

第 1 章　气候变化科学基础

方程中 B_s 为地球气候系统的辐射平衡，Q_s 为大气上界太阳辐射到达量，A_s 为行星反射率，F_s 为地球气候系统向宇宙空间的长波放射辐射。由上式可得地球气候系统辐射平衡由两部分组成：地球气候系统上边界所吸收的入射太阳辐射和地球气候系统通过上边界逸出的长波射出辐射。

地球气候系统辐射平衡的年变化显著。从入射太阳辐射较多的 12 月份到次年 3 月份，辐射平衡为较大的正值；从 4 月份开始到入射辐射少的 7 月份，为绝对值较大的负值。地球气候系统辐射平衡还具有明显的日变化，通常正值辐射平衡的最大值出现在正午附近，负值最大值出现在夜间，且夜间辐射平衡（即有效辐射）的变化比白天要小得多。辐射平衡日变化曲线对正午来说并不对称，午后辐射平衡值比午前的相应时间会稍小一些[1]。

1.3 气候系统的关键物质循环

以 CO_2、CH_4 和水蒸气为主的温室气体浓度快速升高会加剧温室效应，进而影响地球的气候，因此碳元素和水分在地球系统中的循环对于地球气候和现阶段的气候变化至关重要。同时，碳元素的循环往往与水循环关系密切，如植物光合作用固定 CO_2 的过程中会消耗水分，而植物通过气孔排放呼吸作用产生的 CO_2 时，水分也会伴随着蒸腾作用被排放到大气中。本节重点介绍碳循环和水循环的关键概念和循环过程，同时简要介绍其他几种与气候变化有关的物质循环。

1.3.1 碳循环

1.3.1.1 碳库

碳是生命物质中的主要元素之一，是有机质的重要组成部分。概括起来，地球上主要有四大碳库，即大气碳库、海洋碳库、陆地生态系统碳库和岩石圈碳库。碳元素在大气、陆地和海洋等各大碳库之间不断地循环变化。大气中的碳主要以 CO_2 和 CH_4 等气体形式存在，在水中主要为碳酸根离子，在岩石圈中是碳酸盐岩石和沉积物的主要成分，在陆地生态系统中则以各种有机物或无机物的形式存在于植被和土壤中。

---

① 潘守文. 现代气候学原理 [M]. 北京：气象出版社，1994.

在全球几大碳库中，大气碳库最小，但是对于全球气候的影响最为显著。海洋碳库是除地质碳库外最大的碳库，但碳在深海中的周转时间也较长，平均为千年尺度。陆地生态系统碳库则主要由植被和土壤两个分碳库组成，其内部组成和各种反馈机制最为复杂，是受人类活动影响最大的碳库[①]。虽然岩石圈碳库是最大的，但碳在其中的周转时间极长，约在百万年以上。因此，在碳循环研究中可以把岩石圈碳库理解为近似静止不动。

（1）**大气碳库**

大气中的碳主要以 CO_2、CH_4 和 CO 的形式存在，大气碳库的大小约为 7300 亿吨 C，其中以 CO_2 最为重要。大气碳库在几大碳库中是最小的，但由于 CO_2 和 CH_4 等温室气体对全球气候的显著影响，掌握大气碳库中温室气体含量的变化对评估和预测气候变化意义重大。

拓展阅读 ∼∼∼

对大气中二氧化碳浓度的直接观测

基林曲线（Keeling Curve）是由加州大学圣地亚哥分校斯克里普斯海洋研究所维护的全球大气二氧化碳浓度的每日记录。1958 年，Keeling 等在美国夏威夷冒纳罗亚观象台最早开始了大气 CO_2 浓度的连续观测。观测结果第一次指出大气 CO_2 年平均浓度存在不断增长趋势，由于陆地生态系统的光合作用，其浓度同时呈现出季节变化。

之后，连续进行大气 CO_2 浓度直接仪器观测的站点不断增多。1989 年，我国在青海海拔 3816m 的瓦里关山顶建立了世界上第一个内陆高原型的全球大气背景监测站，自 1991 年以来，每周采集烧瓶空气样品送至美国国家海洋大气管理局气候监测与诊断实验室分析 CO_2 等气体组分，并由美国科罗拉多大学的稳定同位素实验室分析 δ13C 和 δ18O。监测站的时间序列资料能够清晰地反映出北半球中高纬度地区大气 CO_2 浓度及其 δ13C 与全球平均水平大体一致的周期性季节波动及长期变化趋势。为全面评价人类活动对不同地区温室气体区域背景浓度及其变化趋势的影响，中国由南向北分别设立华南鼎湖山站、华北兴隆站和东北长白山站，采用统一采样和观测设备、统一检测和分析操作规范、统一的标准气体，协助基准站瓦里关站对中国各区域大气中的 CO_2 进行连续采样分析。

---

① 陶波，葛全胜，李克让，等. 陆地生态系统碳循环研究进展 [J]. 地理研究，2001（5）：564-575.

摘自：

戴民汉，翟惟东，鲁中明，等. 中国区域碳循环研究进展与展望 [J]. 地球科学进展，2004（1）：120-130.

(2) 海洋碳库

海洋是地球表面上的重要碳库，是全球碳循环系统的一个重要子系统。海洋碳主要有三种存在形式：溶解无机碳（DIC）、溶解有机碳（DOC）和颗粒有机碳（POC），其含量分别为 37 万亿吨 C、6850 亿吨 C 和 130 亿～230 亿吨 C[①]。海洋与大气 CO_2 的交换是平衡大气 CO_2 的重要因素，存储于海洋中的碳只要释放 2%，就将使大气中的 CO_2 含量增加 1 倍。在海洋里，CO_2 溶解于水，并通过整个海洋表面不断与大气进行交换，尤其当波浪破碎时这种交换更为充分。在海洋表层约 100m 深度以内的海水中，CO_2 交换较为迅速，但与更深层海水的交换却十分缓慢（CO_2 从海洋表层进入深海需要几百年到几千年时间）。因此，就短期变化而言，表层海水在碳循环中起主要作用[②]。

海洋是巨大的碳库，能不断地从大气吸收 CO_2，对缓解全球变暖起着重要的作用，但是它破坏了海洋自身碳酸盐的化学平衡，导致海水酸度增加。这种由于海洋吸收了大气中人为 CO_2 引起的海水酸度增加过程，被称为海洋酸化。目前全球海洋正处于 5500 万年以来酸化速度最快的时期。工业革命以来，全球表层海水 pH 值已经下降 0.1，预计 2100 年前表层海水 pH 值将下降 0.3～0.4。海洋酸化使得海洋生物赖以生存的海洋化学环境发生了变化，从而影响海洋生物的生理、生长、繁殖和代谢过程，破坏了海洋生物多样性和生态系统平衡。由此可见，海洋酸化是一个全球性的、人类历史上前所未遇的挑战[③]。

案例研讨

海洋微生物碳泵研究

海洋微生物碳泵（Microbial Carbon Pump，MCP），指的是海洋微生物把有机碳从可被利用的活性态转化为不可利用的惰性溶解有机碳

① 孙军，李晓倩，陈建芳，等. 海洋生物泵研究进展 [J]. 海洋学报，2016，38（4）：1-21.

② 张兰生，方修琦，任国玉. 全球变化 [M]. 北京：高等教育出版社，2017.

③ 贺仕昌，张远辉，陈立奇，等. 海洋酸化研究进展 [J]. 海洋科学，2014，38（6）：85-93.

（Recalcitrant Dissolved Organic Carbon，RDOC），从而长期封存的储碳机制（如图 1-3-1）。微生物虽个体极小，但种类繁多，生物量更是巨大。据估算，单海洋光合微生物每天固定产生有机质的量就可与陆地所有植物固定的有机碳量相当。微生物碳泵的过程，包括了病毒裂解细菌细胞、原生动物捕食细菌产生有机质碎屑、细菌群落反复降解有机质、古菌等自养微生物直接合成有机质等。光（光降解作用）、热（海底火山热液）、物理吸附沉降等过程均加速了海水 RDOC 的循环或从水体中移除，而巨大的海洋 RDOC 库不仅未见"瘦身"，原位观测数据显示 RDOC 库在缓慢累加。可见，微生物碳泵是海洋 RDOC 库形成的主要机制。

目前，政府间气候变化专门委员会（IPCC）已将海洋微生物碳泵纳入《海洋与冰冻圈》特别报告，不仅介绍了微生物碳泵的科学概念，还将其作为减排增汇缓解气候变化的可能措施，为这一领域科学研究和政策制定指引了新的方向。基于微型生物碳泵原理，针对近海富营养海区，通过降低陆地营养盐输入，可望实现增加近海储碳的目的。目前，陆地普遍存在过量施肥的现象，导致大量营养盐输入海洋，使近海形成了氮、磷等富营养环境，过量的营养盐会刺激海洋微生物降解更多的有机质，包括来自陆源的有机碳在近海富营养化海洋环境中进一步被呼吸转化为二氧化碳，然后重新释放到大气中。若能够控制陆源营养盐的输入，将会提高微生物碳泵的效率。

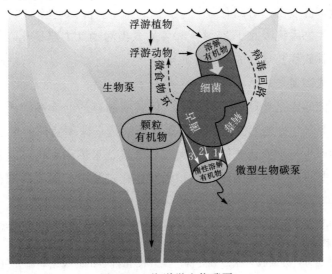

图 1-3-1　海洋微生物碳泵

摘自：

焦念志. 微生物碳泵理论揭开深海碳库跨世纪之谜的面纱［J］. 世界科学，2019（10）：38-39.

问题研究

1. 从人类活动角度来看，如何增强海洋微生物碳泵的碳汇功能？
2. 如何看待海洋在气候系统中的作用？

（3）陆地生态系统碳库

陆地生态系统是全球碳循环又一重要碳库，因其包含的碳循环过程更加复杂，碳储量的不确定性最高。其陆地生态系统—大气的碳通量取决于植物的光合作用、呼吸作用和土壤微生物之间的平衡，这些过程受温度、降水、土壤质地和养分供应的强烈影响。若平衡发生变化，将改变陆地生态系统对大气碳含量的贡献度。

陆地生态系统碳循环是驱动生态系统变化的关键过程，并与生态系统水循环、养分循环和生物多样性有着密切的耦合关系。因此，在极端气候事件的影响下，陆地生态系统碳循环的变化将是陆地生态系统响应极端气候事件的综合体现。干旱、极端降水、极端高温和极端低温四类极端气候事件通常会胁迫植被生长，从而削弱陆地生态系统碳汇功能，甚至使之变成碳源[1]。同时，陆地生态系统碳循环在减缓大气 CO_2 浓度增加以及全球温度上升方面有着不可替代的作用。自 20 世纪 70 年代以来，全球陆地生态系统吸收了 25％～30％的人类活动（主要是化石燃料燃烧和热带雨林砍伐）导致的 CO_2 释放量。

（4）岩石圈碳库

岩石圈碳库是地球最大的碳库，但其中储存的绝大多数的碳不参与全球的碳循环。在岩石圈中，岩溶碳循环就是全球碳循环的重要一环[2]。碳酸盐的产生与地质历史时期的大气、气候、水热和生物环境条件密切相关。它是过去全球碳循环方向和强度变化过程中被固化的部分。除了

---

① 朴世龙，张新平，陈安平，等. 极端气候事件对陆地生态系统碳循环的影响［J］. 中国科学：地球科学，2019，49（9）：1321-1334.

② 曲建升，孙成权，张志强，等. 全球变化科学中的碳循环研究进展与趋向［J］. 地球科学进展，2003（6）：980-987.

气候变化教育

人类大规模的矿产和燃料开采，使岩石圈储存的碳得以释放，并直接影响全球碳循环平衡外，岩石圈碳的活动一般只对地球的局部产生影响（如火山喷发引发区域的 CO_2 浓度升高）或者只会在较大的时间尺度内（千年以上）发生作用。岩石圈中碳素的周转十分缓慢，因此，在许多碳循环模型中均未将岩石圈考虑在内（化石燃料除外）[1]。

1.3.1.2 碳源和碳汇

《联合国气候变化框架公约》将温室气体"源"定义为向大气中释放温室气体的过程或活动，温室气体"汇"定义为从大气中清除温室气体、气溶胶或温室气体前体物的过程、活动或机制。全球碳循环的源与汇以大气圈为参照系，以从大气中输出或向大气中输入碳为标准来确定的。全球碳源与碳汇分布极为普遍，陆地到海洋、耕地到森林、自然界到人类社会等都存在碳源与碳汇。碳源与碳汇的分布受纬度、立地条件、地表覆盖以及时间等外界因素的影响，普遍存在碳源与碳汇的转化现象[2]，如图 1-3-2。

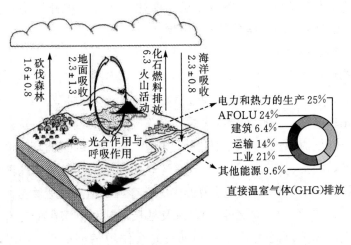

图 1-3-2　碳循环过程示意图（单位为十亿吨 CO_2 当量 /yr）

注："其他能源"指除发电和产热以外的能源行业内所有的 GHG 排放源。农业、林业和其他土地利用（AFOLU）的排放数据包括源于森林火灾、泥炭火灾、泥炭腐

①　耿元波，董云社，孟维奇. 陆地碳循环研究进展 [J]. 地理科学进展，2000（4）：297-306.

②　李玉强，赵哈林，陈银萍. 陆地生态系统碳源与碳汇及其影响机制研究进展 [J]. 生态学杂志，2005（1）：37-42.

烂的陆地 CO_2 排放量，相当于来自林业和其他土地利用（FOLU）子行业的 CO_2 净通量。

1.3.1.3　主要循环过程

（1）大气

在碳循环中，大气中的 CO_2 与陆地植被和海洋之间交换的通量最大。通过大气环流的作用，海洋上空与陆地上空大气中的 CO_2 浓度大体一致。在陆地的碳循环过程中，大气中的 CO_2 通过光合作用为植物所固定，其大部分通过生物的呼吸和分解作用由植物、动物或土壤释放到周围环境中，还有些贮存在有机体中被长期埋藏。因而，大气中 CO_2 的含量随全球生物量的季节变化相应波动。大气中 CO_2 含量在每年夏季出现最低值。由于北半球陆地生物圈面积较南半球更为广阔，因此大气中 CO_2 浓度季节变化在北半球表现得更为显著。作为地球表面最大的碳库，海洋中所溶解的 CO_2 是大气中 CO_2 含量的 50 倍，海洋对大气中 CO_2 的吸收是平衡大气 CO_2 的重要途径。除上述过程外，火山活动所释放的 CO_2、自然火灾、人类活动引起的化石燃料燃烧、森林破坏、农田开垦等对大气中 CO_2 的含量及碳循环过程亦有重要影响。

（2）陆地植被

植物通过光合作用吸收大气中的 CO_2，将碳储存植物体内，固定为有机物。其中，一部分有机物通过植物自身的呼吸作用（自养呼吸）和土壤及枯枝落叶层中有机质的腐烂（异养呼吸）返回大气。这样就形成了大气—陆地植被—土壤—大气整个陆地生态系统的碳循环。这种由有机物生产、消费、传递、沉降和分解等一系列生物活动构成的碳垂直运移，被称作"生物泵"。陆地生物圈中的碳存在于植被活生物量的有机化合物中（4500 亿～6500 亿吨 C），以及枯枝落叶和土壤中的死有机物中（1.5 万亿～2.4 万亿吨 C）。植被通过光合作用每年从大气中吸收大约 1230 亿吨 C，其中热带森林和稀树草原生态系统的作用占 60%。植物的总呼吸作用及各种干扰（如林火、毁林、病虫害等）每年向大气中排放大约 1187 亿吨 C，吸收量与排放量的差值即为陆地植被群落的净吸收量（约为每年 43 亿吨 C）。

（3）海洋

海洋碳循环过程相较于陆地更为复杂，不仅涉及海洋生物、化学过程，还与不同时空尺度的海洋环流密切相关。海洋不仅可以直接溶解大

气中的 CO_2，陆架边缘海的生物生产力还可以大量吸收大气中的人为 CO_2，这些被吸收的人为 CO_2 通过海洋生物泵的运作得以埋藏。同时，陆架泵观点认为，溶解碳沿海水等密度面由陆架向大洋水平输送是陆架去除 CO_2 的另一个重要机制。边缘海对大气 CO_2 的调控不仅涉及海气界面的物理交换、CO_2 在海洋不同深度（温度）所致的溶解度的差异以及生物泵，还取决于上升流及有机物分解作用。后两者常使陆架区海水 CO_2 呈过饱和状态，从而成为大气 CO_2 的源。在河口区，陆源有机物的分解常能导致很高的水体 CO_2 分压。

（4）工业排放

目前，全球 CO_2 排放量约 73％ 来自能源消费。2018 年，欧盟（含英国）化石能源利用相关碳排放约为 31.5 亿吨，其中仅电力与供热领域碳排放就达到 10.5 亿吨，占比高达 33％[①]。而钢铁工业也是 SO_2、NOx、烟（粉）尘等空气污染物的主要来源。在中国，钢铁行业消耗了全国约 15％ 的能源，固废排放量和废水排放量分别占工业总量的 11％ 和 7％[②]。

1.3.2 水循环

水循环是指地球上各种状态的水，在太阳辐射、地心引力等作用下，通过蒸发、水汽输送、凝结降水、下渗以及径流等环节，不断地发生相态转换和周而复始运动的过程。水循环过程中水的气相、液相和固相之间的状态转换，伴随着能量的吸收和释放，对气候系统能量平衡起关键作用，从而影响地表能量的分配和运输。

1.3.2.1 蒸发

蒸发是水由液态或固态转化为气态的相变过程。没有水源就不可能有蒸发，因此开阔水域、雪面、冰面或潮湿土壤、植物是产生蒸发的基本条件。在潮湿地区，大气蒸汽压力和空气动力学起着重要作用，但在干燥地区，蒸发受到地表水供应的限制。蒸发过程会吸热，将地表的热量传递到大气中，是潜热过程的一种形式。

---

① 邬炜，赵腾，李隽，等. 考虑碳预算与碳循环的能源规划方法及建议 [J]. 电力建设，2021，42（10）：1-8.

② 构建绿色低碳循环可持续发展的钢铁工业发展体系 [J]. 科技导报，2021，39（16）：56-61.

1.3.2.2 蒸腾

植物蒸腾过程大致是土壤中的水被植物的根系吸收后，经由根、茎、叶、柄和叶脉输送到叶面，并为叶肉细胞所吸收，其中除一小部分留在植物体内外，90%以上的水分在叶片的气腔中汽化而向大气散逸。因而，植物蒸发不仅是物理过程，也是植物的一种生理过程。植物对水的吸收与输送功能是在根土渗透势和散发拉力的共同作用下形成的。其中根土渗透势是在根和土共存的系统中，由于根系中溶液浓度和四周土壤中水的浓度存在梯度差而产生的。当植物叶面散发水汽后，叶肉细胞缺水，细胞的溶液浓度增大，增强了叶面吸力，叶面的吸力又通过植物内部的水力传导系统而传导到根系表面，使得根的水势降低，与周围的土壤溶液之间的水势差扩大，进而影响根系的吸力。由于植物的散发主要是通过叶片上的气孔进行的，所以叶片的气孔是植物体和外界环境之间进行水汽交换的门户。而气孔则有随着外界条件变化而收缩的性能，从而控制植物散发的强弱。一般来说，在白天，气孔开启度大，水散发强，植物的散发拉力较大。在蒸腾环节，伴随液态水转化为气态水的是热能的消耗，伴随着凝结降水的是潜热的释放，所以蒸腾与降水都是地面向大气输送热量的过程。

1.3.2.3 水汽输送

水汽输送是水循环过程的重要环节，是大气中水分因扩散由一地向另一地运移，或由低空输送到高空的过程。水汽输送是影响当地天气过程和气候的重要原因。水汽输送主要有大气环流输送和涡动输送两种形式，并具有强烈的地区性特点和季节变化，时而以环流输送为主，时而以涡动输送为主。全球不同纬度带水汽输送的情况不同，$10°N \sim 10°S$ 的地区为水汽辐合区，是水汽汇，该地区内降水大于蒸发；$10°N \sim 35°N$ 和 $10°S \sim 40°S$ 的地区为水汽辐散区，是水汽源，该地区内蒸发大于降水。$35°N$ 以北和 $40°S$ 以南的地区为水汽辐合区，是水汽汇，降水也略大于蒸发。

1.3.2.4 降水

从云中降到地面上的液态或固态水，称为降水。由于云的温度、气流分布等状况的差异，降水具有不同的形态——雨、雪、霰、雹等。降水会在极大程度上影响下垫面的植被，而下垫面植被变化与气候存在反馈关系。植被退化使气候变得更加恶劣，退化区植被蒸腾量降低，平均降水减少，大气变得干燥，气温的日较差、年均差增大，使得冬季变冷而夏季变热，大气低层的风速加大。严重的植被退化会导致降水与植被退化之间的正反馈，易使退化区不断向外扩展且难以恢复。而程度较轻的植被退化与降水减少之间是一种负反馈，当人为压力减弱后，退化较易恢复，但由于地表径流的增加，易导致洪涝灾害的发生[1]。

1.3.2.5　地表径流

地表径流是坡面降水或冰雪融化产流。降水量、地下水量、作物及植被覆盖率、其他人为因素的影响均会显著影响地表径流量[2]。地表径流一般流入江河，流进大海，而湖泊和大面积的沼泽地、大洼地则起着储存径流的作用。地表径流和降水类型、地形及岩石透水性有关。当降水量较大、斜坡较陡、地表透水性差时，大气降水会很快地流向附近的低地，形成地表径流。

1.3.2.6　入渗（也称下渗）

水分入渗是降水和灌溉水通过土壤表面进入土壤内部的过程。雨水降落在土壤表面上，在分子力、毛管力和重力作用下，进入土壤孔隙，被土壤吸收，补充土层缺乏的水分。土壤水分入渗主要受土壤结构、土壤质地、气象条件、初始含水率和耕种措施等因素的影响，会直接影响土壤含水率，决定植物对水资源的有效利用程度，进而影响植物的水分利用效率[3]。

1.3.2.7　地下径流

地下径流是由地下水的补给区向排泄区流动的地下水流。大气降水渗入地面以下后，一部分以薄膜水、毛管悬着水形式蓄存在包气带中，当土壤含水量超过田间持水量时，多余的重力水下渗形成饱水带，继续流动到地下水面，由补给区流向排泄区。地下径流的影响因素较多，降水、气温、地形、地质、土壤、植被和人类活动等都可以显著影响地下

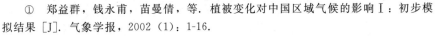

①　郑益群，钱永甫，苗曼倩，等. 植被变化对中国区域气候的影响Ⅰ：初步模拟结果［J］. 气象学报，2002（1）：1-16.
②　赵伟，张文，刘鹏，等. 河北平原小青龙河流域地表径流变化分析［J］. 水电能源科学，2021，39（12）：25-27.
③　王志超，张博文，倪嘉轩，等. 微塑料对土壤水分入渗和蒸发的影响［J］. 环境科学，2022，43（8）：4394-4401.

径流量，如冻土层的冻结和消融过程在一定时空尺度上阻隔或显著减弱了地下水、地表水等水体和水分之间的水力联系，从而影响着地表径流形成以及地下水运移过程和分布格局①。

随堂讨论

举例说明人类活动如何影响碳循环和水循环过程？产生的后果分别是什么？

1.3.4 其他物质循环

1.3.4.1 氮循环

氧化亚氮（N_2O）作为重要的温室气体之一，在全球气候变化研究中受到广泛关注。大气中 N_2O 的主要是通过土壤硝化和反硝化过程产生的，主要受到土壤温湿度、碳、氮的有效性等因素影响。

氮素被认为是限制森林生产力的重要因素之一。在森林生态系统中，土壤氮大多以有机形态存在，有机态氮占了整个氮库的85%以上，而大多数植物能吸收利用的氮是无机态氮。有机态氮必须经过矿化过程才能转化成被植物所吸收利用的氮。土壤活性氮库是土壤氮库中的活跃组分，具有很高的生物有效性，在森林土壤中，可作为土壤养分有效性的评价指标。相对于非活性氮而言，森林土壤活性氮库在整个氮循环过程中最为敏感和活跃，容易受到外界因素影响，如全球气候变化加剧导致的温度升高、碳输入方式改变等②。

1.3.4.2 臭氧

臭氧（O_3）是一种重要的大气微量气体，大部分集中在 10km～50km 的平流层，对流层臭氧占其总量的10%左右。臭氧是一种重要的大气微量气体，能够较强地吸收太阳短波辐射和地球长波辐射，从而显著影响大气热平衡。近些年来，南极、北极和其他中纬度地区都出现了不同程度的臭氧层耗损现象，导致到达地表的紫外线增多，对生物和人类造成不良影响，增加皮肤癌和基因突变的概率。需要注意的是，大气臭

---

① 郭林茂，王根绪，宋春林，等. 多年冻土区下垫面条件对坡面关键水循环过程的影响分析［J］. 水科学进展，2002，33（3）：401-415.

② 谢君毅，徐侠，蔡斌，等. "碳中和"背景下碳输入方式对森林土壤活性氮库及氮循环的影响［J］. 南京林业大学学报（自然科学版），2022，46（2）：1-11.

氧的气候效应相对较弱，臭氧不是目前全球气候变化的影响因素，臭氧层空洞不是气候变化的原因或结果。

本章小结

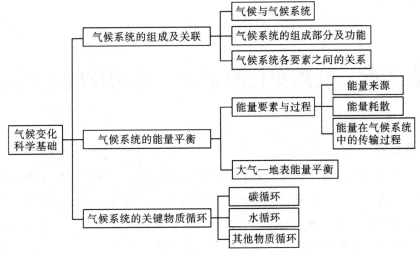

平台链接

中国科学院 https：//www. cas. cn

Keeling Curve（基林曲线）https：//keelingcurve. ucsd. edu/

全球碳项目 https：//www. globalcarbonproject. org/

美国宇航局 https：//www. nasa. gov/

兰利研究中心 https：//www. nasa. gov/langley/

云和地球的辐射能系统 https：//ceres. larc. nasa. gov/

美国国家海洋和大气管理局 https：//www. noaa. gov/

全球监测实验室 https：//gml. noaa. gov/

第2章　气候变化的证据、影响及应对措施

本章概要

　　本章主要介绍气候变化的相关证据、影响因素、预期影响及应对措施。首先，界定气候变化的定义，并介绍现阶段气候变化的相关证据和影响气候的天文、地文和人文因素。其次，阐述气候变化对地球自然系统和人类社会的预期影响。最后，针对温室气体排放的主要环节，从减缓和适应两方面深入探讨积极应对气候变化的措施。

学习目标

　　1. 运用文献法和系统分析方法，阐述现阶段气候变化的成因和相关证据。

　　2. 运用文献法和案例法，分析气候变化可能给地球系统和人类社会带来的影响。

　　3. 运用文献法和案例法，概括应对气候变化的主要措施。

　　深入理解人类活动对气候系统关键过程的改变路径和作用程度，及未来气候变化可能带来的多维影响，将有助于构建与气候变化相关的系统知识体系。从减缓和适应气候变化两个维度，探索应对气候变化的具体措施，完善积极应对气候变化的行动知识，有益于提高气候变化素养，促使产生气候友好行为，建设气候友好型社会。

2.1　气候变化的证据及影响因素

全球气候变化正在发生，人类活动是现阶段气候变化的主要原因。

气候变化正在并将持续深入地影响地球的自然系统和人类社会，这些影响给全人类带来重大挑战，亟需得到决策者和公众的高度关注。积极应对气候变化，不仅需要减缓气候变化，也需要积极适应可能到来的变化，主动采取应对气候变化的行动，构建气候友好型社会，保障人类的可持续发展。

2.1.1 气候变化相关证据

地球上的气候在形成之后不断发展变化，冷暖干湿相互交替，存在自然的波动[①]。《联合国气候变化框架公约》将因人类活动导致的"气候变化"与归因于自然原因的"气候变率"加以区分。政府间气候变化专门委员会（IPCC）认为"气候变化是指气候状态的一种变化，这种变化通常可以被气候属性的平均值或者变量的改变来确定（例如用统计数据检验），并且这种变化可持续较长的一段时间，通常是数十年或更长"。综上所述，气候变化是自然因素和人文因素共同导致的，在一定时间段内的（三十年或更长）气候的改变需要通过观测数据来支持，并且现阶段的气候变化主要由人类活动导致。

2.1.1.1 平均气温升高

IPCC 第六次评估报告（AR6）中的平均气温是指全球表面温度，同时指代全球平均表面气温和全球平均表面温度。全球平均表面气温指陆地和海洋上近地表气温的全球平均值。从全球近期变暖趋势来看，在过去 40 年中的每十年都连续比之前任何 10 年更暖（见图 2-1-1）。从全球表面温度升高幅度来看，2001—2020 年的全球表面温度比 1850—1900 年高 0.99℃（0.84~1.10℃）。2011—2020 年的全球表面温度比 1850—1900 年高 1.09℃（0.95~1.20℃）。

从区域变暖趋势来看，在过去的 20 年里，中高纬度地区的地表温度升高最为明显，北极地表气温的增加幅度[②]是全球平均水平的两倍多。低纬度地区平均温度升高趋势不明显，只存在局部地区气温升高显著的情

---

① 周淑贞. 气象学与气候学：第 3 版［M］. 北京：高等教育出版社，1997.

② AR6 对研究结论的可能性进行定量评估。文中，"几乎确定"表示发生的概率为 99%～100%；"极有能"表示概率为 95%～100%；"很可能"表示概率为 90%～100%；"可能"表示概率为 66%～100%。

况。从海陆来看，陆地部分的气温升高趋势明显比海洋部分强烈，海洋的部分区域甚至出现冷却趋势[1]。

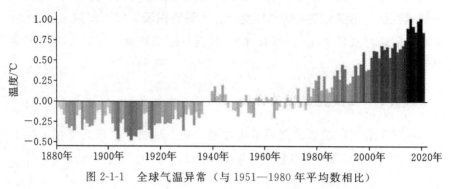

图 2-1-1　全球气温异常（与 1951—1980 年平均数相比）

2.1.1.2　强降水事件增加

由于大气层变暖，对流层中的水分增加，降水模式改变，气温升高导致水汽增加，进而导致强降水事件的发生，即使在降水总量保持不变的条件下，强降水事件的发生频率也有所增加。降水变化还表现在区域性短历时暴雨强度和极端强降水日数急剧增加，即极端降水值和极端降水平均强度都有增强趋势，且极端降水量占总降水量的比率也趋于增大。人类的影响，特别是温室气体的辐射强迫作用，很可能是近几十年来观察到的全球陆地区域强降水加剧的主要驱动力。

2.1.1.3　冰冻圈加速萎缩

从全球的变化趋势来看，20 世纪 90 年代以来全球冰川不断消融，冰冻圈处于加速萎缩状态。1979—1988 年间和 2010—2019 年间北极海冰面积明显减少。自 1950 年以来，北半球春季积雪减少。对于高山地区，观测结果显示，由于近几十年的气候变化，低海拔积雪（高信度[2]）、冰川（非常高信度）和永久冻土层（高信度）普遍减少。几乎所有地区的积雪持续时间都有所下降，尤其是在低海拔地区，平均每十年减少 5 天。测量结果同样显示永久冻土温度升高（高信度），如在过去十年中，欧洲阿尔卑斯山、斯堪的纳维亚半岛、加拿大和亚洲的约 28 个地点的平均温度升高了 0.19℃±0.05℃。其他观测结果显示，永久冻土层厚度减少和地

気候変化教育

---

① 　World of Change: Global Temperatures (nasa.gov)。

② 　AR6 采用"很低""低""中等""高"和"很高"五个限定词对研究结论的有效信度进行定性评估。

下冰层流失。

对于极地地区来说，极地地区正在消融，海洋正在迅速变化。海冰和积雪减少的反馈导致极地变暖加剧。自IPCC第五次评估报告（AR5）（2014—2018年）发布以来的五年中，每年的北极年地表气温都超过了1900年以来的任何一年。在2016年和2018年的冬季（1月至3月），在北极中部的地表温度比1981年至2010年的平均温度高6℃，出现了前所未有的区域海冰缺失的现象。与此同时，两个极地海洋都在继续变暖。在季节性无冰北极的大部分地区，夏季上层混合层温度升高了约0.5℃。在1970—2017年期间，占地球海洋面积25％的30°S以南的南大洋，深度2000米以上的海洋热量增加了35％～43％（高信度），北极海冰范围在一年中持续减少（非常高的信度），9月份最强劲的降幅程度（很可能是每十年−12.8±2.3％，1979—2018年）是至少1000年来前所未有的（中等信度）。北极海冰变薄，自1979年以来，至少5年历史的厚冰面积比例下降了约90％（非常高的信度）。2011—2020年，北极海冰的年平均面积达到了1850年以来的最低水平。夏末北极海冰面积至少比过去1000年中的任何时候都要小。

2.1.1.4　物候显著变化

物候是植物在不同环境条件下生命活动的现象，是气候变化的敏感指标，因此研究植物物候对气候变化的响应，有助于解释气候变化的范围程度及其对陆地植被的影响。在1982—2008年期间，北半球中高纬生长季的开始日期平均提前了5.4天，而结束日期推迟了6.6天，生长季出现了明显的延长。在北极，观测研究表明，自20世纪90年代中期以来，格陵兰岛植物的春季出苗期（提前趋势，3天/10年）和开花期（提前趋势，14天/10年）均呈显著提前趋势。从西班牙各地1500多个监测点收集的29种多年生物种的长期（1943—2003年）观测数据，揭示了近期气候变化对地中海物候的影响：自20世纪70年代以来，该地区叶片脱落、开花和结果等关键物候事件每10年分别提前了4.8天、5.9天和3.2天，而叶片脱落也有微弱的延迟趋势（1.2天/10年）。综上所述，尽管气候变化对不同地区植被物候的影响存在差异，但我们在全球范围内都观察到了植物春季物候提前、秋季物候推迟及生长期延长的现象。

随堂讨论

1. 搜集有关强降水事件和证明冰冻圈萎缩的事实资料，通过分析和

第2章　气候变化的证据、影响及应对措施

对比，说明这些证据是如何体现气候变化的？

2. 调查你家乡的主要植被的物候变化情况，并进行记录，通过资料搜集，判断家乡的植被物候是否因气候变化而发生了改变。

拓展阅读

气候变化成因之辩

关于气候变化的成因，国际上曾经有很多争辩。

有人认为这是气候变化周期的正常波动。环境科学家、中科院副院长丁仲礼院士和他的课题组在 2012 年 12 月出版的《中国科学》D 辑杂志上发表了题为《国际温室气体减排方案评估及中国长期排放权讨论》的论文，指出如果以冰河期结束后的一万年为考察对象，按照气候自然变化周期，此时地球正处于一个变暖的周期，看不出现在的气候有什么不正常，由此出现这个观点。

有人认为是政治阴谋。丁仲礼院士的论文指出，IPCC 提出的结论实际上是"减排话语下的陷阱"，为发达国家设计了比发展中国家多数倍的未来人均排放权，其结果是要限制发展中国家的经济增长，加大富国与贫国的差距。

其中，IPCC 曾一度陷入丑闻之中。IPCC 一系列信任危机始于"曲棍球门"，著名的气温"曲棍球杆线"证明了在最近整整一千年里，只有近百年间气温才发生了急剧变化（上升），却忽视了根据历史资料，仅在人类历史上，北半球气候就发生过气温突然在几十年间急剧升高或降低，形成温暖期或寒冷期的事实，一举把"全球变暖"送入国际舆论最热焦点之列，但这条著名的线并非事实，而是通过十分隐蔽的统计数学的处理手段来证明气候变暖这一核心主题。

再到后来的"气候门""冰川门"以及 2010 年的"亚马逊门"，隐含在这些争议背后的是 IPCC 报告日益成为国际气候谈判的角逐对象。"气候门"中，英国东吉利大学气候研究部门（CRU）的全球温度序列的数据存在篡改嫌疑；"冰川门"中，IPCC 就喜马拉雅冰川融化时间的错误正式公开道歉，承认其在第四次评估报告（AR4）中，关于"喜马拉雅冰川融化速度要比世界上其他任何地方都快，如果地球继续暖化，它们可能在 2035 年消失"这一结论，所依据的科学数据来源可疑，这也是迄今为止，在众多质疑中，IPCC 唯一承认的错误；"亚马逊门"是在 IPCC 第四次报告（AR4）中所指出的"气候变化将威胁到 40% 的亚马逊雨林"，

气候变化教育

但原文指出这一威胁来自砍伐，并非来自气候变暖，存在引用"灰色文献"的问题。这一系列事件使公众对于 IPCC 这个组织及其报告声誉和权威性产生疑惑，这也为气候谈判政客们留下了更大的回旋、谈判的余地。

但事实上，无论是"气候门""冰川门"还是"亚马逊门"，都无法从根本上撼动 IPCC 的整体结论。以最严重的"气候门"为例，即使忽略有篡改数据嫌疑的英国东吉利大学气候研究部门的全球温度序列，仍然有来自美国国家气候资料中心和戈达德空间研究所的数据可以有力地支撑"近百年全球地表温度具有升高趋势"这一结论。

摘自：

网址：https://www.guancha.cn/WeiFeng/2013_12_03_189717.shtml，http://www.infzm.com/contents/41172。

2.1.2 影响气候变化的因素

气候变化是一个复杂的过程，不仅涉及各圈层内部和之间的交互作用（地文因素），还受到包括日地相对位置（天文因素）和人类活动（人文因素）的影响，下面就这三种影响因素进行举例说明。

2.1.2.1 天文因素

（1）太阳辐射活动

气候的长期变迁与到达地表的太阳辐射能的变化关系密切，引起太阳辐射能变化的条件是多方面的[①]。在 17 世纪，太阳辐射活动对气候的影响就引起了人们的重视。迄今有很多研究对历史时期的气候记录和太阳活动记录进行相关分析，证实了两者的关联性。其中，Eddy 提出的太阳辐射的长期变化与气候变化密切相关是最有说服力的证据，其指出太阳黑子的 Sporer 极小期和 Maunder 极小期造成了这两个时期全球的"小冰期"事件。Friis-Christensen 等研究太阳活动与近百年现代气候变化的关系，发现自 19 世纪末起，随着太阳黑子周期的变短，北半球陆面温度也逐渐升高。1940 年左右，太阳黑子周期停止变短并逐渐变长，地表温度也达到峰值并开始逐渐回落。而 20 世纪 60 年代之后，太阳黑子周期再次变短，地表温度再次上升，这意味着太阳活动年代际的变化与气候年

---

① 周淑贞. 气象学与气候学：第 3 版［M］. 北京：高等教育出版社，1997.

代际的变化有着密切的关联①。但目前无证据显示太阳辐射活动与现阶段气候变化有关。

（2）地球自转和公转的变化

地球自转和公转对气候变化的影响主要通过地球与太阳之间运动位置关系的变化来实现，地球自转和公转的变化会影响日地距离和角度，从而影响地球所接收到的太阳辐射能的变化，最终影响气候。地球在其公转轨道上，接受太阳辐射能。而地球公转轨道的三个因素——偏心率、地轴倾角和春分点的位置都以一定的周期变动着，这导致地球上所受到的天文辐射发生变动，引起气候变迁。地球的自转主要通过地球自转速率的变化，即日长变化对气候变化产生影响。地球自转速率对大气和海洋环流有决定性的作用，因此必然会影响气候变化。目前无证据表明地球自转和公转存在显著变化，或与现阶段气候变化有关。

2.1.2.2　地文因素

（1）地极移动

地极移动即极移，指地球自转轴相对于地球本体的位置发生变化的运动。地极移动可看作大气环流变化的外在动力因子之一，它与热力因子和其他动力因子共同作用于大气，并使之变化②。当地极发生变化时，引起了离心力系统的变化，这个变化的积累值较大，因而造成了地球上大气环流和空气质量输送的变化，于是气候也产生相应的变化。极移振幅的高值年，亚欧中纬地区经向环流指数增强，纬向环流指数减弱，副高偏南，中纬地区海洋向大陆输送的水汽减少，因而降水减少，冬半年气温也降低，而地处副热带的我国长江中下游降水有所增加，反之亦然③。目前并无证据显示地极移动与现阶段的气候变化有关。

（2）海陆分布及地形地貌变化

地形地貌变化会影响大尺度的气候特征。地形在一定程度上增强了海陆的热力对比，而且对地形区及其周围地区的气候系统的形状和强度

① 肖子牛，钟琦，尹志强，等. 太阳活动年代际变化对现代气候影响的研究进展 [J]. 地球科学进展，2013，28 (12): 1335-1348.

② 彭公炳. 地极移动对气候变化的影响及其在气候预测中的应用 [J]. 气象科技资料，1973 (3): 54-58.

③ 彭公炳，陆巍，殷延珍. 地极移动与气候的几个问题 [J]. 大气科学，1980 (4): 369-378.

有决定性的影响。由于海陆分布在很长的时期内不会变化，而地形的动力和热力作用不仅随地形区下垫面的变化而变化，还会随气候系统本身的特征而变化，因此，从对气候异常的影响来说，地形的作用大于海陆分布变化。下垫面性质的改变对气候的影响也非常重要，其影响程度并不比地形作用小。下垫面的变化比较快，对于较短时期的气候变化影响更大。但是，下垫面必须具有相当的空间尺度才能对气候有影响[①]。造山运动是地球表面在地质时代经历的一系列准周期性变化。造山运动剧烈时降水增加、极地冰面拓展或云量增加本应使温度降低，但此时地幔向地表放热最多，使温度升高。两种运动的抵消结果使温度并无显著变化。直到地幔对流停止，温度才开始降低，加上冰雪反射率的正反馈作用使冰期很快到来。故在整个地质时期中，气候史上最大的冰川活动时期都发生在地质史上最重要的造山运动之后，如第四纪大冰期发生在从第三纪开始的新阿尔卑斯造山运动之后，石炭—二叠纪大冰期发生在晚古生代的海西造山运动之后。地形地貌变化的时间尺度很长，对近几十年的气候变化影响很小。

（3）海洋温度异常

海水温度的异常变化常常会引发全球性的气候和环境影响。"厄尔尼诺"一词最初用于描述一个周期性出现的沿厄瓜多尔和秘鲁海岸流动的暖水洋流，它可干扰当地的渔业。随后，人们发现它主要表现为日界线以东热带太平洋的海盆尺度的变暖。这一海洋事件伴有全球热带和副热带地面气压型的振荡，被称作南方涛动。这种时间尺度为2—7年的大气—海洋耦合现象被称为厄尔尼诺—南方涛动（El Niñ-Southern Oscillation，ENSO）。通常用南太平洋塔希提岛与澳大利亚达尔文之间地面气压的距平差或者赤道太平洋中部和东部海表温度来度量ENSO的强度。在ENSO事件期间，盛行的信风减弱，令海洋上升流减弱，海流改变，海面温度升高，信风进一步减弱。这一事件对热带太平洋的风况、海面温度和降水形势产生了很大的影响，并且由于全球气候关联紧密，

———————————

① 钱永甫，王谦谦，钱云，等. 青藏高原等大地形和下垫面的动力和热力强迫在东亚和全球气候变化中作用的新探索 [J]. 气象科学，1995（4）：7-16.

从而对整个太平洋区域和世界其他许多地区产生气候影响。ENSO 的冷相位称为拉尼娜。目前海洋温度异常的原因尚无定论，其与过去几十年气候变化的关系也在持续研究之中。

（4）火山活动

火山喷发对气候的影响主要有以下方面：释放能量，喷出大量的岩浆冷却凝固成岩石；带来大量的气体如水蒸气、CO_2、SO_2 等；还会形成大量的气溶胶和固体悬浮小颗粒。火山喷发产生大量气体，其中对气候变化产生较大影响的是火山悬浮颗粒和 SO_2 气体。火山喷发会形成大量的细颗粒灰尘（悬浮质），这些物质可以随火山喷发气体上升到平流层，并在随后的几个月至几年内减少太阳对地表的直接辐射量，并增加云层向外太空的散射和反射能量，由此降低地表的温度。这些细小的颗粒还会在高层大气环流的带动下向全球扩散，使火山活动的影响扩大至全球[①]。

2.1.2.3　人文因素

（1）温室气体排放

目前，气候变暖是近 100 年来气候变化的最显著特征，基本上已经公认它是由人类活动产生的以 CO_2 为主要代表的温室气体的增加所引发的气候效应。资料显示，温室气体的排放贡献了地表平均温度升高中的 0.5～1.3℃，人为影响贡献了−0.6～0.1℃，各种自然因素的贡献仅在 −0.1～0.1℃之间。

自 1750 年左右以来，观察到温室气体浓度逐年增加显然是由人类活动引起的。自 2011 年（AR5 中的测量结果）以来，大气中温室气体的浓度持续增加；2019 年，二氧化碳的年平均浓度达到 410ppm，甲烷的年平均浓度达到 1866ppb，一氧化二氮的年平均浓度达到 332ppb。在过去六十年中，陆地和海洋在人类活动产生的二氧化碳排放量中所占比例几乎恒定（全球每年约 56%），且存在区域差异（高信度）。

人类人为地增加温室气体的途径主要包括燃烧化石燃料等。化石燃料燃烧后放出大量的温室气体，在没有处理的情况下被排放进入大气。这些增加的温室气体加强了现有的大气温室效应，导致地球表面气温升高。

---

① 李平原，刘秀铭，刘植，等. 火山活动对全球气候变化的影响［J］. 亚热带资源与环境学报，2012，7（1）：83-88.

气候变化教育

（2）土地利用形式改变

土地利用形式的变更会改变全球生物化学循环过程和地表反照率，进而改变大气的组成成分和地表能量交换过程，最终广泛而深刻地影响全球气候。一方面，人类的一些不合理的农业活动，如毁林开荒、围湖造田、过多修建大型水库等，破坏了原有的自然植被，减少了将二氧化碳转化为有机物的条件；此外，陆地地表水域逐渐缩小，降水量大大降低，减少了吸收溶解二氧化碳的条件，破坏了碳平衡，使大气中的二氧化碳含量逐年增加。另一方面，城市化的加速使得大量的自然植被被转换成城市用地，其对太阳辐射的反射和折射大大加强，再加上生产和生活用能释放大量的热量，导致城市内气温比郊区高，形成热岛效应。虽然某个单独城市的热岛效应微不足道，但是当许多城市的局地气候综合作用在一起，就会极大地影响大气的水热平衡，从而加剧全球气候变暖。由于土地利用和土地覆盖的变化（Land Use and Land Cover Change，LULCC）从而导致地表反照率的差异，也会影响气候变化。一些模型显示，森林覆盖的反照率驱动的变暖效应占主导地位。

2.1.2.4 现阶段气候变化的影响因素

主流观点认为，现阶段气候变化的最主要影响因素是人类使用化石燃料大大增加了大气温室气体的浓度，导致温室效应增强和地球表面变暖。这一观点主要反映在 IPCC 的报告中，并被大多数人接受。IPCC 第二次评估报告（AR2）指出，全球变暖"不太可能完全由自然因子造成"，人类活动对全球气候系统有"可识别的"影响。IPCC 第三次评估报告（AR3）指出，过去 50 年观测到的大部分变暖可能是由于温室气体浓度的增加造成的。IPCC 第四次评估报告（AR4）指出，自 20 世纪中期以来观测到的大多数变暖可能是由于人为温室气体浓度增加引起。IPCC 第五次评估报告（AR5）指出，人类活动极有可能是 20 世纪中期以来观测到的气候变暖的主要原因。这些报告表明，人类活动影响气候系统的证据在逐渐加强，科学界关于人类活动对气候系统影响的认识在深化。这主要是因为观测到的气候变暖现象越来越明显、气候模式性能的改善以及归因方法学的改进。

IPCC 于 2022 年发布的第六次评估报告（AR6）系统评估了人类活动对大气和地表、冰冻圈、海洋、生物圈以及气候变率模态的影响。

第2章 气候变化的证据、影响及应对措施

IPCC 第六次评估报告（AR6）得出结论：自工业化以来，人类的影响已经使大气、海洋和陆地变暖。气候系统各圈层发生了广泛而迅速的变化，人类排放的温室气体等造成的人为强迫已经对气候系统造成了明显的影响。综上，现阶段的气候变化主要是由人类活动造成的，且这种影响逐渐加强。

随堂讨论

绘制影响气候变化因素的思维导图，结合气候变化相关证据判断当前阶段影响气候变化的主要因素是什么，你是如何分析的？

拓展阅读

真锅淑郎 （Syukuro Manabe）

美国气象学家真锅淑郎和德国气象学家克劳斯·哈塞尔曼因"物理模拟地球气候，量化其可变性和可靠地预测全球变暖"而共同分享 2021 年诺贝尔物理学奖。

真锅淑郎 1931 年出生于日本新宫，1957 年从日本东京大学获得博士学位，目前为美国普林斯顿大学气象学家。20 世纪 60 年代，日本大气物理学家真锅淑郎是东京的一位研究人员，他离开日本，到美国从事气候研究。他研究的目的是了解二氧化碳水平的增加如何导致温度变化。他主持了地球气候物理模型的开发，是第一个探索辐射平衡和气团垂直输送之间相互作用的人。他的工作为当前气候模型的发展奠定了基础。为了使计算易于处理，他将模型缩小到一个一维的垂直 40km 的大气层柱。通过改变大气中的气体水平来测试模型，他发现，氧气和氮气对地表温度的影响可忽略不计，二氧化碳的影响则明显：当二氧化碳水平翻一番时，全球温度上升超过 2℃。

该模型证实，气候变暖确实是由于二氧化碳增加。因为模型预测，靠近地面的温度升高，而高层大气变冷。如果温度升高的原因是太阳辐射变化，那么整个大气应该同时加热。

摘自：

本刊资料室：复杂系统的开创性研究及其在气候问题上的应用：2021 年诺贝尔物理学奖简介［J］. 物理通报，2021（12）：2-3.

2.2 气候变化的预期影响

2.2.1 对自然系统的预期影响

地球系统是多圈层组成的有机整体,气候的变化预期将对各个圈层产生显著影响。下面分别针对气候变化对大气系统、海洋系统和陆地生态系统的预期影响进行阐述。

2.2.1.1 大气系统

(1) 大气增温增湿

气候变化对大气系统最突出的影响在于使大气温度升高、湿度增加,深受全球气候变暖影响的一些极端天气事件的发生频率和强度可能会增加,由这些极端事件造成的危害和后果也会随之加剧。由于温室气体增加导致全球气候变暖,使得大气更加温暖潮湿,全球范围内的日温差加大,高温酷暑天气将变得更加炎热,且出现频率也会随之增大。由此也会出现更多强降水天气,热带风暴的破坏力增加,干旱的强度和持续时间也将增加。《中国极端气候事件和灾害风险管理与适应国家评估报告》也指出,伴随着全球气候变暖,近 60 年中国极端天气气候事件发生了显著的变化,南方地区的暴雨明显增多,北方地区的干旱范围、持续时间以及强度均明显增加。

(2) 大气污染加剧

气候变化除了导致极端事件发生频率的增加外,一些气候要素的异常变化会干扰大气运动,从而加剧大气污染。首先是对大气运动中光化学反应的影响,很多光化学反应在温度越高的时候反应越快,所以光化学烟雾被排放到大气中后,在强烈的阳光照射下会吸收太阳光的能量,而后进行光化学反应形成新的污染物质。因此,全球大气平均温度的升高加速了光化学污染的形成。

此外,大气温度升高和平均风速降低还会在一定程度上影响大气环流的形势,改变大气扩散的原有规律,不利于污染物的传输和消散。例如,在行星尺度大气环流和全球气候变暖的共同影响下,由西太平洋地区发育并登陆我国的台风和热带气旋频数减少,从而导致我国南方和东南沿海地区夏秋季的大风天气频率也呈现减少趋势,且大气扩散能力下降。还有一些研究认为，气候变化会增加逆温层出现的频率。逆温层的出现会阻碍空气的垂直对流运动，使近地面大气污染物无法散逸到高空，从而在近地面逐渐积累，导致空气污染加重。

2.2.1.2 海洋系统

（1）海平面升高

海平面指的是海面的平均高度，其中消除了短时间的波动，如波浪、涌浪和潮汐。据观测，气候变化导致全球范围内海平面上升已经是不争的事实。自1900年以来，全球平均海平面的上升速度至少比过去3000年中任何一个世纪都要快。在过去的一个世纪里，全球海洋变暖的速度比上一次冰消过渡（大约11,000年前）结束以来更快。根据 AR6 中关于海平面上升的特别报告，1901年至2018年期间，全球平均海平面上升了0.20米，平均海平面上升率在1901年至1971年期间为1.3毫米/年，在1971年至2006年期间上升至1.9毫米/年，在2006年至2018年期间进一步上升至3.7毫米/年。全球平均海平面上升主要是由于较暖的海水密度较低而引起的海水体积的增加，以及由于陆地冰的损失或陆地水库的净损失而引起的海水质量的增加。综上所述，由于气候变化造成的海平面上涨已经是近年来的一个显著趋势，是全球处于气候变化时期的一个有力证据，未来将给沿海地区居民的生产生活带来很大的影响。

（2）海水温度升高

大气中不断增加的温室气体会导致地球系统的热量吸收，自1970年以来，地球系统中超过90％的额外热能储存在全球海洋中（IPCC，2013年）。自20世纪70年代以来，海洋表面平均温度以每十年0.11℃的速度上升（高信度），并形成了自19世纪中期以来海洋表面长期变暖的一部分。自20世纪70年代以来，上层海洋（700米，几乎确定）和中层海洋（700米至2000米，很可能）一直在变暖。自第五次评估报告（AR5）公布以来，海洋热吸收一直没有减弱，增加了海洋热浪和其他极端事件的风险。

（3）海洋酸化和脱氧现象

IPCC 在2007年第四次评估报告（AR4）中指出，全球海洋增温已延伸至水下3000米。这一增温引起海水膨胀、酸化（由于气候变暖吸收了过量的二氧化碳）和极地海冰融化，全球海平面持续上升，并有加速迹象。全球水循环已经改变，导致海表盐度的区域变化（高信度），预计

气候变化教育

未来将继续。到 2011 年，海洋吸收了自工业革命以来排放到大气中的约 25％的人为二氧化碳。因此，自工业时代开始以来，海洋 pH 值下降了 0.1（高信度），对应的酸度增加了 26％，并导致了积极和消极的生物和生态影响（高信度）。全球变暖以两种方式影响着海洋氧气：一是变暖海水的持氧能力降低，同时变暖限制了来自大气的氧供应，减少了海水混合和循环；二是营养和有机废物污染加大了氧气消耗。越来越多的证据表明，海洋的氧气含量正在下降，预计下个世纪海洋酸化和脱氧现象将继续存在。

（4）海洋生物面临威胁

对海洋生态系统的影响主要体现在气候变化引起的海平面上升使得沿海地区更易遭受海啸、风暴、洪水以及其他自然灾害的侵袭，沿海生态系统（如珊瑚礁和红树林等）将受到强烈的负面影响，尤其是珊瑚礁，特别容易受到海洋变暖和酸化的影响。有研究认为，即使全球变暖限制在 1.5℃以内，也预计会有 70％～90％的珊瑚礁生态系统消亡；若升温 2℃，珊瑚礁将几乎完全消失。珊瑚礁的退化将对维系着 5 亿多人生存的生态系统产生莫大的威胁。此外，气候变化对海洋生物也有一定的影响，会使高纬海洋中藻类、浮游生物和鱼类的地理分布迁移。

2.2.1.3　陆地生态系统

（1）河流径流改变

气候变化对水资源的时空分布、循环过程以及各个循环环节都会产生深刻的影响。气候变暖使得很多地区的降水发生了异常变化，降水异常和冰雪消融正在改变水文系统，影响水资源的质量和总量。根据对全世界 200 条大河的径流量观测，有 1/3 的河流径流量发生趋势性的变化，并且以径流量减少为主。很多地区的湖水和河水温度变化异常，出现冰面的迟冻和早融，使得河湖的热力结构和水质受到影响。

气候持续变暖除了会使冰川融化量增大外，也会使冰川内部温度升高，从而导致冰体流动加速，甚至使冰川解体。由于许多地区的冰川开始持续消退，冰雪融水呈现增加趋势，许多以冰雪融水为主要补给的河流径流量和早春流量均增大，导致河流洪水提前、洪峰提高，影响下游的径流和水资源。冰川湖泊的范围也随之扩大，数量增加。这些变化将加剧原本已不平衡的水资源供需矛盾，增加强降水和洪涝灾害等事件发生的频率。

（2）冻土融化加快

气候变暖还导致高纬地区和高海拔山区的多年冻土层温度升高，季节性冻土层厚度增大，多年冻土下界上升明显，冻土层厚度普遍缩减5～7米，甚至部分地区的冻土完全融化。据调查，青藏公路温泉谷地段地温观测孔在1979年时观测到多年冻土的下限约10米，至2000年时，该地区的多年冻土已难觅踪迹。据IPCC的预计，未来我国青藏高原地区的气温还将持续上升，气候变化将会进一步引起多年冻土热状态变化，从而影响多年冻土空间分布变化。

冻土的融化会给陆地的生态系统带来诸多影响。富含泥炭地的永久冻土融化后，泥炭地的甲烷、二氧化碳和氧化亚氮排放量增加，增加温室气体的排放；并且，冻土融化还会导致一些地区暴露出患病的动物尸体，释放出解冻的远古病毒和细菌，造成病毒暴露风险，增加病媒昆虫数量。此外，冻土地区的植被也不断减少。在气候变暖的情况下，高纬地区的森林将特别容易受到干旱和永久冻土进一步向地下收缩的双重影响，同时高纬森林的气候适应性较弱，从而导致高纬地区的森林大量死亡。据IPCC发布的第六次评估报告（AR6），在温带和北方地区，约有一半的树线在转移，它们绝大多数向极地和向上扩展。

（3）土壤性质变化

IPCC在其发布的《气候变化与土地特别报告》中指出，气候变暖加剧了土壤中水分的蒸发，土壤中的盐分随之向上移动到耕作层，使得土表盐分积聚，导致土壤盐渍化加剧。此外，降水强度增加、旱涝频发、高温天气加剧、海平面上升、冻土融化等，都会加剧土地退化。随着全球气候的持续快速变暖，土壤退化已经成为制约某些地区生态环境和农业可持续发展的关键问题。

（4）地质灾害增加

自从全球气候变暖以来，几乎所有地区都经历着升温过程。其中，气候变暖导致的强降水、高温等极端天气会极大地增加地质灾害发生的风险。首先，极端高温天气会导致大气湿度增加、冰川和冻土退化、海平面上升、蒸发增强等；其次，极端降水天气则会导致降雨频率、降水周期、降水强度的改变。上述影响因素的变化相辅相成、共同作用，使

气候变化教育

坡体的含水量增大，支撑作用和稳定因素削弱，导致地表层斜坡失去平衡，继而位移引发崩塌、滑坡、泥石流等不同类型地质灾害，严重威胁着人类的生活起居。

（5）植被干扰增多

气候变化引起植被的干扰增多。首先是野火，气候变化使部分地区的气候变得干旱和高温，增加了森林野火发生的可能性，如热带、温带和北方生态系统的野火烧毁面积高达自然水平的两倍，使树木死亡率高达20%（远高于2%左右的自然死亡率）。这降低了植被生存、生物多样性的栖息地、水供应、碳封存和生态系统完整性的其他关键方面，以及它们为人们提供服务的能力（高信度）。由于温度升高和干旱度增加（中等信度），自1979年以来，全球四分之一的植被区的火季延长了；1984—2017年期间，气候变化使北美西部的野火烧毁面积比自然水平增加了一倍，不列颠哥伦比亚省的一个极端年份的野火烧毁面积比自然水平高11倍（高信度）。野火产生的碳排放量占全球生态系统碳排放量的三分之一，这种反馈会加剧气候变化（高信度）。

其次是气候变化会导致环境变得更加温暖，从而引发病虫害的增加。由于气候变化导致冬季变暖，使森林害虫死亡率降低，生长季节延长，向北扩展，因而在北美洲北部和欧亚大陆北部，病虫害的严重程度和爆发范围都有所增加，且害虫每年会繁衍更多的世代（高信度）。例如，在阿拉斯加，气候变化促进了昆虫的生命周期从两年减半到一年①。根据目前的预测，41%的主要昆虫害虫物种将随着气候变暖进一步增加它们的损害，而只有4%将减少它们的影响。并且，气候变化导致的森林虫害的增加，在许多温带和北方地区造成森林死亡和碳动态的变化（非常高的信度），大大增加了储存在生物圈中的碳被释放到大气中的风险（高信度），这会加剧高碳生态系统的排放与全球气温上升之间的正反馈。

（6）生物多样性面临严峻威胁

据推测，如果全球平均温度增幅超过1.5~2.5℃，约20%~30%的物种有可能会灭绝，直接导致生物多样性的减少。气候变化还会影响部

① LOGAN J A, RÉGNIÈRE J, POWELL J A. Assessing the impacts of global warming on forest pest dynamics[J]. Frontiers in Ecology and the Environment, 2003, 1 (3):130-137.

第2章 气候变化的证据、影响及应对措施

分生物物种的开花期、季节性活动、迁徙模式和丰度，如昆虫出现、树叶发芽、鸟类迁徙和产蛋等春季特有现象提前出现，使得物种脆弱性上升。气候变化对淡水生态系统的影响可以使河流中鱼类的地理分布发生变化并提早迁徙，高纬和高山湖泊中藻类和浮游动物增加。此外，气候变暖还导致淡水生态系统更加脆弱。据研究发现，到 2050 年，北半球温带湖泊在夏季极端高温下致使鱼类死亡的数量可能翻一番，而到本世纪末则将增加四倍以上，这种影响在低纬度地区尤为明显。

随堂讨论

结合个人知识和经历，根据以上陈列的预期影响分别举例，说明气候变化对大气、海洋和陆地生态系统的消极影响。

2.2.2 对人类社会的预期影响

由于气候变化本身就是一个十分复杂的问题，其成因涉及各种要素，所以气候变化带来的影响也是全方位、多尺度、多领域的。尤其是那些与人类社会的生产生活密切相关的影响，对我们实现今后的可持续发展目标具有重要的指导意义。气候变化对人类社会的影响主要体现在极端天气、沿海地区、农业和公共健康方面。

2.2.2.1 极端天气增多

（1）极端水文气象事件增多

全球变化使得全球水循环过程发生改变，且降水的年际与年内变化显著增大，因而增加了水文气象极端事件（如暴雨洪涝、极端干旱等）发生的概率。IPCC 第四次评估报告（AR4）指出，气候变化对不同地区的水资源影响各异。在本世纪中期之前，高纬和部分热带湿润地区的年平均河流径流量和可用水量预计会增加 10%～40%；而在一些中纬度和热带干燥地区，则可能减少 10%～30%，特别是对亚热带缺水地区的居民而言，水的有效利用率将降低。人类排放温室气体大幅增加了地中海地区干旱年份的可能性。温室气体强迫的增强导致了地中海区域（包括南欧、北非和中东）干旱的增加，而且在全球变暖程度更高的情况下，这一趋势将继续增强。

在我国，华北地区年降水量趋于减少，极端降水量占总降水量的比重有所增加。长江及以南地区年降水量和极端降水量都趋于增加，极端

气候变化教育

降水值和极端降水事件强度分别有所增加和增强。20世纪90年代以来，我国发生了多次短历时、点雨量实测或调查的极值接近或达到世界最高纪录的暴雨事件，长江中下游地区水量出现了显著增强趋势，从而导致20世纪80年代以来长江洪涝灾害事件频繁发生。

（2）热浪频繁发生

随着全球气候变暖和城市热岛效应的加剧，高温热浪事件可能会频繁发生，并对人体健康产生更严重的影响。极端高温事件往往与特重干旱相伴而来，严重威胁人们的生命及能源、水资源和粮食安全等。在全球变暖的大背景下，我国高温热浪袭击范围越来越广，频次明显增多，时间越来越长，对人们活动、健康、旅游业和工农业生产都有不同程度的影响。从2000年左右开始，我国高温频数开始显著增加，强高温以上级别的高温频数也有所增加，高温强度值有加快增强的趋势。我国是高温热浪灾害的高发区，且随着城市化进程不断加快，城市规模和人口密度不断增加，遭受高温热浪袭击的风险不断加大[1]。

2.2.2.2 沿海地区生存威胁

全球经济发达的地区主要集中在沿海城市及其周围，海平面上升对沿海地区的人类社会生活的影响将更为突出，主要体现在居住地被淹没、设施破坏和土地盐碱化增加。预计未来几十年，人口和经济资产暴露在沿海灾害下的风险将增加，特别是在非洲、东南亚和小岛屿人口快速增长的沿海地区（中等信度）。预计到2100年，全球2.5%～9%的人口和12%～20%的全球国内生产总值（GDP）将受到沿海洪水的影响[2][3][4]。在温度增加3℃以上的全球变暖水平和低适应性的情况下，海平面上升可

① 宋晨阳，王锋，张韧，等．气候变化背景下我国城市高温热浪的风险分析与评估［J］．灾害学，2016，31（1）：201-206．

② KULP S A, STRAUSS B H. New elevation data triple estimates of global vulnerability to sea-level rise and coastal flooding［J］. Nature Communications, 2019, 10 (1):1-12.

③ KIREZCI E, YOUNG I R, RANASINGHE R, et al. Projections of global-scale extreme sea levels and resulting episodic coastal flooding over the 21st century［J］. Scientific Reports, 2020, 10(1):11629.

④ ROHMER J, LINCKE D, HINKEL J, et al. Unravelling the importance of uncertainties in global-scale coastal flood risk assessments under sea level rise［J］. Water, 2021, 13(6):774.

第2章 气候变化的证据、影响及应对措施

能会对港口和沿海基础设施造成破坏①②③④，这种影响可能会因为部门和地区之间的联系而扩散至其他部门和地区，对经济系统产生影响⑤。在百年的时间尺度上，预计的海平面上涨对岛屿国家、低洼沿海地区以及其中的社区、基础设施和文化遗产将构成生存威胁。即使气候变暖稳定在 2℃ 至 2.5℃ 的水平，海岸线也将在数千年内继续重塑，淹没有 6 亿～13 亿人居住（据 2010 年人口数据）的低洼地区（中等信度）。根据水文地质情况，海平面上涨会导致地下水、河口、湿地和土壤的盐碱化，增加水管理和农业部门生产的难度。

2.2.2.3　农业危机

农业是对气候变化反应最为敏感的部门之一。气候变化首先会增加农业生产的不稳定性，使产量出现较大的波动，如小麦、水稻和玉米三大作物总体出现减产趋势。若温度升高低于某一限度，中纬度的一些地区将存在作物增产的可能。其次，农业生产布局和种植结构也会出现较大的变化，作物种植界限和熟制分布将由原来的地区向更加寒冷的高纬迁移，原本的种植结构也因水热条件改变而被取代。气候变暖还会改变农业生产条件，加速土壤有机质的分解，造成土地肥力下降，从而需要加大对农药和化肥等农业成本的投资。

（1）可耕种土地减少

对于高纬地区，原本不可耕种的土地可能会因为气候变暖而变得可利用，导致可耕种土地面积增加；但在农业主要存在和发展的中低纬度地区，气候变暖会导致这些土地退化，土地退化的直接人为原因是土地

---

①　CAMUS P, TOMÁS A, DÍAZ-HERNÁNDEZ G, et al. Probabilistic assessment of port operation downtimes under climate change[J]. Coastal Engineering, 2019, 147: 12-24.

②　CHRISTODOULOU A, CHRISTIDIS P, DEMIREL H. Sea-level rise in ports: a wider focus on impacts[J]. Maritime Economics & Logistics, 2019, 21: 482-496.

③　VERSCHUUR J, KOKS E E, HALL J W. Port disruptions due to natural disasters: insights into port and logistics resilience[J]. Transportation Research Part D: Transport and Environment, 2020, 85: 102, 393.

④　YESUDIAN A N, DAWSON R J. Global analysis of sea level rise risk to airports[J]. Climate Risk Management, 2021, 31: 100, 266.

⑤　MANDEL A, TIGGELOVEN T, LINCKE D, et al. Risks on global financial stability induced by climate change: the case of flood risks[J]. Climatic Change, 2021, 166 (1-2): 4.

气候变化教育

使用的变化和不具有可持续性的土地管理（非常高的信度）。农业是导致退化的主要部门（非常高的信度），常规耕地的土壤流失量超过土壤形成速度大于2个数量级（中等信度）。并且，严重的全球变暖将通过增加洪水（中等信度）、干旱频率、增强的气旋（中等信度）和海平面上升（非常高的信度）进一步加剧正在进行的土地退化进程，减少可耕种土地的面积。同时，由于海平面上升，沿海地区的侵蚀将在世界范围内增加（高信度），从而导致沿海地区的可耕种土地被淹没而减少。在气旋多发地区，海平面上升和更强烈的气旋相结合将导致土地退化，对人类生计造成严重后果（非常高的信度）。

（2）产量下降

气候变暖将降低低纬度地区的农作物产量，极端气候和天气事件将会降低全球粮食总产量。低纬度地区气候变化将减少土壤水分，降低农业和林业的生产力，使农林业生产受到影响。而气候变化对中纬度地区的影响是混合的，随地区或气候变化情景而改变。例如，在中国，在未来气候情景下，温度升高，作物生长加快，生育期缩短，不同品种水稻产量会有不同程度的下降，早稻平均减产幅度为3.7％，中稻为10.5％，晚稻为10.4％。气候变暖导致小麦发育加快，生育期缩短，春小麦生育期日数缩短比例大于冬小麦，春小麦的减产幅度也大于冬小麦，无论是冬小麦还是春小麦，雨养条件下减产幅度均略大于水分适宜条件（灌溉条件下）。区域间产量变化趋势也有所不同，未来降水量增加，华北和长江中下游地区的雨养冬小麦有增产趋势，而东北地区和西北地区春小麦、西南地区冬小麦有减产趋势[①]。然而在中高纬地区，温和的气候变暖将增加可耕作土地面积，并在一定程度上提高作物和牧场的产量。

2.2.2.4 公共健康负担加重

（1）传染病类型和传播速率增加

因气候变化而导致的气候变暖、海平面上升、极端天气、水灾、干旱、空气与水质、媒介生态学等一系列问题，正直接或间接地影响着许多传染病的传播。气候变化的直接结果是极端气温、强降雨量和气候相关的自然灾害直接导致人类的死亡、伤害和疾病。气候变化的间接影响

---

① 郭建平. 气候变化对中国农业生产的影响研究进展 [J]. 应用气象学报，2015，26（1）：1-11.

第2章 气候变化的证据、影响及应对措施

表现为热带的边界会扩大到亚热带，温带部分地区会变成亚热带。Gould、Greer等认为由于热带是细菌性传染病、寄生虫病和病毒性传染病最主要的发源地，而随着温带地区的变暖，这些疾病的扩散速率增加，适宜媒介动物生长繁殖环境时空范围扩大，从而使细菌和病毒的生长繁殖时空范围扩大[①]。Bryant研究表明，76%的传染媒介生物或病原体受气候影响，40%的传染病在全球变暖条件下被传播得更快。Gale预测气候变化将增加传染病侵入欧洲的风险。Atul等预测，伴随气候变暖，一些虫媒传染病将殃及世界40%～50%人口的健康，部分温带地区的气候变暖对人类健康有利，比如因寒冷所造成的死亡率会下降。但总体而言，气候变暖对人类健康的影响以不利为主，其中对贫穷地区（主要分布在热带和亚热带国家）更为严重。

（2）花粉过敏加剧

由于气候变化，与空气过敏原相关的疾病负担预计会增长（高信度）。花粉过敏和相关过敏性疾病的发病率随着花粉暴露而增加，花粉季节的时间和花粉浓度预计会在气候变化下发生变化[②][③][④]。由于二氧化碳施肥和气候变暖，白桦和豚草等致敏物种的花粉季节总长度和季节性总花粉数/浓度预计将增加，导致更大的致敏性[⑤][⑥][⑦]。过敏性疾病，特别是

---

① 李国栋，张俊华，焦耿军，等. 气候变化对传染病爆发流行的影响研究进展[J]. 生态学报，2013，33（21）：6762-6773.

② BEGGS P J. Climate change, aeroallergens, and the aeroexposome [J]. Environmental Research Letters, 2021, 16(3):035,006.

③ ZISKA L H. An overview of rising CO_2 and climatic change on aeroallergens and allergic diseases[J]. Allergy, Asthma&Immunologg Research, 2020, 12(5):771.

④ ZISKA, L H, et al. Temperature-related changes in airborne allergenic pollen abundance and seasonality across the northern hemisphere: a retrospective data analysis [J]. Lancet Planet Health, 2019, 3(3):e124-e131.

⑤ HAMAOUI-LAGUEL L, VAUTARD R, LIU L I, et al. Effects of climate change and seed dispersal on airborne ragweed pollen loads in Europe[J]. Nature Climate Change, 2015, 5(8):766-771.

⑥ LAKE I R, JONES N R, AGNEW M, et al. Climate change and future pollen allergy in Europe[J]. Environ Mental Health Perspectives, 2017, 125(3):385-391.

⑦ ZHANG Y, ISUKAPALLI S S, BIELORY L, et al. Bayesian analysis of climate change effects on observed and projected airborne levels of birch pollen[J]. Atmospheric Environment, 2013, 68:64-73.

过敏性鼻炎和过敏性哮喘的负担可能会因气候变化而改变（中等信度）。有证据显示，由于气候变化，北美地区花粉季节的延长、春季发病时间与较高的哮喘住院率之间存在关联，推测是由于较高的花粉暴露，以及其他将空气过敏原暴露与恶化的过敏性疾病负担联系起来的证据支持了这一观点。

2.3 气候变化的应对措施

根据 IPCC 的第六次评估报告（AR6），未来几十年里全球所有地区将面临气候变化加剧的考验，暖季将变得更长，冷季将更短，同时极端高温等极端天气将变得更加频繁，给人类生产生活和公共健康带来更大挑战。面对气候变化带来的一系列挑战，我们应该如何积极应对？本节内容将从对气候变化的减缓和适应两方面展开介绍，系统阐述温室气体排放各环节的具体应对措施。

2.3.1 对气候变化的减缓

对气候变化的减缓是指通过人为干预减少温室气体排放源，即通过一系列措施，控制温室气体的排放。要注意的是，不能为了达到减缓目标而采取消极或极端措施（如不允许使用任何化石燃料等），而是要采取适应地球生态系统和满足人类合理生产生活需求的积极措施。正如《联合国气候变化框架公约》的最终目标所言，要将大气中温室气体的浓度稳定在防止气候系统受到危险的人为干扰的水平上，从而使生态系统自然地适应气候变化、确保粮食生产免受威胁，并使经济能够可持续发展。

IPCC 第六次评估报告（AR6）指出，在人为排放甲烷（主要温室气体之一）中，农业和废弃物类排放的甲烷最多，为 58%，矿物燃料产生的甲烷占人为排放量的 32%，生物质燃烧和生物燃料占 8%，运输业和工业分别占 1%，如图 2-3-1 所示。根据相关数据和 2021 年《中国应对气候变化的政策与行动》的主要内容，将从能源领域、农业活动、工业生产、居住与生活、个人生活五个方面来介绍减缓气候变化的积极措施。

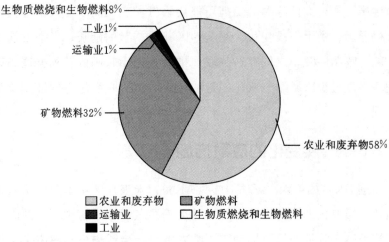

图 2-3-1　2008 年至 2017 年各部门的甲烷人为排放量占比图

（数据来源：IPCC 第六次报告第 1188 页）

2.3.1.1　能源领域

（1）严格控制化石能源消费

　　化石能源主要来自使用化石燃料所产生的能源。化石燃料是一种烃或烃的衍生物的混合物，包括煤炭、石油和天然气等，是不可再生资源。在燃烧化石燃料后，会产生二氧化碳等温室气体。到目前为止，化石燃料仍然是世界能源供应的主要来源，每年因燃烧化石燃料排放出的大量温室气体影响着全球气候。

　　严格控制化石能源消费对于减缓气候变化意义重大，这需要依靠节能科技创新的快速发展。在能耗强度方面，通过技术和节能措施降低化石燃料需求量，降低能耗强度。中国是全球能耗强度降低最快的国家之一，2011 年至 2020 年，中国能耗强度累计下降 28.7％。2016 年至 2020 年，中国发布强制性能耗限额标准 16 项，实现年节能量 7700 万吨标准煤，相当于减排二氧化碳 1.48 亿吨[①]。在能源消费结构方面，中国积极向清洁低碳转化，控制化石燃料消费在能源消费总量中的比例。如图 2-3-2 所示，中国严控煤炭消费，煤炭消费量占能源消费总量比例明显下降。截至 2020 年底，中国北方地区冬季清洁取暖率已提升到 60％以上，京津

――――――――――

冀及周边地区、汾渭平原累计完成散煤替代 2500 万户左右，削减散煤约 5000 万吨，据测算，相当于少排放二氧化碳约 9200 万吨[①]。

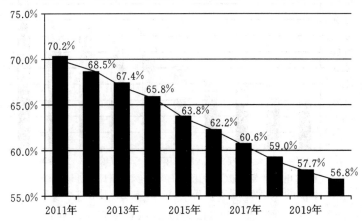

图 2-3-2　2011—2020 年中国煤炭消费量占能源消费总量比例

（数据来源：2021 年《中国应对气候变化的政策与行动》）

（2）积极发展非化石能源

除了节能科技创新，充分使用非化石能源也是能源领域减缓气候变化的重要措施。非化石能源，是指除了煤炭、石油、天然气等化石燃料的能源类型外的能源。非化石能源包括风能、太阳能、水能、生物质能、地热能、潮汐能、核能等。非化石能源可再生利用，使用过程中几乎不排放温室气体。因此，积极发展非化石能源，能够有效降低温室气体排放量，减缓气候变化。

中国非常重视非化石能源的发展。2020 年，中国非化石能源消费占能源消费总量比重提高到 15.9％，比 2005 年大幅提升了 8.5 个百分点；中国非化石能源发电装机总规模达到 9.8 亿千瓦，占总装机的比重达到 44.7％，其中，风电、光伏、水电、生物质发电、核电装机容量分别达到 2.8 亿千瓦、2.5 亿千瓦、3.7 亿千瓦、2952 万千瓦、4989 万千瓦，光伏和风电装机容量较 2005 年分别增加了 3000 多倍和 200 多倍。非化石能源发电量达到 2.6 万亿千瓦时，占全社会用电量的比重达到三分之一

①　中华人民共和国国务院新闻办公室. 中国应对气候变化的政策与行动［EB/OL］.（2021-10-27）［2022-02-26］. http://www. mee. gov. cn/zcwj/gwywj/202110/t20211027 _ 958030. shtml?keywords＝％E6％B0％94％E5％80％99.

以上①。如图 2-3-3 所示，中国非化石能源发电装机容量逐年提升。

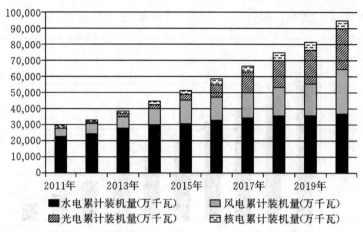

图 2-3-3　2011—2020 年中国非化石能源发电装机容量（单位：万千瓦）

（数据来源：2021 年《中国应对气候变化的政策与行动》）

此外，中国十分重视贫困地区的能源资源问题，实施能源扶贫工程。为了让贫困地区经济发展增添新动能，合理开发利用贫困地区的能源资源，中国累计建成超过 2600 万千瓦光伏扶贫电站，成千上万座"阳光银行"遍布农村贫困地区，惠及约 6 万个贫困村、415 万贫困户，形成了光伏与农业融合发展的创新模式②。

随堂讨论

1. 你认为非化石能源还包括哪些？这些非化石能源各有什么优缺点？

2. 你认为在发展非化石能源过程中会遇到哪些困难？请思考并提出解决方案。

2.3.1.2　农业活动

农业活动是甲烷和氧化亚氮两类温室气体的重要排放源。农业温室气体排放包括动物肠道发酵甲烷排放、粪便管理甲烷和氧化亚氮排放、

---

①　中华人民共和国国务院新闻办公室. 中国应对气候变化的政策与行动 [EB/OL]. （2021-10-27）[2022-02-26]. http://www.mee.gov.cn/zcwj/gwywj/202110/t20211027_958030.shtml?keywords=％E6％B0％94％E5％80％99.

②　中华人民共和国国务院新闻办公室. 中国应对气候变化的政策与行动 [EB/OL]. （2021-10-27）[2022-02-26]. http://www.mee.gov.cn/zcwj/gwywj/202110/t20211027_958030.shtml?keywords=％E6％B0％94％E5％80％99.

稻田甲烷排放、农用地氧化亚氮排放以及农业废弃物田间焚烧的甲烷和氧化亚氮排放[①]。动物肠道发酵包括肉牛、奶牛、山羊和绵羊等 12 种畜禽的甲烷排放；动物粪便管理包括奶牛、肉牛、山羊和猪等 14 种畜禽粪便的甲烷和氧化亚氮排放；水稻种植包括不同耕作方式、不同灌溉管理方式、不同肥料施用方式的甲烷排放；农业土壤包括农用地（含放牧）氮输入就地转化的氧化亚氮直接排放，以及氮输入导致的氮沉降和氮淋溶径流氧化亚氮间接排放[②]。因此，通过以下四个方面可以有效减缓农业活动的温室气体排放。

（1）推进农业改良品种

在农作物品种方面，重点是培育和推广高产量、低排放的农作物品种。水稻是重要的农作物，中国是世界上最大的水稻生产国，水稻种植面积占全球的 30％左右，而稻田是甲烷的重要排放源。近 50 年来，中国通过品种改良与稻作技术创新，使得水稻单产在提高 130％的同时，温室气体排放下降了 70％[③]。

在禽畜养殖品种方面，推广优良牲畜品种和提高饲料转化率，可有效降低单位产品甲烷排放量。禽畜养殖业离不开饲料的饲养，在改善饲料方面，可以通过改善粗饲料品质、推广使用有利于减排的饲料添加剂等方式改善饲料。

（2）采用绿色生物制造

生物制造是指利用生物质、二氧化碳等可再生材料，采用工业生物技术手段的绿色生产模式。由于对传统大宗石油化工产品的依赖度大大降低，该种模式将从源头上实现温室气体减排。目前生物发酵制燃料乙醇已经是比较成熟商业化的绿色生物制造项目，而生物基可降解农膜正在推动中。《中共中央国务院关于全面推进乡村振兴加快农业农村现代化

① 中华人民共和国国务院新闻办公室. 中华人民共和国气候变化第三次国家信息通报 [EB/OL]. (2018-11-01) [2019-10-31]. https://www.ccchina.org.cn/archiver/ccchinacn/UpFile/Files/Default/20191031142451943162.pdf.

② 叶兴庆，程郁，张玉梅，等. 我国农业活动温室气体减排的情景模拟、主要路径及政策措施 [J]. 农业经济问题，2022（2）：4-16.

③ 叶兴庆，程郁，张玉梅，等. 我国农业活动温室气体减排的情景模拟、主要路径及政策措施 [J]. 农业经济问题，2022（2）：4-16.

的意见》指出，推进农业绿色发展，全面实施秸秆综合利用和农膜、农药包装物回收行动，加强可降解农膜研发推广。当前可降解农膜分为生物基可降解和石油基可降解，生物基可降解塑料即以天然高分子或农副产品经发酵或合成的高分子为原料生产的塑料，可大幅减少对传统化石能源的消耗，未来在农业生产中推动生物基可降解塑料，将会有效减少农业温室气体的排放①。

（3）采取综合措施节能减排

农业需要能源消费运行，农业能源消费涵盖种植业、禽畜养殖业和渔业的机械用能。促进农业节能减排可采取综合措施；在提高能效方面，应加快淘汰能耗高、污染重、效率低的老旧农用机械，推广使用电动农业机械，提高能源使用率；在发展可再生能源方面，应通过田间光伏、农房屋顶光伏、农村太阳能路灯、太阳能热水器等促进农业生产设施用电和农村生活用电向可再生能源转化，在畜禽粪便处理量大和高能农业废弃物较多的地区发展规模化生物沼气项目和生物发电，增加非化石能源的使用比例。

（4）推广精准农业模式

精准农业指在农业生产中采用人工智能、传感器、大数据、物联网新一代信息技术进行辅助生产，不仅可以提高单位面积产出，还能高效控制肥料和农药的使用，进而减少环境污染和碳排放。在传统农业生产中，灌溉和化肥的使用往往依赖经验，缺少对农作物生长环境的定量数据化分析，而精准农业可以识别分析植物生长状态、所处土壤田块内部性状以及光照、湿度等条件，通过一系列算法计算出具体的施肥时间和用量，然后利用 GPS 定位等手段进行精准施肥。精准农业可以真正做到监测农业生产中的环境影响，并根据环境影响高度控制生产过程，使得农村生产由粗放管理向精准集约迈进。需要指出的是，精准农业并不是唯产量论，而是强调以最少的化肥农药投入和温室气体排放量，达到同等或者更高的产出②。

① 唐博文. 从国际经验看中国农业温室气体减排路径 [J]. 世界农业，2022 (3)：18-24.

② 唐博文. 从国际经验看中国农业温室气体减排路径 [J]. 世界农业，2022 (3)：18-24.

2.3.1.3 工业生产

（1）遏制高耗能行业盲目发展

高耗能行业是指生产过程中，所消耗的一次能源或二次能源比重较高，能源成本在产值中占成分较高的产业。一次能源是指自然界中没有经过加工转换的各种能量和资源；二次能源是由一次能源经过加工或转换得到的其他种类和形式的能源。按国家统计分类，六大高耗能行业主要是指石油加工、炼焦及核燃料加工业，化学燃料及化学制品制造业，非金属矿物制造业，黑色金属冶炼及压延加工业，有色金属冶炼及压延加工业，电力热力的生产和供应业。"十三五"期间，中国高耗能项目产能扩张得到有效控制，石化、化工和钢铁等重点行业转型升级加速，提前两年完成"十三五"化解钢铁过剩产能1.5亿吨上限目标任务，全面取缔"地条钢"产能1亿多吨。截至2020年，中国单位工业增加值二氧化碳排放量比2015年下降约22％。2020年主要资源产出率比2015年提高约26％，废钢、废纸累计利用量分别达到约2.6亿吨、5490万吨，再生有色金属产量达到1450万吨[①]。

（2）推动工业领域绿色低碳发展

工业生产的减缓加快了传统产业绿色低碳改造，促进了工业能源消费低碳化，推动了化石能源清洁高效利用，提高了可再生能源应用比重，推进了工业领域数字化、智能化、绿色化融合发展。

钢铁行业要促进结构优化和清洁能源替代，大力推进非高炉炼铁技术示范，提升废钢资源回收利用水平，推行全废钢电炉工艺。有色金属行业要推进清洁能源替代，提高水电、风电和太阳能发电等应用比重，完善废弃有色金属资源回收、分选和加工网络，提高再生有色金属产量，提升有色金属生产过程余热回收水平，推动单位产品能耗持续下降。石化化工行业要促进石化化工与煤炭开采、冶金、建材、化纤等产业协同发展，加强炼厂干气、液化气等副产品气体高效利用，推动物料循环利用。

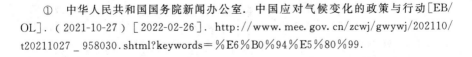

① 中华人民共和国国务院新闻办公室. 中国应对气候变化的政策与行动[EB/OL]. （2021-10-27）[2022-02-26]. http://www.mee.gov.cn/zcwj/gwywj/202110/t20211027_958030.shtml?keywords=％E6％B0％94％E5％80％99.

第2章 气候变化的证据、影响及应对措施

2.3.1.4 居住与生活

（1）交通设施

①推动运输工具装备低碳转型。扩大电力、氢能、先进液体燃料等新能源、清洁能源在交通运输领域应用；加快老旧船舶更新改造，因地制宜开展沿海、内河绿色智能船舶示范应用；大力推广新能源汽车，逐步降低传统燃油汽车在新车产销和汽车保有量中的占比，推动城市公共服务车辆电动化替代。中国新能源产业蓬勃发展，中国新能源汽车生产和销售规模连续 6 年位居全球第一，如图 2-3-4 所示，截至 2021 年 6 月，新能源汽车保有量已达 603 万辆[①]。

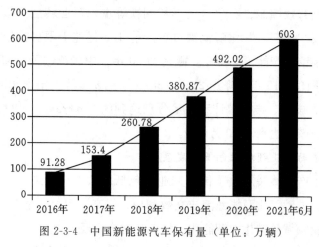

图 2-3-4　中国新能源汽车保有量（单位：万辆）

（数据来源：2021 年《中国应对气候变化的政策与行动》）

②构建绿色高效交通运输体系。发展智能交通，推动不同运输方式合理分工、有效衔接，降低空载率和不合理客货运周转量；大力发展以铁路、水路为骨干的多式联运，推进工矿企业、港口、物流园区等铁路专用线建设；加快城乡物流配送体系建设，创新绿色低碳、集约高效的配送模式；打造高效衔接、快捷舒适的公共交通服务体系，积极引导公众选择绿色低碳的交通方式。中国在开展"美丽中国，我是行动者"提升公民生态文明意识行动计划后，绿色、低碳出行理念进一步深入人心，

气候变化教育

---

①　中华人民共和国国务院新闻办公室. 中国应对气候变化的政策与行动［EB/OL］.（2021-10-27）［2022-02-26］. http://www. mee. gov. cn/zcwj/gwywj/202110/t20211027＿958030.shtml?keywords＝%E6%B0%94%E5%80%99.

以公交、地铁为主的城市公共交通日出行量超过 2 亿人次，骑行、步行等城市慢行系统建设稳步推进[①]。

（2）建筑改造

①大力发展节能低碳建筑。持续提高新建建筑节能标准，加快推进超低能耗、近零能耗、低碳建筑规模化发展；大力推进城镇既有建筑和市政基础设施节能改造，提升建筑节能低碳水平；逐步开展建筑能耗限额管理，推行建筑能效测评标识，开展建筑领域低碳发展绩效评估；全面推广绿色低碳建材，推动建筑材料循环利用。截至 2020 年底，中国城镇新建绿色建筑占当年新建建筑的比例高达 77％，累计建成绿色建筑面积超过 66 亿平方米，累计建成节能建筑面积超过 238 亿平方米，节能建筑占城镇民用建筑面积比例超过 63％[②]。

②加快优化建筑用能结构。深化可再生能源建筑应用，加快推动建筑用能电气化和低碳化；开展建筑屋顶光伏行动，大幅提高建筑采暖、生活热水、炊事等电气化普及率；在中国北方城镇加快推进热电联产集中供暖，加快工业余热供暖规模化发展，积极稳妥推进核电余热供暖，因地制宜推进热泵、燃气、生物质能、地热能等清洁低碳供暖。

（3）餐饮消费

①减少食品浪费。加强公众营养膳食科普知识宣传，倡导营养均衡和科学文明的饮食习惯，鼓励家庭科学制订膳食计划，按需采买食品，充分利用食材；提倡采用小分量、多样化、营养搭配的烹饪方式[③]。中国长期开展"全国节能宣传周""全国低碳日""光盘行动"等活动，向社会公众普及环保意识，反对餐饮浪费，节水节纸。

②推进厨余垃圾资源化利用。建立厨余垃圾收集、投放、运输、处

① 中华人民共和国国务院新闻办公室. 中国应对气候变化的政策与行动[EB/OL].（2021-10-27）[2022-02-26]. http://www. mee. gov. cn/zcwj/gwywj/202110/t20211027_958030. shtml?keywords=％E6％B0％94％E5％80％99.

② 中华人民共和国国务院新闻办公室. 中国应对气候变化的政策与行动[EB/OL].（2021-10-27）[2022-02-26]. http://www. mee. gov. cn/zcwj/gwywj/202110/t20211027_958030. shtml?keywords=％E6％B0％94％E5％80％99.

③ 中共中央办公厅. 国务院办公厅印发粮食节约行动方案[EB/OL].（2021-11-08）[2022-02-26]. http://www. mee. gov. cn/zcwj/zyygwj/202111/t20211108_959455. shtml.

理体系，推动源头减量；促进厨余垃圾资源化利用和无害化处理；做好厨余垃圾分类收集；探索推进餐桌剩余食物饲料化利用。

③适当发展人造肉产业。人造肉技术是一种使用干细胞体外培养等生物工程技术代替传统畜牧业生产来获取肉类资源的生产技术手段。传统畜牧业在养殖过程中需要占用大量的土地资源，消耗大量的能源和水资源，畜牧养殖业会排放大量的温室气体，都是影响全球气候的重要因素①。人造肉既可以满足人类对于肉类消费的需求，又可以减少环境污染，减少食品生产过程中的碳排放。

案例研讨

减少肉类生产与消费

食用类动物的饲养是温室气体排放的主要来源之一。在"农业、林业和其他土地利用"领域，它是排名第一的温室气体排放源。作为一个涵盖内容广泛的领域，"农业、林业和其他土地利用"包括从动物饲养到农作物种植，再到树木采伐的各种人类活动。每年甲烷和一氧化二氮的排放量相当于 70 多亿吨的二氧化碳，占"农业、林业和其他土地利用"领域总排放量的 80% 以上。除非采取措施控制它的排放量，否则这个数字还将继续攀升，因为我们需要为越来越多、越来越富裕的全球人口提供足够的食物。要想接近净零排放的目标，就必须弄清楚怎样才能减少并最终消除农作物种植和动物饲养过程中产生的温室气体。

严格的素食主义者可能会提出另外一种解决方案：与其尝试所有这些减少排放的方式，倒不如完全停止饲养牲畜。我看到过类似的呼吁，但我不认为这是可实现的。首要的一点是，肉类在人类文明中扮演的角色实在太重要了。在世界上的很多地区，即便是那些食物匮乏的地区，吃肉也是节日和庆祝活动的重要组成部分。在法国，传统美食包括头盘、肉或鱼、奶酪和甜点，已被正式列入这个国家的人类非物质文化遗产。联合国教科文组织网站名录是这样介绍的："法国传统美食强调团聚、味蕾的愉悦及人与大自然产品之间的平衡。"

其实，我们仍可以在减少肉类食用的同时享受肉的美味。方法之一

---

① 唐伟挺，余晓盈，邹苑，等. 人造肉的研究现状、挑战及展望［J］. 食品研究与开发，2022，43（6）：190-199.

是植物基人造肉，即以各种方式加工、以仿造肉类味道为目的的植物产品。我投资了两家生产植物基人造肉产品的公司——超越肉类公司（Beyond Meat）和不可能食品公司（Impossible Foods），而且其产品已经上市。你可能认为我存有私心，但我还是要说人造肉真的不错，只要原料配比得当，它完全可以作为牛肉糜的替代品。而且，市面上的所有替代品都更利于环境保护，因为它们的生产占用的土地更少，使用的水更少，而且温室气体排放量更少。此外，我们也可以减少在肉类生产方面投入的谷物，进而减轻粮食作物的产能压力，同时减少肥料的使用。就动物福利而言，这同样是一个巨大的福音，因为被圈养的牲畜会更少。

另一个方法类似于植物基人造肉，但并不是把植物加工成肉类的味道，而是在实验室内培育肉类。它有一些不太引人注目的名字——"细胞培养肉""培植肉""清洁肉"等。目前，致力于将该产品推向市场的初创公司有20余家。不过，要想在超市货架上买到它们的产品，最快可能也要到21世纪20年代中期了。

摘自：

比尔·盖茨. 气候经济与人类未来［M］. 陈召强，译. 北京：中信出版社，2021.

问题研究

1. 结合以上案例，减少肉类生产与消费有哪些渠道？

2. 如何看待减少肉类生产与消费的倡导？思考减缓气候变化的关键措施是什么？

2.3.1.5 个人生活

（1）节约能源

人类生活离不开能源，但可以控制能源使用程度。在交通方面，选择绿色交通出行，慢出行交通方式有步行、自行车骑行，也可以选择公共交通出行，如公交、地铁等，减少私家车出行，可以减少交通能源的使用。在日常用电方面，使用节能空调、节能灯、节能家具、太阳能热水器等，适时将电器断电，随手关灯等。

（2）减少浪费

生活中有许多浪费资源的现象，需要提高个人环保素养减少浪费。

第2章 气候变化的证据、影响及应对措施

减少食物浪费，提倡"光盘行动"，不举行铺张浪费的宴会；减少不必要的衣服家具等消费购物，鼓励多次循环使用；减少过度的家居装修，提倡简约环保装修；减少纸张浪费，合理利用纸张，提倡纸张双面打印和使用、使用电子形式代替纸张形式、多次循环利用纸张；减少过度包装，减少购买过度包装的商品等。

2.3.2　对气候变化的适应

IPCC 对气候变化适应行为的定义是，人们为了减少自然系统和人类系统对气候变化影响的脆弱性而选择的生活、生产方式。为了更好地适应正在经历气候变化的世界，我们以减少社会的脆弱性、保护生物多样性、提高人类适应气候变化的能力三个方面为例，阐述积极适应气候变化的措施。

2.3.2.1　减少社会的脆弱性

（1）强化监测预警

监测是对表征大气状况的气象要素、天气现象及其变化等进行连续且系统的观察和测定。预警是指在灾害或灾难发生之前，根据以往规律或监测得到的数据，向相关部门发出紧急信号，报告危险情况，以避免危害在准备不足的情况下发生，从而最大程度减轻危害所造成的损失的行为，包括暴雨预警、高温预警、寒潮预警、大雾预警等。监测预警运用科学技术建立的各种预警系统在防灾减灾工作中发挥着重要作用，给社会争取了用来应对灾害的准备时间，增强社会公众应对灾害的信心，一定程度上可以减少社会脆弱性。

要强化监测预警和防灾减灾能力。强化自然灾害风险监测、调查和评估，完善自然灾害监测预警预报和综合风险防范体系；建立空天地一体化的自然灾害综合风险监测预警系统，定期发布全国自然灾害风险形势报告；推动自然灾害防治能力持续提升，重点加强强对流天气、冰川灾害、堰塞湖等监测预警①。中国积极开展适应气候变化工作，2013 年，

---

① 中华人民共和国国务院新闻办公室. 中国应对气候变化的政策与行动[EB/OL]. （2021-10-27）［2022-02-26］. http://www.mee.gov.cn/zcwj/gwywj/202110/t20211027_958030.shtml?keywords=%E6%B0%94%E5%80%99.

中国制定了国家适应气候变化战略，明确了2014年至2020年国家适应气候变化工作的指导思想、主要目标；2020年，中国启动编制《国家适应气候变化战略2035》，强化气候变化影响观测评估，提升重点领域和关键脆弱区域适应气候变化能力。

（2）重点区域适应

气候变化的重点区域有城市地区、沿海地区和重点生态地区等。城市地区是人类生产生活的重要地区，因此在城市地区开展适应气候变化行动是维持人类在城市正常生产生活的重要途径。沿海地区和重点生态地区受气候变化的影响较大，海平面上升直接影响到沿海地区的基础设施和滨海湿地，极端暴雨、极端干旱、极端温度等气象灾害严重影响着重点生态地区维持生态平衡。因此在这些重点区域有必要开展适应气候变化行动，减少面对气候变化时的脆弱性，增强应对能力。

城市地区应制订城市适应气候变化行动方案，开展海绵城市以及气候适应型城市试点，提升城市基础设施建设的气候韧性，通过城市组团式布局和绿廊、绿道、公园等城市绿化环境建设，有效缓解城市热岛效应和相关气候风险，提升国家交通网络对低温冰雪、洪涝、台风等极端天气的适应能力。沿海地区应组织开展年度全国海平面变化监测、影响调查与评估，严格管控填海行为，加强滨海湿地保护，提高沿海重点地区抵御气候变化风险的能力。其他重点生态地区，如青藏高原、西北农牧交错带、西南石漠化地区、长江与黄河流域等生态脆弱地区应开展气候适应与生态修复工作，协同提高适应气候变化能力①。

（3）重点领域适应

气候变化的重点领域有农业领域、水资源领域、公众健康领域等。农业与气候紧密联系，气候变化很大程度上影响着农业生产和产量，威胁着人类的粮食安全。气候变化带来的暴雨和干旱天气的变化，影响着陆地水资源领域，从而影响人类生产生活用水。气候变化带来的极端温度、流行疾病等直接威胁到公众健康。因此，在这些重点领域开展适应

---

① 中华人民共和国国务院新闻办公室. 中国应对气候变化的政策与行动[EB/OL]. （2021-10-27）[2022-02-26]. http://www.mee.gov.cn/zcwj/gwywj/202110/t20211027_958030.shtml?keywords=％E6％B0％94％E5％80％99.

气候变化行动很有必要，可以减少对社会和人类的影响。

推进重点领域适应气候变化行动。在农业领域，应推进农业可持续发展，提升农业减排固碳能力，大力研发推广防灾减灾增产、气候资源利用等农业气象灾害防御和适应新技术。在水资源领域，应完善防洪减灾体系，加强水利基础设施建设，提升水资源优化配置和水旱灾害防御能力[①]。在公众健康领域，应组织开展气候变化健康风险评估，提升适应气候变化的保护人群的健康能力，增加应对中暑、低温冻伤、空气污染导致的呼吸疾病等突发疾病的健康卫生临时点和配套设施，保护公共人群健康。

2.3.2.2　保护生物多样性

（1）保护海岸带和沿海生态系统

海岸带和沿海生态系统分布在陆地和海洋交汇的海岸边缘，包括红树林、海草、珊瑚群等沿海湿地，为鱼类幼苗提供庇护，是候鸟觅食地和抵御风暴潮的第一道防线，也是提高水质和补给含水层的天然过滤系统。同时，这些生态系统的地上植物和地下根部及土壤中吸收了大量的碳，碳的储存情况影响着气候变化。

人类的生产生活和自然灾害使许多沿海湿地系统退化，保护沿海湿地系统及其生物多样性可以恢复碳封存。因此，我们要加大对海洋环境污染的处罚力度，加强沿海生态修复和植被保护，建设沿海防护林带、防潮工程，提升海岸带和沿海生态系统抵御气候灾害的能力。截至2020年底，中国建立了国家级自然保护区474处，面积超过国土面积的十分之一，累计建成高标准农田8亿亩，整治修复岸线1200公里，滨海湿地2.3万公顷，生态系统碳汇功能得到有效保护[②]。

（2）保护陆地生态系统

陆地生态系统包括森林生态系统、草原生态系统、湿地与荒漠生态

①　中华人民共和国国务院新闻办公室. 中国应对气候变化的政策与行动［EB/OL］.（2021-10-27）［2022-02-26］. http://www. mee. gov. cn/zcwj/gwywj/202110/t20211027 _ 958030. shtml?keywords＝%E6%B0%94%E5%80%99.

②　中华人民共和国国务院新闻办公室. 中国应对气候变化的政策与行动［EB/OL］.（2021-10-27）［2022-02-26］. http://www. mee. gov. cn/zcwj/gwywj/202110/t20211027 _ 958030. shtml?keywords＝%E6%B0%94%E5%80%99.

系统等。这些陆地生态系统具有强大的固碳作用，拥有大量的碳储量。在森林生态方面，要加大天然林保护力度，增加耐火、耐旱（湿）、抗病虫、抗极温等树种的造林比例，推广适应气候变化的森林培育经营模式，加强火灾、有害生物入侵等森林灾害的监测防控力度，提升森林系统适应气候变化能力。在草原生态方面，要扩大退耕还林还草范围，转变草原畜牧业生产方式，减少对草原生态的破坏，对破坏严重的草原实行禁牧封育的方式，鼓励人工种草。在湿地保护和荒漠治理方面，要强化湿地保护，实施湿地恢复与综合治理工程，并开展沙区物种保护、荒漠化石漠化监测和土地植被恢复行动，推进荒漠化、石漠化、水土流失综合治理。

中国是全球森林资源增长最多和人工造林面积最大的国家，成为全球"增绿"的主力军。2010 年至 2020 年，中国实施退耕还林还草约1.08 亿亩。"十三五"期间，累计完成造林 5.45 亿亩、森林抚育 6.37 亿亩。2020 年底，全国森林面积 2.2 亿公顷，全国森林覆盖率达到23.04％，草原综合植被覆盖度达到 56.1％，湿地保护率达到 50％以上，森林植被碳储备量 91.86 亿吨，"地球之肺"发挥了重要的碳汇价值。"十三五"期间，中国累计完成防沙治沙任务 1097.8 万公顷，完成石漠化治理面积 165 万公顷，新增水土流失综合治理面积 31 万平方公里，塞罕坝、库布齐等创造了一个个"荒漠变绿洲"的绿色传奇；修复退化湿地 46.74 万公顷，新增湿地面积 20.26 万公顷①。

2.3.2.3 提高人类适应气候变化的能力

（1）提高公众对气候变化的认识

加强气候变化的宣传和教育，将生态文明教育纳入国民教育体系，开展多种形式的资源环境国情教育，普及碳达峰、碳中和基础知识。2020 年 7 月，中国生态环境部颁布了《中国公民生态环境与健康素养》文件，内容包括中国公民生态环境与健康素养的基本理念、基本知识、基本行为和技能，引导公民正确认识人与自然的关系，动员公众力量保

---

① 中华人民共和国国务院新闻办公室. 中国应对气候变化的政策与行动［EB/OL］.（2021-10-27）［2022-02-26］. http://www.mee.gov.cn/zcwj/gwywj/202110/t20211027_958030.shtml?keywords=％E6％B0％94％E5％80％99.

第 2 章 气候变化的证据、影响及应对措施

护生态环境、维护身体健康，普及相关理念、知识、行为和技能。

（2）普及个人应对极端天气的技能

面对高温热浪天气袭击，要尽可能避免户外工作，在户外工作时需要采取有效防护措施，避免长时间在户外暴晒，随身携带水杯或饮料，密切关注自身身体情况，如果有头晕、恶心、口干、胸闷等中暑症状，需要立即在阴凉处休息与补充水分，若病情严重应立即求救并送往医院治疗。面对极端暴雨天气，要尽可能避免户外行动，若居住在地势低洼的居民住宅区，可以采取在门口放置挡水板、配置小型抽水泵等防御措施，并将电器插座、开关等装在地面高处位置，若有室外积水漫进屋内，需要及时断电。如果在户外行动，需要留心观察积水中的水井、坑、洞等，避免跌入；驾驶员驾驶车辆时要注意绕行积水过深区域，不宜强行通过；密切留意气象台新闻信息，冷静选择撤离和逗留位置。

（3）提升适应气候变化的保障机制

提升政府适应气候变化的公共服务能力和管理水平，推进建立健康监测、调查和风险评估制度及标准体系，做好高温天气医疗卫生服务工作；加强与气候变化密切相关的疾病防控、疫情动态变化监测和影响因素研究，制定中东呼吸综合征疫情、人感染 H7N9 禽流感疫情、登革热等与气候变化密切相关的公共卫生应急预案和救援机制；建立高温热浪与健康风险早期预警系统；加强适应气候变化人群健康领域研究，组织开展适应气候变化保护人类健康项目，增强公众应对高温热浪等极端天气的防护能力。

随堂讨论

1. 你认为还可以从哪些方面适应气候变化？

2. 你认为实施适应气候变化措施过程中会遇到哪些困难？请思考并提出解决方案。

气候变化教育

本章小结

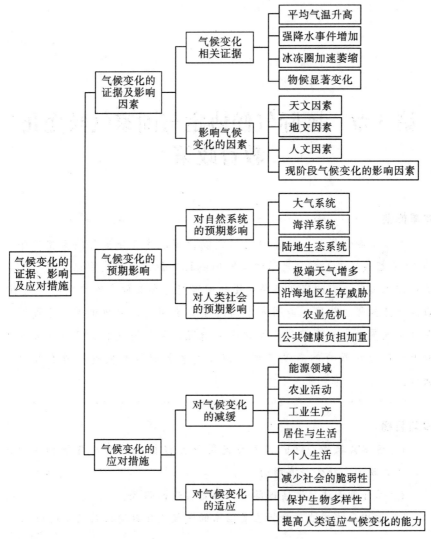

平台链接

全球森林资源评估 https：//fra-data. fao. org／

全球气温变化的观测结果 https：//earthobservatory. nasa. gov／world-of-change／global-temperatures

世界气候计划与组织 https：//www. wcrp-climate. org／

国际地圈一生物圈计划 http：//www. igbp. net／

中国气候变化信息网 https：//www. ccchina. org. cn／index. aspx

碳排放交易网 http：//www. tanpaifang. com／

第3章　国际气候协定与国家气候变化教育政策

本章概要

　　本章主要介绍三个关键的国际气候协定，《联合国气候变化框架公约》《京都议定书》和《巴黎协定》的签订背景、主要内容以及产生的影响；国际气候协定的实现路径主要分为碳交易和其他实现路径两个方面，重点介绍国际、欧盟、美国和中国的碳交易市场；分析世界上主要国家和地区气候变化教育相关政策的落实情况，从环境教育、可持续发展教育及气候变化教育的角度梳理各国和地区颁布的气候变化教育相关的政策。

学习目标

　　1. 运用文献法，说出三个关键国际气候协定的签订背景和主要内容，及其政治、社会经济影响。

　　2. 结合案例法，阐述国际气候协定实现的路径。

　　3. 运用系统方法，分析主要国家的气候变化教育政策的发展历程。

　　气候变化给生态系统和人类社会生活发展带来了严重威胁，因而即刻采取行动积极应对全球气候变化成为人类的迫切任务。自 1990 年政府间气候变化专门委员会（IPCC）发布了第一次评估报告（AR1），随后大部分国家联合签署了《联合国气候变化框架公约》《京都议定书》《巴黎协定》等多项重要国际气候协定。另外，为贯彻国际气候协定的要求，世界各国及地区采取了多种实现路径，其中最重要的路径之一是碳交易。此外，国内外在探索开展气候变化教育方面也取得了一定的成就。

气候变化教育

3.1　国际气候协定

随着各国政府对气候变化问题的重视和全世界人民在对气候变化问题的认识不断深入，国际社会为了共同应对气候问题，召开了一系列会议并签署了众多国际气候协定。《联合国气候变化框架公约》《京都议定书》和《巴黎协定》是具有里程碑意义的国际气候协定。本节主要选取这三个国际气候协定，从背景、内容和影响三个方面进行概括。

3.1.1　《联合国气候变化框架公约》

为共同应对气候变化，各国政府联合通过并签署了第一个国际气候协定即《联合国气候变化框架公约》（United Nations Framework Convention on Climate Change，UNFCCC，以下简称《公约》）。《公约》为国际社会解决全球气候变化问题奠定了基本的框架。

3.1.1.1　背景

20 世纪 70 年代开始，温室效应与气候变化问题逐渐被科学家们所关注，成为科学界的重要议题之一。20 世纪 80 年代，表明人类活动温室气体排放量与全球气候变化之间关联的科学证据开始引起公众的关注。各国政府举行了一系列国际会议，紧急呼吁签订一项全球性条约解决气候变化问题。1988 年联合国大会予以响应，建立了政府间气候变化专门委员会（IPCC）。IPCC 开始定期评估气候相关的各种科技、经济、技术问题，为处理全球气候问题提供科学意见。1990 年 IPCC 首次发布世界气候评测报告，表示温室气体的增加导致全球升温，这意味着人类必须采取行动来关注气候变化问题，国际交流与合作更是迫在眉睫，这也促进了一些国际会议的开展。

1990 年 12 月 21 日，联合国大会第四十五届大会一致通过决议，成立气候变化框架公约政府间谈判委员会（The Intergovernmental Negotiating Committee for a Framework Convention on Climate Change，INC），并着手组织筹备多国政府公约谈判。INC 共组织了六次专门会议，参与谈判的各国政府立场不一，但是经过数次磋商，在里约热内卢举行的会议前夕各国互相妥协，达成一致，1992 年 5 月 9 日在联合国总部通过了《公约》。《公约》于 1992 年 6 月 4 日在巴西里约热内卢举行的联合国环境与发展大会上开放签署。在该次首脑会议期间，来自 154 个国家的元首或代表共同签署了《公约》，并于 1994 年 3 月 21 日生效。

3.1.1.2　主要内容

《公约》关注的是由于人类活动导致温室气体浓度增加而发生的气候变化和气候变化在自然与社会方面产生的不利影响，共包括序言、26 条正文以及 2 个附件。在第一条相关概念的定义中，《公约》界定了包括气候变化、气候变化的不利影响、气候系统、温室气体、排放、区域经济一体化组织、库、汇、源等概念。其中"气候变化"指的是除在类似时期内所观测的气候的自然变异之外，由于直接或间接的人类活动改变了地球大气的组成而造成的气候变化。"气候变化的不利影响"指气候变化所造成的自然环境或生物区系的变化，这些变化对自然的和管理下的生态系统、复原力或生产力、或对社会经济系统的运作、或对人类的健康和福利产生重大的有害影响。《公约》的核心内容包括目标、原则、承诺及组织与制度，如表 3-1-1 所示。

表 3-1-1　《联合国气候变化框架公约》概要

《联合国气候变化框架公约》			
目标	原则	承诺	组织与制度
控制大气中温室气体浓度、稳定大气温度	共同但有区别地保护气候系统 考虑特殊性 采取预防措施 维持持续开发的权利和义务 确立开放的国际体系	· 发达国家和发展中国家的共同承诺 · 温室气体排放和吸收清单 · 温暖化对策的国别计划的制订和实施 · 能源领域的技术开发与普及 · 森林等吸收源的保护与增加 · 科学调查研究，监测的国际援助 · 信息交换，教育培训的国际援助 · 条约实施状况的信息通报 · 温室气体排放量恢复到 1990 年水平 · 提供实现温室气体排放量恢复到 1990 年水平的政策和措施信息 · 对发展中国家的资金和技术援助	缔约方会议 — 秘书处 附属科技咨询机构 附属履行机构 资金机制

（1）目标

《公约》第二条提到公约及相关法律文书的最终目标为："将大气中

气候变化教育

68

温室气体的浓度稳定在防止气候系统受到危险的人为干扰的水平上”，"这一水平应在足以使生态系统能够自然地适应气候变化、确保粮食安全生产免受威胁并使经济发展能够可持续地进行的时间范围内实现"，《公约》的有关倡议均是依据这个最终目标所制订。作为框架性协定，《公约》只确定了稳定温室气体浓度的要求，并未明确定量化地指出"气候系统受到危险的人为干扰"应该把浓度控制在何种水平上。

（2）原则

为了实现上述目标，《公约》在第三条阐述了 5 条原则，首先此公约建立在公平的基础上，根据不同的责任和能力，针对各个国家的要求也不尽相同。发达国家在应对气候变化时，如减少温室气体排放方面，应该承担更多责任，承担不成比例或不正常负担的缔约方可以结合本国的具体需要与特殊情况做出调整。同时，各缔约方在讲求成本的基础上应尽快采取预防气候变化的政策与措施，制定的政策或措施应当考虑不同的社会经济情况，并具有全面性。除去预防措施外，各缔约方要意识到经济的可持续发展对应对气候变化的重要性，所以应结合本国实际情况与发展计划制定"促进可持续发展"的政策与措施。各缔约方通过国际合作促进可持续经济增长与发展，从而更好地应对气候变化问题。

（3）条例

基于上述目标与原则，《公约》规定了各缔约方所须做的具体条例，强调了开展国际合作的重要性，如第四条规定各缔约方所有部门应促进与合作关于气候变化的技术、研究、数据信息等。同时，国际合作必须是公平的，应遵守国家主权原则，各国在发展经济、开展社会活动的同时，确保不对其他国家造成损害。此外，很重要的一点是，发达国家与发展中国家对于气候变化的影响是不同的，发达国家温室气体排放量较多，发展中国家排放量相对较少，而发达国家与发展中国家的经济、社会、技术水平及具体情况不同，发展中国家更容易受到气候变化带来的不利影响。所以各国在合作应对气候变化的过程中，要根据其共同但有区别的责任和各自的能力及其社会和经济条件，尽可能开展最广泛的合作，并参与有效和适当的国际应对行动。所以《公约》更多是对发达国家的义务做了规定，发达国家应带头减少人为温室气体的排放，承担更大的责任，同时应资助支持发展中国家所需要的资金与技术等。

（4）措施

《公约》倡议的措施包括对气候变化的预防、适应与减缓三部分。例如，《公约》倡议各缔约方通过教育培训来提高公民意识，这一点在第六条中有较为具体的阐述，其内容为各缔约方应"拟定与实施有关气候变化及其影响的教育及提高公民意识的计划"，可以通过编写教材、培训专业人员、加强国际间的交流、为发展中国家培训专家等措施来实现。《公约》规定各缔约方应具体制订和执行减缓与适应气候变化的计划与措施。《公约》同样指出，预防、适应与减缓气候变化的措施并不意味着让各缔约方放弃经济发展。相反，经济社会的发展对于应对气候变化十分重要，各缔约方采取措施时要结合本国的经济社会状况，促进可持续发展。

（5）保障机制

《公约》除了规定目标、原则、措施之外，还建立了相关保障机制。例如，对相关机构及机制进行了规定，包括设立缔约方会议，并规定缔约方会议作为本公约的最高机构，设立秘书处、附属科技咨询机构、附属履行机构、资金机制，各缔约方有义务向缔约方会议提供相关信息等。细节部分也较完善，包括设立解决与公约履行有关的问题的多边协商程序，缔约方之间发生争端时可通过谈判或其他和平方式解决。任一缔约方能够对本公约提出修正，并且都有一票表决权，联合国秘书长为本公约及议定书的保存人，本公约生效三年后任一缔约方可申请退约等。自此，各缔约方进行交流与合作一起应对气候变化问题的制度初步确立，对之后的国际合作制度具有指导性作用。

3.1.1.3 影响

《公约》是世界上第一个为全面控制 CO_2 等温室气体排放，以应对全球气候变化给人类经济和社会带来不利影响的国际公约，是国际社会在应对全球气候变化问题上进行国际合作的一个基本框架，是人类历史上应对气候变化的第一个里程碑式的国际法律文本。

《公约》为解决长期的国际气候问题开了先河，给出了一般性的原则和履约准则。在《公约》中，"共同但有区别责任"这一原则首次得到确立。《公约》于 1994 年 3 月 21 日正式生效，是世界应对气候变化问题的第一个国际性条约，也是最基础性、最重要的国际公约。

　　《公约》的诞生标志着人类已经充分认识到自身的活动已大幅增加了大气中温室气体的浓度，增强了自然温室效应，将引起地球表面和大气进一步增温，并可能对自然生态系统和人类产生不利影响[1]。在里约热内卢会议之后，气候变化问题日益得到国际社会的重视，如何利用好现有资源、解决气候变化问题也在国际会议上开始了广泛讨论。

　　《公约》要求发达国家在 2000 年底将其温室气体排放水平控制到与 1990 年时相当的水平，但未将此指标进行量化，存在以下三点明显缺陷：首先，《公约》缺乏具体的、明确的、实质性的关于附件一缔约方和其他缔约方的排放限制承诺；其次，《公约》约束力不够，其规定多是宣言式的敦促性质，在监督和制约机制方面缺乏强有力的硬性规定；最后，《公约》虽然提出发达国家应向发展中国家提供应对气候变化的资金援助和技术支持，但是未能就此问题达成具体协议。简而言之，《公约》缺乏可操作性，气候变化问题依旧存在，国际社会仍需制订具体措施应对气候变化。

3.1.2　《京都议定书》

　　《京都议定书》是继《公约》后的第二个具有里程碑意义的国际气候协定，也是首个具有法律约束力的国际气候公约，是对《公约》的补充与完善。

3.1.2.1　背景

　　根据《公约》的规定，每年要召开一次缔约方会议（Conference of Parties，COP）就《公约》的履约情况进行磋商。1995 年 3 月至 4 月在德国首都柏林举行的第一次缔约方会议（COP1），以"如何强化发达国家的温室气体减排义务"为中心议题，会议通过了《关于实验阶段联合履约的决定》和《柏林授权》等 21 项决议。1995 年 12 月，IPCC 发布了第二次评估报告（AR2），为议定书的诞生奠定了基础。1996 年 7 月在瑞

----

① 张渊媛，薛达元. 气候公约的背景、履约进展、分歧与展望［J］. 中国人口·资源与环境，2014，24（S2）：1-5.

第 3 章　国际气候协定与国家气候变化教育政策

71

士日内瓦举行的第二次缔约方会议，以"如何加强世界各国在气候变化问题上的对话"为主要议题，会议上通过的《日内瓦部长宣言》强调要加快制定具有法律约束力的削弱温室气体人为排放的议定书进程。1997年12月在日本京都召开了第三次缔约方会议，本次会议讨论了减量措施、减排目标、减排期限等问题，通过了《京都议定书》。《京都议定书》于1998年3月至1999年3月间开放签字，共有84国签署，条约于2005年2月16日开始强制生效，到2009年2月，一共有183个国家通过了该条约（超过全球排放量的61%）。2001年3月，美国政府以"减少温室气体排放将会影响美国经济发展"和"发展中国家也应该承担减排和限排温室气体的义务"为借口，拒绝批准《京都议定书》。

3.1.2.2　主要内容

《京都议定书》是对《公约》的补充，它与《公约》最大的区别在于：《公约》鼓励发达国家减排，但并未提出强制性目标，而《京都议定书》强制要求发达国家减排，具有法律约束力。《京都议定书》内容共包括序言、28条正文以及2个附件。附件A中明确表明温室气体为：二氧化碳（CO_2）、甲烷（CH_4）、氧化亚氮（N_2O）、氢氟碳化物（HFC_S）、全氟化硫（PFS_S）、六氟化硫（SF_6）。此外，《京都议定书》清楚地规定了各缔约方在2008年至2012年期间要减少排放温室气体的总量。尤其值得注意的是，《京都议定书》规定了四种减排方式和首次提出了以市场为基础的三种灵活合作机制。表3-1-2概括了《京都议定书》的目标、原则、承诺及组织与制度。

表3-1-2　《京都议定书》概要

《京都议定书》			
目标	原则	承诺	组织与制度
	共同但有区别地保护气候系统	· 先进的工业化国家量化的限制和减少排放 · 限制或减少航空和航海舱载燃料产生的《蒙特利尔议定书》未予管制的温室气体排放 · 先进工业化国家努力履行第二条中所指政策和措施，并就阐明这些政策和措施的方式和方法经行审议	

气候变化教育

《京都议定书》			
目标	原则	承诺	组织与制度
稳定大气中温室气体的含量在一个适当的水平，防止剧烈的气候改变对人类造成伤害	考虑特殊性	· 先进工业化国家以透明且可核查的方式作出关于温室气体源的排放和汇的清除的报告	
	采取预防措施	· 先进工业化国家提供数据供附属科技咨询机构审议 · 缔约方在一个承诺期内少于其确定的分配数量，差额可记入该缔约方下一个承诺期的分配数量 · 促进可持续森林管理的做法、造林和再造林	
	维持持续开发的权利和义务	· 最大限度地减少对发展中国家缔约方不利的社会、环境和经济影响 · 缔约方会议定期审评本议定书，可采取适当行动	
	确立开放的国际体系	· 转型的国家制订符合成本效益的国家方案以及在适当情况下区域的方案 · 转型国家制订、执行、公布和定期更新载有气候变化的措施 · 转型国家促进拟订和实施教育及培训方案 · 《公约》附件二中发达国家缔约方和其他发达国家缔约方提供新的和额外的资金支持 · 确定了清洁发展机制、联合履行机制、国际排放贸易机制来降低各国实现减排的成本 · 允许采用排放权交易、以"净排放量"计算温室气体排放量、绿色开发机制及集团方式四种减排方式	缔约方会议 — 秘书处 / 附属科技咨询机构 / 附属履行机构 / 资金机制

（1）目标

《京都议定书》的目标是"将大气中的温室气体含量稳定在一个适当的水平，进而防止剧烈的气候改变对人类造成伤害"。该议定书规定采取清洁开放机制，发达国家和发展中国家开展合作共同完成目标，同时，发达国家与发展中国家承担的责任不同，发达国家从 2005 年开始承担减少碳排放量的义务，发展中国家则从 2012 年开始承担减排义务。《京都议定书》为各国的二氧化碳排放量规定了标准，即在 2008 年至 2012 年间，全球主要工业国家的工业二氧化碳排放量比 1990 年的排放量至少减少 5%。

（2）原则

《京都议定书》根据《公约》中"共同但有区别的责任"原则，在减排目标上对发达国家和发展中国家有所区别对待。《公约》的附件，区分了不同类型的发达国家，附件一中所列国家为先进的工业化国家，附件二中所列国家为转型国家（主要包括东欧和苏联地区）。考虑到发达国家与发展中国家在气候变化问题中的历史责任不同，《京都议定书》只要求附件 B 中国家（主要是发达国家）遵循强制减排的目标，而发展中国家可自愿制订减排目标，这一原则体现了公平性。

（3）四种减排方式

为了促进各国完成温室气体减排目标，议定书允许采取以下四种减排方式：排放权交易、以"净排放量"计算温室气体排放量、绿色开发机制、集团方式。该议定书首次规定"排放权交易"的市场机制，允许两个发达国家之间可以进行排放额度买卖的"排放权交易"，即难以完成削减任务的国家可以花钱从超额完成任务的国家买进超出的额度，同时允许发达国家和发展中国家间交易清洁发展。以"净排放量"计算温室气体排放量，即从本国实际排放量中扣除森林所吸收的二氧化碳的数量。采取绿色开发机制可以促进发展中国家和发达国家共同减排温室气体。此外，可以采取集团方式，如欧盟内部的许多国家可视为一个整体，采取有的国家削减、有的国家增加的方法，在总体上完成减排任务。

（4）三个灵活合作机制

《京都议定书》规定了三种补充性的市场机制来降低各国实现减排目

标的成本——国际排放贸易机制（Emission Trading，ET）、联合履行机制（Joint Implementation，JI）和清洁发展机制（Clean Development Mechanism，CDM），这些机制允许发达国家通过碳交易市场等灵活完成减排任务，而发展中国家可以获得相关技术和资金。《京都议定书》所列出的这三种市场机制，使温室气体减排量成为可以交易的无形商品，为碳交易市场的形成奠定了基础。缔约国可以根据自身需要来调整所面临的排放约束。当排放限额可能对经济发展产生较大的负面影响或成本过高时，可以通过买入排放权来缓解约束或降低减排的直接成本。具体而言，《公约》附件一中的国家之间可以通过联合履行、排放交易以此提高减排效率，同时附件一中的先进工业化国家可通过清洁发展机制向发展中国家购买额外的减排量，以帮助自己完成任务。

（5）保障机制

在对《公约》进行补充的基础上，《京都议定书》中第十三至第十五条对保障机制进行了相关的说明。《京都议定书》继续将《公约》缔约方会议作为本议定书缔约方会议，并规定了缔约方会议应该履行本议定书赋予的职能和十项义务。此外，在第十三条的第八点中指明了国际原子能机构和联合国及其专门机构，以及非为《公约》缔约方的观察员或成员，都可派代表作为观察员出席本议定书缔约方会议的各届会议。在第十四条和第十五条中，将《公约》中设立的秘书处、附属科技咨询机构和附属履行机构等继续作为本议定书的保障机制，各机构同时要履行《公约》中规定的职能和议定书中规定的职能。此外，第十五条中还补充了非为议定书缔约方的《公约》缔约方可派观察员参加附属机构任何届的议事工作。

3.1.2.3 影响

《京都议定书》作为人类历史上第一个具有法律约束力的减排文件，规定缔约方国家（主要为发达国家）在第一承诺期（2008年至2012年）内应在1990年水平的基础上减少温室气体排放量5%，并且分别为各国或国家集团制订了国别减排指标，是第一份规定了强制性减排目标的国际文件，具有里程碑意义。

《京都议定书》极大地推动了全球碳排放交易市场的建立，创造性地建立了三个灵活合作机制以降低全球的温室减排成本，这是应对气候变化的有效的经济措施。其颁行之后，一些国家、企业以及国际组织为其实施开始了一系列的准备工作，并建立起了碳交易平台，其中欧盟取得的进展尤为突出。2005 年 1 月，欧盟正式启动了欧盟排放交易体系。该体系由欧盟和成员国政府设置并分配排放配额。所有受排放管制的企业，在得到分配的排放配额后，可根据需要进行配额买卖。目前，全球多个地区和国家建立了碳排放权交易市场。

《京都议定书》为《公约》中附件一各国订立了量化的减排目标，设置了进程表，还成立了专门委员会用于监督各国实现其承诺，首次突破了国际性法规的软性，对将来国际法律制定有启发意义。

3.1.3 《巴黎协定》

《巴黎协定》开启了全球气候治理的新纪元，是 2020 年后国际气候治理的框架，是第三个具有里程碑意义的国际气候协定。

3.1.3.1 背景

自 2005 年《京都议定书》生效后，但是因缔约方在减排义务分配问题上的矛盾，《京都议定书》的实施力度不够，有效范围并不能够覆盖全球，最终导致履约情况不佳：发达国家和发展中国家在"如何承担气候变化的责任"和"如何更好地履约"等问题上存在着分歧。在治理机制上，《京都议定书》采用了"自上而下"的强制减排方式，在实践中已经宣告失败。因此，全球急切需要一个能覆盖目前大部分碳排放量国家的、相对公平公正合理的协议对碳排放量和温室气体排放量进行制约和监督。

随后召开的巴厘岛会议（2007 年）、哥本哈根会议（2009 年）、坎昆会议（2010 年）和德班会议（2011 年）等多个气候谈判会议（《公约》适应谈判的里程碑及阶段划分如图 3-1-1 所示）。尽管多边气候谈判进展缓慢，但是《哥本哈根协议》中明确了与工业化阶段相比全球地表温度升高不超过 2℃的目标，为之后应对气候变化的谈判奠定了基础。

2015 年 12 月 12 日，《公约》中近 200 个缔约方在第二十一届联合国气候变化大会上通过《巴黎协定》，并按照其规定，于 2016 年 11 月 4 日生效。《巴黎协定》对 2020 年后全球应对气候变化的行动作出的统一安排，形成了 2020 年后的全球气候治理格局。2016 年 9 月 3 日，中国全国人大常委会批准中国加入《巴黎协定》，成为完成了批准协定的缔约方之一。2020 年 11 月 4 日，美国正式退出《巴黎协定》。总统拜登上任后，于 2021 年 2 月 19 日宣布美国重新加入《巴黎协定》。

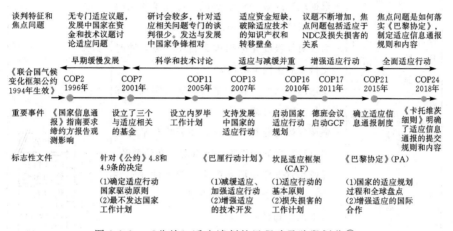

图 3-1-1　《公约》适应谈判的里程碑及阶段划分①

随堂讨论

1. 依据图 3-1-1 的内容，搜集世界气候大会的相关资料，请你梳理世界应对全球气候变化所召开会议的背景和主要内容。

2. 请根据这章节所学知识及网上查阅的相关资料，绘制三个国际气候协定的时间线。

3.1.3.2　主要内容

《巴黎协定》共 29 条，当中包括目标、减缓、适应、损失损害、资金、技术、能力建设、透明度、全球盘点等内容。表 3-1-3 对《巴黎协定》的目标、原则、承诺及组织与制度进行了概括。

①　陈敏鹏.《联合国气候变化框架公约》适应谈判历程回顾与展望［J］. 气候变化研究进展，2020，16（1）：105-116.

表 3-1-3　《巴黎协定》概要

《巴黎协定》				
目标	原则	承诺		组织与制度
全球平均气温升幅控制在显著低于工业化前水平2℃以上之内，并努力将气温升幅限制在工业化前水平以上1.5℃内	公平、共同但有区别的责任和各自能力原则，并参照各自国情	• 对发展中国家在准备适应信息通报、开展适应信息通报中所列活动方面提供支持 • 加强《公约》，包括其目标的履行方面 • 根据现有的最佳科学知识，对气候变化的紧迫威胁做出有效和逐渐地应对 • 为应对气候变化采取国家自主贡献，同时支持发展中国家缔约方		
	考虑特殊性	• 发达国家缔约方持续带头，努力实现全球经济范围绝对减排目标 • 强调气候变化行动、应对和影响与平等获得可持续发展和消除贫困有着内在的关系		
	采取预防措施	• 保障粮食安全和消除饥饿的根本性优先事项，以及粮食生产系统特别易受气候变化带来的不利影响 • 采取行动酌情维护和加强温室气体的汇和库，包括森林	缔约方会议	秘书处 / 附属科技咨询机构 / 附属履行机构 / 资金机制
	维持持续开发的权利和义务	• 建立了全球盘点和循环审评机制 • 强化对各国的透明度统一要求 • 采取气候行动时，尊重、促进和考虑缔约方各自对人权、健康权、发展权，以及性别平等和代际公平等的义务，并注意到"气候公正"的重要性		
	确立开放的国际体系	• 重视缔约方各自的国内立法使各级政府和各行为方参与应对气候变化的重要性		

（1）目标

《巴黎协定》承认气候变化是人类共同关注的问题，并提到本协定的长期目标是把全球平均气温升幅控制在工业化前水平以上2℃之内，并努力将气温升幅限制在工业化前水平以上1.5℃之内，明确了全球共同追求的"硬指标"。应对气候变化长期目标的确定经历了长期的过程,"全球2℃温升目标"是建立在科学评估基础上的一个政治共识①。《巴黎协定》缔约方应利用现有的最佳科学方法迅速减排,旨在联系可持续发展和消除贫困。《巴黎协定》在全球范围内形成了一个有力且预期可以实现的减排目标。

（2）原则

《巴黎协定》延续了《公约》中的基本原则,并且在《公约》原则指导下,规定了全球各国为应对气候变化的行动与合作。为了实现上述目标,各缔约方应遵守共同但有区别的责任原则,在各缔约方行动的过程中,强调控制全球气温的涨幅是各缔约方共同的责任,各国之间应该开展国际合作积极应对;同时各国由于国情和能力不同,所应承担的责任也不同,发达国家应当继续带头,努力实现全经济绝对减排目标,并为发展中国家提供支持与资助,发展中国家应根据自身情况提高减排目标,逐渐实现全经济绝对减排或限排目标。《巴黎协定》进一步加强了《公约》的全面、有效和持续实施。与《公约》和《议定书》不同的是,《巴黎协定》并没有按照《公约》的模式对缔约方进行附件一和非附件一的二分法分类,这也说明《公约》所建立的全球气候变化治理体系正在发生变化。

（3）措施

《巴黎协定》要求建立针对国家自主贡献机制、资金机制和可持续性机制等,以促进温室气体排放的减缓,支持可持续发展。各缔约方应清晰、透明地通报国家自主贡献,缔约方可以在自愿并在得到参加的缔约方允许的基础上采取合作方法,并使用国际转让的减缓成果来实现国家自主贡献,促进可持续发展,或者通过综合、整体和平衡的非市场方法等来协助执行它们的国家自主贡献。国家自主贡献方案的实施有助于世界各国摒弃原先以"发达国家"和"发展中国家"来划分气候治理国的限制,更加广泛地参与气候全球治理。国家自主贡献涵盖全球大部分温

---

① 高云,高翔,张晓华. 全球2℃温升目标与应对气候变化长期目标的演进:从《联合国气候变化框架公约》到《巴黎协定》[J]. Engineering,2017,3（2）:262-276.

室气体排放的气候计划，这是一项历史性成就①。

《巴黎协定》提出要提高适应气候变化带来的不利影响的能力，强调了适应的重要性。适应是为保护人民、生计和生态系统而采取的气候变化长期全球应对措施的关键组成部分和促进因素，缔约方应确立关于提高适应能力、加强抗御力和减少环境对气候变化的脆弱性的全球适应目标，开展适应规划进程并采取各种行动，加强在增强适应行动方面的合作。适应行动应当遵循国家驱动、注重性别问题、参与型和充分透明的方法，同时考虑脆弱群体、社区和生态系统，尤其是遵循公平原则，即考虑发展中国家的需要。

（4）保障机制

《巴黎协定》是对《公约》的补充和细化，为促进履行和遵守本协定的规定，在本协定的第十五条至第十九条对相关保障机制作出了明确的说明。第十五条提出建立一个由委员会组成，以专家为主，行使职能时采取非对抗、透明、非惩罚性方式的机制。并且还进一步说明了该委员会应该在《公约》通过的模式和程序下运作。在第十六条第一点中特地指出《公约》缔约方会议是本协定缔约方会议，此外继承了《公约》规定采用的财务规则和缔约方会议的议事规则。《公约》中设立的附属科技咨询机构和附属履行机构等及其行使的职能同样适用于本协定。

3.1.3.3 影响

《巴黎协定》是人类历史上应对气候变化的第三个里程碑式的国际法律文本，也是继《京都议定书》之后，第二个具有法律约束力的国际气候协议。根据《巴黎协定》的内容，各国达成了"把全球平均气温升幅控制在工业化前水平以上 2℃ 之内，并努力将气温升幅限制在工业化前水平以上 1.5℃之内"的共识，按照国家自主贡献的方式参与全球气候治理，并五年一次对国家自主贡献的实施情况进行审核。同时，《巴黎协定》还通过设定透明度框架等机制来确保其目标顺利实施。与《京都议定书》相比，《巴黎协定》在内容、实施机制和缔约方承担责任和义务上

---

① ROGELJ J, DEN ELZEN M, HÖHNE N, et al. Paris Agreement climate proposals need a boost to keep warming well below 2℃ [J]. Nature, 2016, 534(7609): 631-639.

都有创新。

《巴黎协定》开启了全球气候治理的新纪元，《巴黎协定》为 2020 年后全球应对气候变化行动做出了重要安排，《京都议定书》的效力期到达过后，给国际社会利用法律手段继续进行全球气候治理提供了良好方案。《巴黎协定》为全球应对气候变化问题确立了总体目标，在"共同但有区别的责任及其相应能力"的原则之下，使得发达国家和发展中国家一道，在统一的制度框架内承担各自的国家自主贡献，共同进行气候治理，是近年来气候变化多边进程的最重要成果。

随堂讨论

1. 结合气候变化国际形势，请你思考美国退出《巴黎协定》的原因，分析美国退出《巴黎协定》对全球气候治理的影响。

2. 请你分析中国在全球气候谈判过程中面临着哪些新的挑战及其应对策略？

3. 请你思考为共同应对气候变化，世界各国应怎样切实有效地加强国际合作？

3.2 国际气候协定实现路径

1992 年众多国家签署的《公约》、2005 年生效的《京都议定书》和 2015 年在第二十一届联合国气候变化大会上通过的《巴黎协定》等文件，成为国际社会共同解决气候变化问题的主要框架，也催生了建立国际碳市场、发展新能源、提升生态系统固碳增汇能力、加强碳捕集利用与封存技术、促进气候变化与可持续发展教育等实现路径。

3.2.1 碳交易

《京都议定书》设定了三种灵活的减排机制，碳交易成为国际社会解决气候变化问题的重要途径，有力地推动了全球碳市场的建立与扩展。目前多个地区和国家已建立了碳交易市场，前景广阔且对缓解气候变化问题发挥着重要的作用。本部分内容首先总体介绍国际碳交易市场的起源与发展，再分别介绍全球碳排放主要交易所中的欧盟碳交易市场、美国碳交易市场和中国碳交易市场。

3.2.1.1 国际碳交易市场

(1) 碳交易定义

碳交易是指为促进全球温室气体减排，把二氧化碳排放权作为一种商品，从而形成的二氧化碳排放权交易。碳交易与传统的实物商品市场不同，它是关于排放权的交易，是通过法律界定的政策性市场，其设计的初衷是通过市场化的机制合理分配减排资源，达到限排减排，降低温室气体减排的成本。

(2) 起源

1960 年科斯提出的产权理论，即市场本身可以有效消除环境外部性，只要污染权利得到明确，并且可以在市场上进行交易。科斯的"产权理论"，为政策决策者利用排放交易这一市场机制解决环境外部性问题提供了理论基础[①]。碳交易是在各个国家意识到气候变化治理的重要性中产生的，是排放权交易制度理论在应对全球气候变化领域的一种实践。这也是 1998 年开放签署的《京都议定书》中重要的灵活减排机制之一，即国际排放贸易机制。按照交易对象当前国际碳排放交易可分为配额交易和项目交易两大类。《京都议定书》旨在缓解全球气候变化，并敦促发达国家制订减排目标的保护和减排计划[②]。《京都议定书》制定的一系列排放权力制度和合作机制使温室气体这种资源具有可交易性，碳交易体系由此产生，形成了国际性的碳排放权交易。

(3) 发展

全球各个国家和地区为实现《巴黎协定》提出的应对气候变化目标，使得区域碳市场不断兴起和发展。以碳排放交易制度为代表的市场手段是国家和地区控制温室气体排放的重要措施。截至 2021 年底，全球已运行的碳市场共有 24 个，另有 8 个碳市场正在计划实施，其中包括哥伦比亚的碳市场和美国东北部的交通和气候倡议计划[③]。根据国际碳行动伙伴

---

① 中国碳排放交易网. 科斯定理与碳排放权交易 [EB/OL]. (2015-11-25) [2022-02-03]. http://www.tanpaifang.com/tanguwen/2015/1125/49174.html.

② 邓海峰. 排污权：一种基于私语境下的解读 [M]. 北京：北京大学出版社，2008.

③ 向江林，张寿林. 全国碳市场还需建设国际化碳交易体系为对接全球市场奠定基础 [EB/OL]. (2021-12-22) [2022-01-28]. http://www.tanpaifang.com/tanjiaoyi/2021/1222/81297.html.

组织关于全球碳市场进展 2021 年度报告数据，自 2005 年以来，碳市场所覆盖的排放占全球温室气体的比例扩大到之前的三倍[①]。全球已运行的碳市场包括欧盟碳市场、美国区域温室气体减排倡议、加利福尼亚洲（以下简称加州）碳市场、新西兰碳市场、澳大利亚碳市场、韩国碳市场、中国碳交易市场等。国际上典型碳市场可分为地区型碳市场、国家型碳市场、跨界联盟型碳市场，如图 3-2-1 所示。此外，还有更多的国家和地区在考虑建立碳市场，作为实现国际气候协定的重要举措。

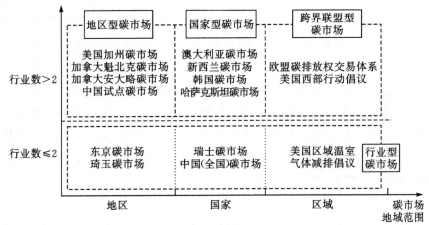

图 3-2-1　国际典型碳市场类型[②]

3.2.1.2　欧盟碳交易市场

欧盟碳交易市场是欧盟应对气候变化政策的基石，它是世界上第一个碳市场。此外，它还是碳交易体系的领跑者，是全球最大的碳交易市场。

（1）起源

为抑制气候问题恶化，《京都议定书》规定了工业化发达国家所承担的减排责任。同一时期，欧盟各国陆续开征碳税，以抵补个人所得税和其他劳动税收的下降。但是由于其他国家出于保护行业竞争力的目的对

---

①　国际碳行动伙伴组织. 全球碳市场进展 2021 年度报告[R/OL]. (2021-12-22)[2022-01-28]. https://icapcarbonaction.com/en/? option = com ＿ attach&task = download&id=735.

②　易兰，贺倩，李朝鹏，等. 碳市场建设路径研究：国际经验及对中国的启示[J]. 气候变化研究进展，2019，15（3）：232-245.

能源密集型产业大量豁免，导致单一的碳税政策并未取得减排效果[①]。2005 年 1 月，欧盟开始实施温室气体排放许可交易制度，即欧盟排放权交易体系（European Union Emissions Trading System，EU ETS)，它不仅与联合履行机制和清洁发展机制无缝对接，而且促使碳减排效果更明显。

（2）发展

2005 年，欧盟碳排放权交易体系（EU ETS）正式开启，涵盖电厂、造纸、炼焦、钢铁、炼油、水泥、玻璃、石灰、制砖、制陶、航空等行业。根据路孚特碳市场年度回顾，2020 年 EU ETS 交易额达 2013 亿欧元，占全球总额的 88%，交易量超 80 亿吨 CO_2，占全球总交易量的 78%，位居第一。EU ETS 不仅是欧盟成员国每年温室气体许可排放量交易的支柱，也是当今全球碳交易市场的引领者。欧盟碳市场自启动以来经历了数项改革，目前共分为四个阶段，其中第一阶段和第二阶段对应欧盟在《京都议定书》第一承诺期中的减排目标，第三阶段对应欧盟在《京都议定书》第二承诺期中的减排目标，第四阶段对应欧盟在《巴黎协定》中 2021—2030 年的减排目标。

第一阶段（2005—2007 年）为试验性阶段，在机制设计上主要出现了三个不足：第一，未建立碳排放核查机制，数据质量较差；第二，欧盟成员国在分配配额时有很大的自主权，分配较为宽松；第三，配额分配以历史法为主，即根据企业自身历史排放情况发放配额，要求的数据基础相对简单，容易导致市场配额整体过剩。配额价格在 2006 年从每吨 30 欧元下跌到每吨 15 欧元，由于第一阶段配额禁止存储至第二阶段，配额价格在 2007 年极低。

第二阶段（2008—2012 年）在第一阶段的基础上，采取多项措施加强了核算和配额控制，包括优化碳排放核算体系、完善配额分配方案和加强对成员国分配计划的审核。然而受 2008 年经济危机的影响，欧盟实际排放量远低于规定的上限，许多企业排放配额出现剩余，仅 2009 年的总剩余量便接近 8000 万吨。即使在这种情况下，得益于稳定的政策带来的配额稀缺预期以及允许配额跨期储存，配额价格并没有出现严重的暴

气候变化教育

① 社投盟. 欧盟碳市场繁荣的背后 [EB/OL]. (2021-09-07) [2022-02-02]. http://www.tanjiaoyi.com/article-34551-2.html.

跌现象。

第三阶段（2013—2020年）则建立了专门的第三方核查体系，并重点对配额分配进行了改革。将设定排放配额总量的权力集中至欧盟委员会，由该委员会制定欧盟整体的排放配额总量并向各国分配。欧盟委员会收紧了配额总量，以每年1.74%的速度下降，并完善了配额分配方案，进一步扩大基准线法和拍卖的使用范围，其中电力行业100%有偿分配。基准线法以行业的碳排放强度基准来确定企业配额分配，相比历史法更好地体现了公平原则。拍卖则能最有效率地发现碳价，最大程度上发挥碳交易体系的减排效率。此外，由于第二阶段剩余配额允许留存至第三阶段，第三阶段价格长期于低位徘徊，直到开始讨论建立市场储备机制并推进第四阶段改革方案，才给予市场强烈的利好信号。

第四阶段（2021—2030年）在总结了前三个阶段的经验教训后，改革方案进一步收紧了配额总量，以每年2.2%的速度下降，并通过市场稳定储备机制从市场中撤回过剩的配额。这些措施明确了欧盟长期减排的决心，进一步强化了配额的稀缺性，起到稳定和提升碳价的作用。2021年初欧盟碳价上涨至30欧元以上。

3.2.1.3 美国碳交易市场

美国目前尚未建立起全国性统一的碳市场，主要是区域性的碳交易市场，其中较为出名的是加州碳市场、区域温室气体减排倡议和芝加哥气候交易所。值得一提的是加州碳市场是北美最大的区域性强制市场。同时，芝加哥气候交易所也是全球第一家具有期货性质的碳交易平台。

（1）起源

美国地域辽阔，在经济发展中同样面临气候问题，历届政府不断调整气候政策，但受到政策立法程序、国会权力构成等因素的限制，难以有较大作为。州和地方政府在气候治理的碳减排上弹性较大，可自主实施碳减排。尽管美国没有全国层面的碳市场，区域层面的芝加哥气候交易所、加州碳市场、美国区域温室气体减排倡议、西部气候倡议等碳市场在发展中取得了一定成效，为美国其他地区树立了典范，带动了其他各州与城市的碳减排活动。地区、州层面碳减排表率在前，加上联邦层面碳减排的好处，激励和约束着联邦政府采取统一的减排行动。在美国区域排放交易体系中，能源大洲基本上没有参与，只有加州例外，原因是加州的环保团体势力较强，因此其环保政策和行动一直走在美国和世界的前列。

（2）发展

以美国加州为引领的北美碳市场覆盖范围广、影响大，是北美重要的地区碳市场。2006年和2017年，加州先后通过了AB32法案和AB398法案，为加州规定了2020年、2030年和2050年温室气体排放大幅减排目标。实现减排目标的核心措施之一是建立加州碳交易体系。2013年1月，加州碳交易体系正式启动，并于2014年与加拿大魁北克碳市场进行了连接。

加州碳交易体系分为2013—2014年、2015—2017年、2018—2020年三个履约期。其中，第一期覆盖了发电行业和工业排放源，年度排放上限约1.6亿吨CO_{2e}（二氧化碳当量：指一种用作比较不同温室气体排放的量度单位），占加州温室气体排放总量的35%左右；第二期增加了交通燃料、天然气销售业等部门，排放上限增加至3.95亿吨CO_{2e}，占总排放量的比例上升至80%左右；2018—2020年是加州碳交易体系第三个履约期，各年度排放上限分别为3.58亿、3.46亿和3.34亿吨CO_{2e}，覆盖了该州约80%的温室气体排放和500个工厂设施，其配额分配主要采用免费分配与拍卖相结合的方式。

加州总量控制与交易计划成为全球最为严格的区域性碳市场之一。根据加州空气资源委员会数据，2012年加州温室气体排放总量（不含碳汇）为4.59亿吨CO_{2e}，在全美各州位居第二[①]。从排放源看，加州碳排放主要来源于交通运输，占比44%左右，工业过程的排放占25%左右，其碳交易体系覆盖了75%左右的碳排放。从覆盖行业的范围来看，主要包括电力行业、工业、交通业、建筑业。根据加州空气资源委员会的数据，从减排效果上看，加州从碳市场建立后排放处于减少的趋势。

加州总量控制体系在美国西部计划倡议的框架下已与魁北克碳交易市场、安大略碳市场对接。从2021年起，加州碳市场可能面临以下变化：对碳价建立价格上限、抵消机制中对核证碳信用配额的使用有进一步限制、配额递减速率进一步增加等。

---

① 华宝证券研究团队. 北美洲：加州总量控制与交易计划［EB/OL］.（2021-05-12）［2022-02-02］. http://www.tanpaifang.com/tangguwen/2021/0512/77833.html.

案例研究

表 3-2-1　欧盟和加州-魁北克碳市场设计要素对比

要素	欧盟碳交易体系（EU ETS）	加州-魁北克碳交易体系
中期减排目标	2030 年比 1990 年减排 55%	2030 年比 1990 年减排 40%
碳中和目标	2050 年实现碳中和	加州 2045 年实现碳中和；魁北克 2050 年实现碳中和
启动时间	2005 年 1 月	2013 年 1 月
运行阶段	第一阶段：2005—2007 年；第二阶段：2008—2012 年；第三阶段：2013—2020 年；第四阶段：2021—2030 年	第一阶段：2013—2014 年；第二阶段：2015—2017 年；第三阶段：2018—2020 年；后续每三年一个阶段
区域	第一阶段：欧盟 25 个成员国；第二阶段：增加 2 个欧盟成员国（罗马尼亚、保加利亚）和冰岛、挪威、列支敦士登；第三阶段：增加 1 个欧盟成员国（克罗地亚）。瑞士碳市场于 2020 年与欧盟碳市场链接	美国加州、加拿大魁北克省
控排范围	电力、工业、航空行业的 10744 个排放单位，约涵盖排放总量的 45%	电力、工业、交通、建筑行业的 600 余个排放单位，约涵盖排放总量的 80%
配额总量	第一、二阶段每年分别为 21.8 亿吨和 20.8 亿吨；第三阶段从 2013 年的 20.4 亿吨下降到 2020 年的 17.8 亿吨；第四阶段每年线性下降 2.2%	2015—2020 年，每年下降 3.2%～3.5%
配额分配	第一、二阶段以历史法免费分配为主；第三、四阶段：拍卖比例逐渐增大至 50% 以上，其中电力行业 100% 拍卖，免费部分以基准法分配	从基准法免费分配逐步过渡到拍卖
抵消机制	第二阶段开始允许使用国际抵消信用（CER 和 ERU），2008—2020 年使用量不能超过减排量的 50%	允许企业使用抵消信用完成 8% 履约责任；仅允许使用美国国内项目产生的减排信用

问题研究

1. 依据表 3-2-1 欧盟和加州-魁北克碳市场设计要素对比，请你分析欧盟和加州-魁北克碳市场的相同点和不同点。

2. 请结合上述材料，深入研究以上两大碳市场的特点，探讨其对我国碳市场建设的启示与借鉴意义。

3.2.1.4 中国碳交易市场

中国碳市场从试点的缓慢发展到全国性碳市场的上线经历了 8 年的时间，自中国碳市场正式启动交易以来，现在已成为全球规模最大的碳市场。未来，在碳达峰、碳中和的目标下，有望加快推动全国碳排放权交易市场的发展。

（1）起源

目前，随着温室气体对环境的影响愈发严重，温室气体所带来的危害被逐渐认识，对温室气体排放的控制力度也愈来愈大。碳排放权是一种为了控制温室气体排放、减少温室效应以维持社会可持续发展而产生的新型"产品"。我国对碳排放权交易制度的规定多与绿色金融相关，现行的一些规范性文件对"碳排放权"的产生与发展，作出了铺垫或者明确的规定，如图 3-2-2 所示。2014 年 12 月，我国颁布了《碳排放权交易管理暂行办法》，该办法分别从碳配额管理、排放交易、核查与配额清缴、监督管理以及法律责任等方面对我国建立碳排放权交易市场作出了规定，并明确了与碳排放权有关概念的含义，对我国全面建立碳排放权交易市场具有重要的推动作用。

《关于开展碳排放权交易试点工作的通知》确定了七个省市开展碳排放权交易试点工作，标志着中国正式开启碳市场 — 2011年10月

《中共中央关于全面深化改革若干重大问题的决定》明确中国碳市场的建设方向，碳市场的建设成为全面深化改革的重点 — 2013年11月

《"十三五"控制温室气体排放工作方案》提出建立全国性碳排放权交易制度，明确了中国的碳排放量控排目标 — 2016年10月

《2019—2020年全国碳排放权交易配额总量设定与分配实施方案(发电行业)》(征求意见稿)标志着中国碳市场建设进入新的阶段 — 2020年11月

2012年6月 — 《温室气体自愿减排交易管理暂行办法》为CCER交易市场搭建了整体的框架，调动了全社会参与CCER项目的积极性

2014年12月 — 《碳排放权交易管理暂行方法》对碳排放权交易活动作出了详细的规定，为中国统一碳市场搭建了基本框架

2017年12月 — 《全国碳排放权交易市场建设方案(发电行业)》确保发电行业开启全国性碳排放交易体系，推动碳市场的建设进程

2021年1月 — 《全国碳排放权交易管理办法(试行)》明确了有关中国碳市场有各项定义，为后续中国统一碳市场奠定了夯实的基础

图 3-2-2　2011 年 10 月—2021 年 1 月中国碳交易相关政策汇总

（2）发展

为达到节能减排的目的，我国推行了碳排放权交易制度试点。根据2011年所公布的《关于开展碳排放权交易试点工作的通知》（以下简称《通知》），北京市、上海市、重庆市、天津市、湖北省、广东省和深圳市被列为碳排放权交易试点省市。该通知公布两年后，经过一系列的准备活动，该7个碳排放权试点省市于2013年正式启动，其主要的产品包括碳配额以及国家核证自愿减排量等。

我国碳排放权交易试点工作从正式启动以来，其在温室气体减排方面具有较大的实践意义，为我国的全国性碳排放权交易制度的建立奠定了基础。我国碳排放权交易试点省市通过建立碳排放权交易中心进行碳排放权交易活动，重点在电力、化工、钢铁等高排放行业，通过试点碳排放权交易活动取得了较好地减少温室气体排放的效果。我国通过对7个省市进行碳排放权交易试点活动，充分考虑了我国的具体国情、地理情况、经济差异等。例如北京、上海、深圳等发达城市的企业所面临的减排压力较大，7个试点省市的经济发展水平具有较大的差异，在交易量以及交易单价等方面均存在较大的差异。7个试点省市的具体情况对我国未来全面推行碳排放权交易提供了借鉴。但是，碳排放权交易试点工作和履约规则存在落实不到位的现象，原因可能包括法律基础缺乏、对相关政策的实施效果持有怀疑态度、对其可操作性的认识不够全面等。

2021年7月16日，全国碳市场在北京、上海、武汉三地同时开市，第一批交易正式开启。从交易机制看，全国碳排放交易所仍将采用和各试点区域一样的以配额交易为主导、以核证自愿减排量为补充的双轨体系。从交易主体看，全国交易系统在上线初期仅囊括电力行业的2225家企业，这些企业之间相互对结余的碳配额进行交易。与欧盟等相对成熟的市场相比，我国碳市场刚刚起步，总体呈现行业覆盖较为单一、市场活跃度较低和价格调整机制不完善等特征。

在碳达峰、碳中和目标下，"十四五"期间，全国碳排放交易市场有望加快发展。由于我国的工业大体量和高数量碳排放，可见我国未来碳交易市场容量将是巨大的，有很大的发展空间。据生态环境部副部长赵英民表示，下一步，生态环境部将进一步扎实做好全国碳市场各项工作，持续完善配套制度体系，推动出台《碳排放权交易管理暂行条例》，进一步完善相关的技术法规、标准、管理体系。在发电行业碳市场健康运行

第 3 章 国际气候协定与国家气候变化教育政策

89

的基础上，逐步将市场覆盖范围扩大到更多的高排放行业，根据需要丰富交易品种和交易方式，实现全国碳市场的平稳有效运行和健康持续发展。

拓展阅读

澳大利亚碳交易市场概况

澳大利亚是《京都议定书》第二承诺期的附件一国家，承担强制减排义务。为了实现《京都议定书》的承诺，澳大利亚设定了 2020 年碳排放水平较 2000 年减少 5％的减排目标。尽管澳大利亚早期已有新南威尔士温室气体削减计划这样的自愿减排市场以及京都市场，但是国家层面带有强制减排措施的碳排放权交易体系却自 2009 年才开始。一系列的相关法规为体系的建立提供了有力的法律支撑。澳大利亚碳排放权交易体系的市场化进程被设计为 3 个阶段，即固定价格期（2012 年至 2015 年）、浮动价格期（2015 年至 2016 年）、浮动价格区间期（2016 年至 2018 年）。在固定价格期，政府不设定绝对的减排总量与配额总量。被澳大利亚纳入碳交易体系的主要是工业等行业，暂时不考虑农、林、渔等行业。在固定价格期，政府每年会为一些企业免费发放一定数量的碳单位，尤其是存在出口竞争的行业的控排企业。如果企业得到的免费配额不足，必须以上述固定价格向政府购买。在浮动价格期，政府将设定绝对配额总量，但对碳单位的市场价格设定上、下限，防止企业由于履约导致成本过高或者碳单位价格过低损害供应方利益，从而影响企业或市场参与者的减排积极性。

摘自：

梁悦晨，曹玉昆. 澳大利亚碳排放权交易体系市场框架分析 ［J］. 世界林业研究，2015，28（2）：86-90.

3.2.2 其他实现路径

碳交易是解决气候变化问题的重要路径之一，其他实现路径对缓解气候变化问题也有着不同程度的作用。这部分内容主要介绍了多种实现路径的内涵、发展及其对解决气候变化问题的重要性。

3.2.2.1 发展新能源

在全球气候变化的背景下，世界各国都有责任和义务共同应对气候失衡和能源过度消耗的问题。能源转型的速度太慢，不足以缓解气候变化[1]。2016年全世界178个缔约方一起签署的具有历史意义的《巴黎协定》，明确了长期目标。国际可再生能源机构报告显示，只有在2040—2050年实现从使用目前占主导地位的化石碳氢化合物燃料（燃煤、石油和天然气）到主要使用可再生能源的巨大能源转变后，且当可再生能源在总能源平衡中的份额达到40％及以上时，才有可能实现这一目标。

国际气候战略治理格局和能源格局中出现了不同程度的低碳实践转向。在能源治理的领域中，绿色技术开发、新能源发展、能效提升得到更多的关注。新能源一般指在新技术的基础上加以开发利用的可再生能源，主要包括风能、太阳能、地热能、潮汐能、生物质能、波浪能等。它具有发展潜力大、可永续利用、污染低等众多优点。各国政府需积极开展清洁生产，促进节能发展，以缓解人类活动对环境的影响。

目前能源已成为土地、大气和水资源等环境污染的主要来源，导致人类环境的空前退化。此外，地球的生物圈正受到严重破坏，部分丧失了稳定环境和气候的最重要功能。因此，能源生态发展是21世纪可持续发展和全球安全的最重要因素。燃烧化石碳氢化合物燃料（燃煤、石油和天然气）排放到大气中的温室气体导致了全球变暖，与工业化前的水平（1850年）相比，全球变暖已经超过1℃[2]。所以，发展新能源至关重要，加速脱碳技术创新，并进一步实现能源和气候目标[3]。目前已有一些技术可以满足未来50年世界的能源需求，并将大气中的二氧化碳限制在比前工业时代浓度翻倍的轨道上[4]。在全球气候能源战略格局的快速变迁之下，新能源发展是应对能源安全和气候变化等多重危机的综合性方案。气候变化影响全球，促进新能源的发展以应对气候变化也需要全球合作。

①　BAZILIAN M, BRADSHAW M, GOLDTHAU A, et al. Model and manage the changing geopolitics of energy[J]. Nature. 2019, 569(7754):29-31.

②　IPCC. Special Report: global warming of 1.5℃. [R/OL]. (2018-10-15)[2022-02-15] https://www.ipcc.ch/site/assets/uploads/sites/2/2019/05/SR15_Chapter1_Low_Res.pdf.

③　SOVACOOL B K, ALI S H, BAZILIAN M, et al. Sustainable minerals and metals for a low-carbon future[J]. Science, 2020, 367(6473):30-33.

④　PACALA S, SOCOLOW R. Stabilization wedges: solving the climate problem for the next 50 years with current technologies[J]. Science, 2004, 305(5686):968-972.

3.2.2.2 提升生态系统固碳增汇能力

固碳是指增加除大气之外的碳库碳含量的措施，主要分为物理固碳和生物固碳两种方式。生态碳汇不同于传统碳汇，它不仅包含了通过植被恢复、植树造林等措施吸收大气中二氧化碳的过程，还增加了湿地、草原、海洋等生态系统对碳吸收的贡献，它注重各类生态系统及其关联的整体对全球碳循环的平衡和维持作用。

自第一次工业革命以来，温室气体释放量迅速增加导致了目前的全球气候变化；其中，气候变暖是最明显的特征之一[①]。如何减少人类活动所引起的温室气体排放、如何增加陆地和海洋生态系统碳汇，是当前国际社会减缓和适应气候变化的核心思路。根据联合国粮农组织 2020 年全球森林资源评估结果，全球陆地生态系统和海洋生态系统年均固碳 35 亿吨和 26 亿吨，分别抵消了 30％和 23％的人为碳排放。

区域陆地生态系统碳汇是指对特定区域内的森林、草地、农田和湿地生态系统碳收支综合评估后所获得的碳（贮量）增量。森林作为陆地生态系统的主体，也是陆地上最大的"碳库"，在调节气候，缓解全球变暖中发挥着重要作用。以森林为例，通过植树造林、森林管理和减少毁林等行动，森林可以成为一个有效的碳汇[②]。近年来，基于森林的行动获得了更多的政策支持，因为许多国家已将森林碳固存活动纳入其对减少净碳排放的国家自主贡献中[③]。全球森林生物量中储存的碳量与大气中储存的碳量相似[④]。由于造林活动和相对于无生物能源情况的更集约化的管理，生物能源的需求增加了森林碳储量。然而，一些天然森林被更集约化地管理，可能造成生物多样性的损失。鼓励以木材为基础的生物能源

---

① SCHLESINGER W. Biogeochemistry: an analysis of global change. [M]. 2nd ed. San Diego: Academic Press, 1997.

② SOHNGEN B, MENDELSOHNN R. An optimal control model of forest carbon sequestration[J]. American journal of agricultural economics, 2003, 85(2): 448-457.

③ FORSELL N, TURKOVSKA O, GUSTIi M, et al. Assessing the INDCs' land use, land use change, and forest emission projections[J]. Carbon balance and management, 2016, 11(1): 1-17.

④ ERB K-H, KASTNER T, PLUTZAR C, et al. Unexpectedly large impact of forest management and grazing on global vegetation biomass [J]. Nature, 2018, 553 (7686): 73-76.

和森林固存可以增加碳固存，同时保护天然林。

生态固碳增汇技术是实现碳中和目标的有力技术手段，以森林、红树林、湿地、草原等为主体的生物固碳措施，能够不断地提高生态碳汇能力，对减缓气候变化具有重要作用。

拓展阅读

我国陆地生态系统固碳

中科院植物所前所长、北京大学教授方精云院士和中科院地理与资源所副所长于贵瑞研究员领衔的"应对气候变化的碳收支认证及相关问题"专项（简称"碳专项"）之"生态系统固碳"项目群团队，在系统调查了中国陆地生态系统（森林、草地、灌丛、农田）碳储量及其分布等基础上，经过深入挖掘和分析，取得了一系列突破性进展。2018 年 4 月17 日，研究团队正式发布了这一系列原创性重大成果。

系列成果以专辑形式于北京时间 2018 年 4 月 18 日正式发表在国际著名学术期刊《美国科学院院刊》上。这是我国科学家（也是发展中国家科学家）第一次在《美国科学院院刊》以专辑形式系统、集中地发表研究成果，凸显了我国科学家在全球碳循环及碳收支研究方面的国际领先地位。

中国科学院院士方精云表示，研究表明中国陆地生态系统在过去几十年一直扮演着重要的碳汇角色。其中，中国森林生态系统是固碳主体，贡献了约 80％ 的固碳量。同时，研究还首次在国家尺度上通过直接证据证明人类有效干预能提高陆地生态系统的固碳能力。此外，方院士说："陆地生态系统通过植被的光合作用吸收大气中的大量二氧化碳。利用陆地生态系统固碳，是减缓大气二氧化碳浓度升高最为经济可行和环境友好的途径。因此，如何提高陆地生态系统碳储量和固碳能力，既是全球变化研究的热点领域，也是国际社会广泛关注的焦点。"

减缓二氧化碳浓度升高，利用陆地生态系统是最为经济可行的途径。2011 年，中国科学院启动的"碳专项"的一个核心内容就是深入研究中国陆地生态系统碳收支特征、时空分布规律以及国家政策的固碳效应，这既符合《巴黎协定》要求，又能缓解中国能源消耗和温室气体排放量持续增加的趋势难以逆转的压力，为我国经济转型发展、国际气候谈判提供了科学支撑。

摘自：

中华人民共和国中央人民政府. 我国陆地生态系统固碳家底首次摸清[EB/OL]. (2018-04-19)[2022-02-15]. http://www.gov.cn/xinwen/2018-04/19/content_5283872.htm.

3.2.2.3　加强碳捕集、利用与封存技术

碳捕集、利用与封存技术（Carbon Capture, Utilization and Storage；简称 CCUS）是指将 CO_2 从工业或其他排放源中分离出来，并运输到特定地点加以利用或封存，以实现被捕集 CO_2 与大气的长期隔离[1]。CCUS 被认为是应对气候变化的一种技术解决方案和可持续选择。

国际能源署在《清洁能源转型的碳捕集、利用和储存》报告中指出，实现"碳中和"的关键是 CCUS，它是在碳捕获与封存关键技术之上的扩展[2]。IPCC 关于全球升温比工业化前水平高 1.5℃ 的 2018 年报告对缓解方案与可持续发展之间的协同作用和权衡进行了初步评估，包括在能源供应和工业部门使用 CCUS。报告认识到 CCUS 在所有深度脱碳方案中发挥着重要作用，CCUS 为提供先进和更清洁的化石燃料技术做出了重要的贡献，符合可持续发展目标中"负担得起的清洁能源"的目标。它的目的是防止大量排放者向大气中释放大量的二氧化碳，这是减缓全球变暖和因二氧化碳排放导致的海洋酸化的一种潜在手段。

自 2007 年 IPCC 第四次评估报告（AR4）发布以来，CCUS 一直被强调为实现能源供应和工业部门二氧化碳减排的关键缓解技术。在 IPCC 的第五次评估报告（AR5）中，CCUS 的重要性进一步得到加强，因为评估中使用的许多全球气候减缓模型无法在不使用该技术的情况下，到

---

① 科学技术部社会发展科技司，科学技术部国际合作司，中国 21 世纪议程管理中心. 中国碳捕集、利用与封存（CCUS）技术进展报告. [R/OL]. (2019-03-11)[2022-02-04]. https://max.book118.com/html/2019/0311/6212030055002014.shtm.

② IEA. CCUS in Clean Energy Transitions[EB/OL]. (2020-10-11)[2020-09-01]. https://www.iea.org/reports/ccus-in-clean-energy-transitions/a-new-era-for-ccus#abstract.

气候变化教育

2100 年将温室气体排放限制在 450ppm CO_2 当量以下。2018 年 10 月 8 日，IPCC 发布了《IPCC 全球升温 1.5℃ 特别报告》，报告指出 CCUS，特别是生物质能-碳捕集与封存技术，再次被强调为一项不可替代的技术。

此外，CCUS 可以促进基础设施的可持续发展，促进创新体系，并减少城市的碳足迹，使其更具可持续性，通过减少向大气中排放的二氧化碳以及随后降低大气中的二氧化碳浓度。CCUS 这项技术成本高昂，还没有经过全面的链条验证，但它也是目前许多工业过程（如水泥和氨制造）中能够脱碳的唯一方法[1]。世界上大多数地区必须在 2070 年之前达到碳中和，以实现将全球平均气温升幅控制在 2℃ 甚至 1.5℃ 之内的气候目标。此外，通过 CCUS 减少的碳排放被预测在 2050 年左右达到峰值。一般来说，在碳配额越大的情况下，化石燃料在一次能源中的份额越大，这也将增加化石燃料中 CCUS 的应用。CCUS 具有巨大的减排潜力，将燃烧后的二氧化碳捕获应用于燃煤和燃气电厂，每兆瓦时可实现近 90％ 的减排[2]。

3.2.2.4 气候变化与可持续发展教育

《公约》第六条确定了在多个部门采取气候变化行动的必要性，包括教育、培训和公众认识。《公约》优先考虑了 6 个关键活动领域：教育、培训、公众意识、公众获取信息、公众参与和国际合作。教育在提高认识和促进行为改变以减缓和适应气候变化方面发挥着至关重要的作用[3]。《京都议定书》第十条表明各国要促进和拟定实施教育及培训方案，尤其是培训发展中国家的专家，并促进公众意识和促进公众获得有关气候变化的信息。《巴黎协定》申明了本协定处理的事项在各范围领域开展教育、培训、公众意识、公众参与、公众获得信息和国际合作方面的重要性，见表 3-2-2。

① STEPHENSON M. Energy and climate change: an introduction to geological controls, interventions and mitigations[M]. Amsterdam: Elsevier, 2018.

② MIKUNDA T, BRUNNER L, SKYLOGIANNI E, et al. Carbon capture and storage and the sustainable development goals[J]. International journal of greenhouse gas control, 2021, 108: 1-4.

③ HICKS D, BORD A. Learning about global issues: why most educators only make things worse[J]. Environmental education research, 2001, 7(4): 413-425.

表 3-2-2　气候赋权行动指南——范围和目标

范围领域	目标	
教育	从长远角度改变习惯	促进更好地理解和有能力应对气候变化及其影响
训练	培养实用技能	
公众意识	接触各个年龄层和各行各业的人	在寻找气候变化的解决方案中，促进社区参与
公开资料	提供免费信息	
公众参与	让所有利益相关者参与决策和实施	让所有利益相关者参与辩论，成为伙伴关系，共同应对气候变化
国际合作	加强合作，共同努力，加强知识交流	

　　当前，尽管与气候相关的科学知识已取得了长足的进步，但公众对气候变化的认知水平并没有随着科学的进步而提高。气候变化的科学不确定性在短期内无法解决，但气候变化沟通的不确定性可以通过改善气候教育的方式方法进行提高，运用跨学科的方法，对社会科学与气候变化相关知识进行融合以提高公众的气候素养①。联合国教科文组织积极推动"气候变化教育"成为"可持续发展教育"计划的一部分，气候变化教育是符合可持续发展战略议程的一个主题。在某些情况下，气候变化教育被狭义地定义为在科学课上关注气候素养和环境教育。

　　气候变化教育的目的是帮助人们了解和解决全球气候变化所带来的问题，培养青年人的"气候素养"，鼓励他们改变自身态度和行为以适应气候变化趋势。气候变化教育的相关技能和内容知识教育的核心功能是培养学习新的学科和技能。教与学应结合环境管理，包括环境教育、气候变化与科学素养、减少灾害风险和备灾、可持续生活方式和消费的教育②。

　　国外的气候变化教育，主要分为正规教育和非正规教育。当前气候变化正规教育的发展趋势和特点主要表现在以下五点：一是注重中小学的气候变化教育；二是将气候核心概念嵌入其他课程，进行多学科教学；三是采用"参与式"和"体验式"教学方式；四是尝试将气候变化科学

　　① 申丹娜，齐明利，唐伟. 气候素养提高之思考［J］. 自然辩证法研究，2019，35（3）：56-61.

　　② ANDERSON A. Climate change education for mitigation and adaptation［J］. Journal of Education for Sustainable Development，2012，6(2)：191-206.

问题的不确定性传递给受众；五是整合社会科学和提高气候变化教育①。非正规教育又可分为两种情况，即政府工作人员的非正规教育和公众与社区居民的非正规教育。非正规教育可以弥合气候科学家与公众认知之间的鸿沟，促进公众对于重要环境问题的有效公共讨论。

气候变化教育逐渐成为世界各国应对气候变化的重要举措。过去15年来，美国联邦机构开展了一系列广泛的气候变化培训课程和活动，以提高气候知识和抵御气候变化的能力，取得了重大进展。随着公众对气候变化及其影响的认识不断加深，气候素养建设框架将成为联邦机构将新知识和新理解纳入其气候培训和教育项目的典范，并继续建立机构间的协调与合作②。我国在开展气候变化教育行动中，大多是对气候变化教育的政策宣传，对气候变化教育的方式方法、教学设计、传递方式和内容等尚未进行深入的探讨和研究。

"可持续发展教育"通过重新定位教育改变社会，帮助人们形成社会可持续发展所需要的知识、技能、价值观和行为。它将气候变化发挥生物多样性等可持续发展问题融入教学，鼓励个人成为负责任的行动者、积极应对挑战、尊重文化多样性，并为创造一个更加可持续的世界作出贡献③。气候变化教育对于提高公众气候素养，鼓励公众有效参与气候变化行动，引导公众科学合理应对气候变化发挥关键的作用④。2018年12月3日—14日在波兰卡托维兹举行的联合国气候会议将12月13日设为主题日，专门用以探讨教育在应对气候变化方面的关键作用。

随堂讨论

试运用国际社会的相关知识说明国际社会应如何应对气候变化？概括当前国际社会应对气候变化的主渠道是什么？

① 申丹娜，贺洁颖．国外气候变化教育进展及其启示研究［J］．气候变化研究进展，2019，15（6）：704-708．

② Council of Climate Preparedness and Resilience. A framework for building climate literacy and capabilities among federal natural resource agencies［R］. Climate and Natural Resources Working Group, 2016.

③ 张国玲．UNESCO积极推动气候变化教育［J］．世界教育信息，2019，32（2）：71．

④ 申丹娜，贺洁颖．国外气候变化教育进展及其启示研究［J］．气候变化研究进展，2019，15（6）：704-708．

3.3　国家气候变化教育政策

气候变化是全人类的共同挑战。应对气候变化，国际社会开展了一系列关于气候变化专题的会议以及签署了许多关于解决气候变化问题的国际气候协议。随着国内外对可持续发展和气候变化的关注，各国政府积极参与制定气候变化减缓和适应的政策。为了提高公众对可持续发展和可持续发展问题的认识，教育被认为是不可或缺和必要的。气候变化教育是联合国教科文组织可持续发展教育（Education for Sustainable Development，ESD）项目的一部分，各国积极响应国际社会对气候变化问题的解决，纷纷制定了相关政策。由于气候变化作为人类面临的一项最新环境挑战，所以气候变化也成为环境意识的重要内容，与之相关的气候变化教育政策也包含在可持续发展教育政策和环境教育政策之中。

3.3.1　美国

20 世纪以美国为首的科学家的重大发现之一是气候变化科学问题，美国也是《公约》和《京都议定书》达成的重要推动力量。美国作为世界上总量及人均最大的温室气体排放国，其一举一动影响着世界气候变化[①]。

3.3.1.1　起步

20 世纪中后期，科学家和国际社会意识到气候变化的严重性。与此同时，美国也开始注重发展环境教育，以及宣传环境保护等意识，逐渐颁行了一些与环境教育相关的政策，这一阶段就是美国气候变化教育政策的起步阶段。1948 年，世界自然保护同盟在巴黎召开的一次会议上首次提及"环境教育"一词[②]，而后在美国内华达州召开的一次会议上，对环境教育正式下了定义[③]。同年，美国颁布了世界上第一部国家环境教育法案，其环境教育开始沿着正规化、法制化的轨道有序发展。在此时期，

---

　　① 赵绘宇. 美国国内气候变化法律与政策进展性研究［J］. 东方法学，2008（6）：111-118.

　　② 帕尔默. 世纪的环境教育：理论、实践、进展与前景［M］. 田青，等译. 北京：中国轻工业出版社，2002.

　　③ 帕尔默. 世纪的环境教育：理论、实践、进展与前景［M］. 田青，等译. 北京：中国轻工业出版社，2002.

气候变化教育

可持续发展思想逐渐开始萌芽，1992 年世界环境与发展大会正式提出了实施可持续发展战略。

在此时期，由尼克松总统签署的美国《国家环境政策法》生效并实施，其主要内容包括国家环境政策、目标以及联邦政府、公民的环境环境权利义务等。《国家环境政策法》是美国在环境危机下作出的战略性反应。1991 年成立的全球环境基金旨在为解决环境退化问题提供资金和技术支持，而气候变化、消耗臭氧层物质等属于其重点领域的项目，从侧面反映了全球对气候变化教育的重视。同年，美国环保署（Environmental Protection Agency，EPA）成立了环境教育办公室，以执行国家环境教育和培训方案。环境教育办公室通过向环保局提供环境教育方面的建议，使环保局更好地了解学校、教育组织的需求。此外，北美环境教育协会在环保局的支持下制定环境教育指南，对课堂环境教育和课堂外环境计划进行了指导，如通过州立公园、国家公园、动物园、博物馆和自然中心开展环境教育。

美国环保署通过国家环境教育和培训方案（National Environmental Education and Training Programmes，NEETP）支持环境教育和教育专业人员的培训，还通过与大学签订协议设立项目的方式来促进环境教育的发展。1998 年，由来自美国 12 个州的代表组成的州教育与环境圆桌会议，发表了题为《缩小成绩的鸿沟：以环境为学习的整合背景》的报告，首次提出了"以环境为学习的整合背景"[①]。此后国家环境教育和培训基金会发表了《环境为基础的教育：创建高水平的学校和学生》的报告。1999 年，北美环境教育联盟发表了《卓越的环境教育：幼儿园到 12 年级学习指导大纲》，将众多学科的国家标准与环境教育相联系[②]。

3.3.1.2 推进

美国颁布了一些与气候变化教育相关的环境法律条文和政策，以及推动环境教育和培训方案等，进入 21 世纪后，气候变化教育政策有了很大的进展，具体的推进情况如下。

---

① 祝怀新，刘晓楠. 基于环境学习的基础教育质量观：美国 EIC 模式的实践与探索［J］. 课程·教材·教法，2005（2）：85-89.

② 祝怀新，刘晓楠. 基于环境学习的基础教育质量观：美国 EIC 模式的实践与探索［J］. 课程·教材·教法，2005（2）：85-89.

第3章 国际气候协定与国家气候变化教育政策

在 21 世纪的第一个十年期间，其标志性政策有气候变化研究行动、"洁净天空"行动计划和全球气候变化计划。布什政府提出了"气候变化研究行动"，投入大量资金在多个部门推进气候变化的相关研究。2002 年 2 月，政府宣布实行"洁净天空"行动计划和全球气候变化计划，分阶段削减电厂排放的污染性气体，促进环境教育的发展。

2010 年至今，为了鼓励教育组织、教育工作者、各界公众积极参与环境保护教育，美国环保署为此设立了各种奖项。例如，设立国家环境教育基金会，培养有环保意识和责任感的公众；白宫环境质量委员会与美国环保署合作设立环境教育家总统创新奖，主要对象是优秀的幼儿园教师，以表彰、支持和鼓励教育工作者将环境作为学生学习的背景，并采用创新方法进行环境教育；设立总统环境青年奖，鼓励在环保领域作出突出贡献的青年。

美国在拜登执政期间积极地缓解和适应气候变化，为了转变不平等的社会和经济结构推动的气候挑战，联邦政府必须更好地协调围绕气候教育和劳动力发展的国家战略，以促进气候行动和气候正义。由于拜登政府希望在未来四年中采用更公平、具有前瞻性的气候解决方案，因此，优先进行气候教育和培训可以提高气候素养，培养"绿色"技能。联邦领导人如何推进新的绿色学习议程，授权美国全球变化研究计划（United States Global Change Research Program，USGCRP），这是一个释放气候教育和培训变革潜力的新框架。它提出了两项主要改进建议：①为 USGCRP 创建新的任务和预算，以协调有关气候教育和培训的联邦行动；②建立机构间气候赋权行动（Action for Climate Empowerment，ACE）工作组，以规划未来的计划和参与与教育部和劳工部合作。USGCRP 对全球变化知识的进步与应用做出了贡献，比如证实了大气中温室气体浓度水平上升与行星地球变暖之间的联系。

2021 年美国重返《巴黎协定》，提出《关于应对国内外气候危机的行政命令》《清洁能源革命与环境正义计划》和《建设现代化的、可持续的基础设施与公平清洁能源未来计划》，在政治上把气候变化纳入美国外交政策和国家安全战略。

气候变化教育

3.3.2 欧盟

欧盟是应对气候变化政策的重要推动力量之一，欧盟在应对气候变化政策方面采取了许多卓有成效的政策和措施，尤其是《京都议定书》生效后，欧盟应对气候变化的政策目标和任务更加明确，成效也更显著。

3.3.2.1 起步

20世纪中后期，是欧洲关于气候变化教育的起步阶段，在此阶段，欧洲多国发布了一系列与气候变化教育相关的环境政策等。从超国家层面来看，欧洲环保运动兴起于20世纪六七十年代，早期的环保运动促进了欧洲民众环保思想的启蒙和环保意识的形成。欧共体首脑会议首次强调了一个共同环境政策的重要性，后续通过《欧共体第一个环境行动计划》《能源与环境》等文件，第一次将环境政策目标明确为"减少人类活动对环境的破坏"。1993年生效的《马斯特里赫特条约》明确规定了欧盟有权就环境问题立法，加强了《单一欧洲法令》中的环境条款，规定环境保护的要求必须纳入共同体其他政策的制定和实施当中。1997年签署的《阿姆斯特丹条约》将"可持续发展"概念作为原则和目标列入其中，由此环保问题通过立法手段确立了其在欧洲议事日程中的重要地位，环境议题日益成为欧洲内政外交的重要组成部分①。欧盟第五个环境行动规划指出环境问题需要由政府、企业和公众共同承担，并表示应当对公众参与原则给予足够的重视和强调。1998年6月通过的《奥胡斯公约》也是旨在解决环境事务中信息获得、公众参与与决策和诉诸法律的相关问题。于1998年出台的《欧盟关于气候问题战略》文件，提出了欧盟应对气候变化的基本立场和战略方针。

从国家层面来看，各成员国家也依据本国的实际情况颁布了不同的政策文件。英国出版了许多纲领性文件，发布了《环境责任——高等教育议案》，制定了《环境教育策略》，作为高中、高等学校、职业教育和非职业教育中的环境教育提供了总体的框架。德国联邦教育部发表题为《未来的任务——环保教育》的报告，指出环境教育必须从小学开始，要制订连续性的教学大纲，运用各种手段，生动积极地搞好环境教育。到

---

① 李海东. 从边缘到中心：美国气候变化政策的演变［J］. 美国研究，2009，23（2）：20-35.

20 世纪 90 年代，德国大多数州的小学课程中都渗透了环境教育的内容[①]。希腊在 1990 年通过了一项法律，认可环境教育成为小学和中学课程的一部分[②]。西班牙环境部于 1983 年在巴塞罗那召开了首次全国环境教育会议，在 1987 年第二次全国环境会议的基础上，西班牙教育科学部拟写了学校系统中的国家环境教育策略方向，确立了"将环境教育纳入教育体制的战略"，并于 1990 年在议会通过了《教育系统组织一般法》，正式确立了环境教育作为一种多学科课程在学校中的地位[③]。

3.3.2.2 推进

欧盟的气候变化教育政策在超国家层面和各成员国国家层面的双层推进下，有了较大的发展。在 21 世纪初关于气候变化教育相关的政策更是推陈出新。

在这一时期，欧盟委员会制订并正式启动了"欧盟气候变化计划"。此外，在欧盟第六个环境计划期间（2002—2012 年），气候变化被列为四个优先领域之一，这极大地推动了欧盟气候政策的进一步发展。同时欧盟开展了第一个欧洲气候变化项目，提出《2020 年气候和能源一揽子计划》共同推进碳减排，注重低碳环保。2007 年，欧盟提出全球气候变化联盟倡议，将气候变化纳入国家发展政策和预算中。在此基础上，为了加强脆弱国家或团体对于气候变化问题的适应能力，2014 年欧盟提出了全球气候联盟旗舰倡议。2010 年 3 月 9 日，欧盟委员会发布题为"后哥本哈根国际气候政策：重振全球气候变化行动刻不容缓"的政策文件，对欧盟国际气候谈判的战略目标、谈判基础和路径等内容进行了阐述和界定。2020 年 9 月提出《欧洲气候法》的立法提案，于 2021 年 4 月达成政治一致，框定未来 30 年欧盟的减排目标，强调气候变化教育的重要性。

欧盟气候变化教育具体落实到了学校气候变化教育中，为了给学生一个真实的科学体验，并提高学生对科学和气候变化的态度，2006 年建

---

① 王永强. 欧美发达国家中小学课程改革的特点与启示 [J]. 当代教育论坛，2003（9）：100-103.

② 帕尔默. 21 世纪的环境教育：理论、实践、进展与前景 [M]. 北京：中国轻工业出版社，2002.

③ 祝怀新，刘晓楠. 西班牙环境教育的政策与实践探析 [J]. 外国教育研究，2004（7）：61-64.

立了一个名为"Carbon Schools"的欧洲项目。"Carbon Schools"旨在教室内外实施与学生日常生活密切相关的环境主题教育。

从国家层面来看，自2008年英国出台《英国气候变化法案》以来，欧洲主要国家应对气候变化的立法明显提速，已出台气候变化相关立法的地区包括：欧盟、德国、丹麦、挪威、芬兰、法国、瑞士。通过跟踪梳理欧洲主要国家的最新立法进展，归纳了欧洲国家通过立法不断提高温室气体减排目标、建立目标分解机制、借助专业监督机构的立法经验。

德国《联邦气候保护法》于2019年12月18日生效，属于框架性立法，明确了有法律约束力的国家减排目标。欧盟《奥斯纳吕布克宣言》(2021—2025年)主要关注的四个领域中其一就是可持续发展教育，设置了绿色技术与创新、循环经济等方面的学习与培训材料①。

3.3.3　日本

全球气候变化危机日益加深，大国对环境气候领域事物主导权的争夺日益激烈。日本作为环保大国以及较早推行环境外交的国家，积极参与气候变化国际合作和推动气候变化教育的发展。

3.3.3.1　起步

20世纪后期，日本开始开展公害教育，促进了环境教育和气候变化教育相关政策的颁布，这一时期就是日本气候变化教育政策的起步阶段。日本学校教育中的环境教育是以公害问题为契机，以公害教育的形式开始的。20世纪50年代中期以后，日本的社会经济高速增长，随之发生了许多公害问题，对人的健康和生态环境造成重大影响。在这一背景下，于1970年修订的"中小学学习指导纲要"是学校环境教育的开端。

从20世纪70年代以来，日本逐渐建立从小学到大学的环境教育体系，通过学校教育来培养公民的环境意识。此外，日本成立了环境教育研究会，文部省设立了特定科学教育研究经费，组织各大学、国立研究所、教育中心等展开环境教育研究。在1977年和1978年的教学大纲改订

① EU. Osnabrück Declaration on vocational education and training as an enabler of recovery and just transitions to digital and green economies [R/OL]. (2020-11-30) [2022-02-05]. https://www.cedefop.europa.eu/files/osnabrueck_declaration_eu2020.pdf.

中，增加了对保护人类生存的环境、尊重生命等与环境相关的教育内容。小学、初中和高中在相关教学科目中设立了有关环境的单元，开展了环境教育实践活动。

20世纪80年代，世界范围内环境问题进一步深刻化，并成为严重的社会问题。各国召开国际性环境教育会议，探讨学校教育如何适应环境问题，并促进各国环境教育的发展。20世纪80年代，日本提出"政治大国"的战略目标，同时日本在解决国内环境问题后，也开始把关注的目光转向了外部的环境问题。此外，日本采取了一系列措施来开展气候变化教育，如召开世界环境教育会议、设置环境教育恳谈会、成立世界环境与发展委员会、进一步充实和完善新教学大纲中环境教育的内容和指导力度等。值得注意的是，日本增加了"对环境等全球性问题的对策"这一新的课题，第一次将环境问题作为日本外交的课题之一来对待。

20世纪90年代，日本制定并公布了《环境基本计划》和《全球气候变暖对策基本法案》，从宏观上确立了国家应对气候变化的基本政策，但未涉及气候变化适应的具体措施。此外，日本创设了"地区环境保护基金"，对日本的环境教育事业发展具有重要的指导意义。1990年，日本环境教育学会正式成立，而后几年文部省陆续编辑出版了《环境教育指导资料》，标志着日本中小学环境教育的基本理念已经确立，并进入全面推进环境教育的新时期。

随堂讨论

日本在处理经济发展和生态文明建设方面成效卓著，请你分析日本环境教育的发展对建设我国生态文明具有哪些借鉴意义？

3.3.3.2　推进

进入21世纪，日本将环境素养的培养纳入教育目标并不断进行完善，其气候变化教育政策在前期相关政策的推动下处于持续推进的阶段。

在21世纪的第一个十年期间，日本制定了环境教育法，这是继美国以后的第二个正式制定法律的国家，标志着日本环境教育迈向了新的台阶，走向法制化。2004年在"关于增进环境保全意识以及推进环境教育的基本方针"中明确指出环境教育的目标是培养能够正确认识人与环境之间的关系，并自觉付诸行动，主动参与到可持续发展的社会当中的人才。此后，修改了教育基本法和学校教育法等与学校气候变化教育相关的内容。在这一时期，日本提出了"美丽星球50"构想，即在2050年实现全球温室气体排放量减半的目标，出台了《地球温暖化对策推荐法》，表明气候变化问题已成为人类共同的课题。

自 2010 年以来，日本众议院环境委员会通过了《气候变暖对策基本法案》，提出了日本中长期温室气体减排目标，并提出要建立碳排放交易机制以及开始征收环境税。同年，日本政府动用所有政策手段，制订并实施了综合减缓气候变化对策计划；日本针对《全球变暖对策推进大纲》所含的能源对策和控制温室气体排放源对策，制订了具体目标和措施。政府定期公布计划和措施的实施情况，依法监督落实，并利用各种手段加强与减缓气候变化有关的知识宣传、教育，要求学校开设环保课。值得注意的是，2013 年日本政府颁布了一项国家气候计划，旨在将排放量的速度比 2013 年减少 26％，培养人民的气候科学素养。此外，《气候变化适应法》生效，地方政府负责制订自己的气候变化适应计划，多个都道府县已建立气候变化研究中心。

2021 年 10 月 22 日，在第二十六届联合国气候变化大会（COP26）召开前夕，日本政府确定了涉及气候变化与能源转型的一揽子政策，当日集中出台了最新的《能源基本计划》《2030 年度能源供需展望》《巴黎协定下的长期战略》《日本国家自主目标贡献》《全球气候变暖对策计划》《适应气候变化计划》等政策文件，其中《能源基本计划》每三年修订一次。

3.3.4 中国

中国高度重视应对气候变化。作为世界上最大的发展中国家，中国实施一系列应对气候变化战略、措施和行动，参与全球气候治理，应对气候变化取得了积极成效。此外，中国积极地响应国际社会共同应对气候变化问题，制定了众多与气候变化教育相关的政策，也为全球应对气候变化作出了重大贡献。

3.3.4.1 起步

自新中国成立以来，中国在经济快速发展的同时，也面临着人均资源稀缺和生态脆弱的问题。尤其是改革开放后，中国经济的快速发展给环境和自然资源带来了巨大压力，对发展的可持续性提出了挑战。中国认识到教育对促进可持续发展的重要性，制定了与可持续发展教育 (Education for Sustainable Development, ESD) 和气候变化教育 (Climate

Change Education，CCE）有关的政策和举措。

　　提升公众环境意识，有助于普及和传播气候变化中的科学知识，所以中国的气候变化教育政策最早可追溯到 20 世纪末在巴西里约热内卢召开的环境与发展会议这一背景下，中国认为环境保护应以教育为本，并且要从加强中小学环境教育开始。此后，我国颁布的第一个国家级《21世纪议程》——《中国 21 世纪议程》，其中明确提出要求"加强对受教育者的可持续发展思想的灌输，在中小学普及环境教育，提高公众的环境意识，培养学生对环境的情感和对社会的责任感，从而改变对环境的不可持续行为和生活方式"，并提出在小学自然课程、中学地理等课程中纳入资源、生态、环境和可持续发展内容①。然后，我国正式提出将科教兴国和可持续发展作为国家发展的基本战略，并启动了国家环境宣传教育计划，将环境教育与素质教育议程联系起来。同期启动了国家支持的绿色学校倡议，以鼓励中国各地的学校参与环境教育。1997 年，教育部与世界自然基金会和英国石油公司合作，建立了全国范围内的环境教育者倡议，将环境教育纳入主流，并在中国学校推广。

　　同时，中国将"节粮、节水、节能、保护环境"的基本国策纳入中小学课程中，重视可持续发展理念和基本知识的渗透。1978 颁布的《九年制义务教育全日制小学、初中教学计划（试行草案）》指出环境教育要在相关学科教学和课外活动中进行，并提出了可试验单独设课或开设讲座。1990 年颁布的《现行普通高中教学计划的调整意见》要求普通高中开设环境保护选修课②。1991 年，颁布的《中小学加强中国近代史及国情教育的总体纲要》要求地理学科中加强人口、资源与环境教育的国情教育。《九年义务教育全日制小学、初级中学课程计划（试行）》中规定小学自然、社会、地理等学科应重视环境教育。《全日制普通高级中学课程计划（试验）》指出高中环境教育主要渗透在劳技、生物、地理等学科，也可利用选修课、活动课开设讲座。从 20 世纪 80 年代中期以来，环境教育已在我国各地中小学开展并取得了一定的成效，积累了很多经验，

---

　　① 中华人民共和国国务院新闻办公室. 1994 年 3 月 25 日 国务院常务会议通过《中国 21 世纪议程（草案）》［R/OL］.（2011-03-25）［2022-02-07］. http//www. scio. gov. cn/wszt/wz/Document/880092/880092. htm.

　　② 国家教委关于现行普通高中教学计划的调整意见［J］. 人民教育. 1990（6）：9-10.

对于环境知识的普及、环境意识的提高起到了重要的作用。

3.3.4.2 推进

中国在 20 世纪末开始加强中小学环境教育、提出可持续发展作为国家发展的基本战略、支持绿色学校倡议后,其环境教育和可持续发展教育有了迅速的发展,国家也加快了与之相关的气候变化教育在政策上的支持。在进入 21 世纪后,教育部、生态环境部等部门和中央人民政府出台了众多环境教育政策以及气候变化教育政策,其气候变化教育政策进入了持续推进阶段。

在 2000—2010 年期间,中国出台了几个最具有标志性的政策。2003 年,继可持续发展战略之后,颁布了《中国 21 世纪初可持续发展行动纲要》,也提出了"科学发展观"作为国家发展的重要理念[①]。自 2007 年《中国应对气候变化国家方案》发布以来,国家、部门和地方相继发布了一系列适应气候变化政策,推动了我国适应气候变化政策的快速发展[②]。同年,中国启动了《应对气候变化国家规划》,明确了适应和减缓气候变化的指导思想、原则和目标、重点行动领域、政策措施。2008 年 10 月,国务院颁布的《中国应对气候变化的政策和行动》白皮书中指出中国将进一步促进气候变化教育和培训,环境教育力度不断加大[③]。

在学校教育方面,教育部决定将环境教育正式纳入中小学课程,并且颁行了许多在学校开展环境教育的政策。比如,2003 年教育部颁布了《中小学环境教育专题教育大纲》《中小学环境教育实施指南(试行)》和《国家中长期教育改革和发展规划纲要(2010—2020 年)》等。《中小学环境教育专题教育大纲》规定在中小学开设环境教育专题教育课。《中小学环境教育实施指南(试行)》明确指出我国中小学环境教育的目标、学习内容、实施建议、评价建议,标志着中国基础教育中环境与可持续教育

---

① 中华人民共和国中央人民政府. 国务院关于印发中国 21 世纪初可持续发展行动纲要的通知 _ 2003 年第 7 号国务院公报[R/OL]. (2003-01-14)[2022-02-08]. http//www.gov.cn/gongbao/content/2003/content _ 62606.htm.

② 彭斯震,何霄嘉,张九天,等. 中国适应气候变化政策现状、问题和建议[J]. 中国人口·资源与环境. 2015,25(9):1-7.

③ 中华人民共和国中央人民政府. 白皮书:中国应对气候变化的政策与行动[R/OL]. (2008-10-29)[2022-02-09]. http//www. gov. cn/zhengce/2008-10/29/content _ 2615768.htm.

的重要性日益凸显①。2010 年，教育部发布国家教育战略——《国家中长期教育改革和发展规划纲要（2010—2020 年）》，明确强调教育促进可持续发展②。这也是我国教育部出台的第一个环境教育指导政策。自此，教育促进可持续性发展被正式纳入国家教育政策。为贯彻落实《国家中长期教育改革和发展规划纲要（2010—2020 年），环境保护部和教育部等机关于 2011 年制定了全国环境宣传教育行动纲要（2011—2015 年）》③。

自 2011 年以来，中国开始大力推进生态文明的建设，将应对气候变化工作与生态文明建设有机结合，相互促进。在这一阶段，中国提出了"绿色发展"的概念，颁发了《中共中央国务院关于加快推进生态文明建设的意见》，进一步指出"把生态文明教育作为素质教育的重要内容，纳入国民教育体系和干部教育培训体系"④。

此外，党的十八大报告提出"加强生态文明宣传教育"，这是首次在国家重要文件中对生态文明教育作出明确要求⑤。中共十九大报告也强调，中国要"引导应对气候变化国际合作，成为全球生态文明建设的重要参与者、贡献者、引领者"，首次把引领气候治理和全球生态文明建设写进党的报告，并明确把推动构建人类命运共同体作为中国外交的重要理念和目标⑥。在我国生态文明建设中，气候变化问题日益成为我国环境

① 中华人民共和国教育部. 教育部关于印发《中小学环境教育实施指南（试行）》的通知［R/OL］.（2003-10-13）［2022-02-08］. http//www. moe. gov. cn/srcsite/AO6/s7053/200310/t20031013 _ 181773. html.

② 中华人民共和国教育部. 国家中长期教育改革和发展规划纲要（2010-2020年）［R/OL］.（2010-07-29）［2022-02-09］. http//www. moe. gov. cn/srcsite/A01/s7048/201007/t20100729 _ 171904. html.

③ 中华人民共和国生态环境部. 关于印发《全国环境宣传教育行动纲要（2011—2015 年）》的通知［R/OL］.（2011-04-22）［2022-02-10］. https://www. mee. gov. cn/gkml/hbb/bwj/201105/t20110506 _ 210316. htm.

④ 中华人民共和国中央人民政府. 中共中央国务院关于加快推进生态文明建设的意见［R/OL］.（2015-05-05）［2022-02-11］. http//www. gov. cn/xinwen/2015/05/05/content _ 2857363. htm.

⑤ 胡锦涛. 胡锦涛在中国共产党第十八次全国代表大会上的报告［R/OL］.（2012-11-18）［2022-02-10］. cpc. people. com. cn/n/2012/1118/c64094-19612151. html.

⑥ 中华人民共和国中央人民政府. 国务院关于印发国家教育事业发展"十三五"规划的通知［R/OL］.（2017-01-19）［2022-02-11］. http// www. gov. cn/zhengce/content/2017-01/19/content _ 5161341. htm.

治理中的首要议题。2019年教育部办公厅等四部门发布的《教育部办公厅等四部门关于在中小学落实习近平生态文明思想、增强生态环境意识的通知》要求各级教育行政部门和中小学校加强生态环境保护教育，高度重视落实习近平生态文明思想进校园工作①。2021年2月，生态环境部等六部门共同制订并发布《"美丽中国，我是行动者"提升公民生态文明意识行动计划（2021—2025年）》，重点部署了生态环境教育工作，提出要将生态文明教育纳入国民教育体系，完善生态环境保护学科建设，加大生态环境保护高层次人才培养力度②。

关于中国气候变化教育政策在职业教育和义务教育阶段的实践有以下部分。2012年，环境保护部和教育部共同颁布了关于建立中小学环境教育社会实践基地的通知，决定联合建立中小学环境教育社会实践基地，深入开展环境教育活动③。2015年教育部印发《中小学生守则（2015年修订）》，提出"勤俭节约护家园，低碳环保生活"，要求中小学生养成节约资源、保护环境的行为习惯④。2017年出台《中小学德育工作指南》，将生态文明教育作为重要的德育内容加以强调⑤。同时为适应党的十八大要求的中国经济结构的战略调整，教育部提出了《关于"十二五"职业教育教材建设的若干意见》等政策措施，推动我国职业教育改革，顺应新形势需要，将绿色经济、循环经济、低碳经济等现代产业理念和技术

---

① 中华人民共和国教育部. 教育部办公厅等四部门关于在中小学落实习近平生态文明思想、增强生态环境意识的通知［R/OL］.（2019-10-10）［2022-02-11］. http//www. moe. gov. cn/srcsite/A26/s7054/201910/t20191022 _ 404746. html? spm = zm5056-001.0.0.1/lhtO5I&from=timeline.

② 中华人民共和国生态环境部. 关于印发《"美丽中国，我是行动者"提升公民生态文明意识行动计划（2021—2025年）》的通知［R/OL］.（2021-02-23）［2022-02-12］. http//www.mee.gov.cn/xxgk2018/xxgk/xxgkO3/202102/t20210223 _ 822116. html.

③ 中华人民共和国生态环境部. 环境保护部 教育部关于建立中小学环境教育社会实践基地的通知［R/OL］.（2012-09-10）［2022-02-13］. http// www.mee.gov.cn/gkml/hbb/bwj/201209/t20120918 _ 236368.htm.

④ 中华人民共和国教育部. 教育部关于印发《中小学生守则（2015年修订）》的通知［R/OL］.（2015-08-25）［2022-02-13］. http//www.moe.gov.cn/srcsite/AO6/s3325/201508/t20150827 _ 203482.html.

⑤ 中华人民共和国教育部. 教育部关于印发《中小学德育工作指南》的通知［R/OL］.（2017-08-22）［2022-02-13］. http// www.moe.gov.cn/srcsite/A06/s3325/201709/t20170904 _ 313128.html.

融入教材建设的各个方面①。

2021 年 5 月，教育部副部长郑富芝在线出席联合国教科文组织世界可持续发展教育大会部长级圆桌会议，指出中国以生态文明教育为重点，将可持续发展教育纳入国家教育事业发展规划，取得了显著成就。2021 年 10 月 27 日，国务院新闻办公室发表了《中国应对气候变化的政策与行动》白皮书，表示中国继续坚定不移坚持多边主义，与各方一道推动《公约》及《巴黎协定》的全面平衡有效持续实施，脚踏实地落实国家自主贡献目标，强化温室气体排放控制，提升适应气候变化能力水平，为推动构建人类命运共同体作出更大努力和贡献，让人类生活的地球家园更加美好②。2021 年 11 月 16 日，全国生态环境宣传教育工作会议在京召开，会议指出生态环境宣教工作是贯彻落实习近平生态文明思想、深入打好污染防治攻坚战的前沿阵地和重要支撑，是生态环境保护事业的重要组成部分③。习近平生态文明思想基于对全球生态命运共同体的塑造，推进了世界各国生态共识的建构，全球环境合作多元实践的开展，契合了低碳转型的现实诉求。在过去的一年，习近平总书记更是多次论述碳达峰、碳中和对于我国生态文明建设与全球气候变化应对的重要性。

以上所述的中国气候变化教育政策及习近平总书记提出的"绿水青山就是金山银山""人类命运共同体""生态文明建设"等思想极大深化了公众对环境和气候变化的认识，有力地推动了我国的环境教育和气候变化教育。中国的可持续发展政策和举措将教育视为提高公民应对可持续发展的意识和调整他们的行为方向以实现可持续和绿色发展的不可或缺的组成部分。在中国，气候变化教育相关活动的发展主要是由中国的气候变化教育政策和倡议推动的。尽管我们对气候变化的认识在日益加深，但在中国，气候变化教育的概念仍处于起步阶段，气候变化教育在

---

① 中华人民共和国教育部. 教育部关于"十二五"职业教育教材建设的若干意见［R/OL］. （2012-11-13）［2022-02-10］. www. moe. gov. cn/srcsite/A07/moe _ 953/201211/t20121113 _ 144702. html.

② 中华人民共和国中央人民政府. 中国应对气候变化的政策与行动［R/OL］. （2021-10-27）［2022-02-14］. http//www. gov. cn/zhengce/2021-10/27/content _ 5646697. htm.

③ 中华人民共和国生态环境部. 2021 年全国生态环境宣传教育工作会议召开［R/OL］. （2021-11-16）［2022-02-14］. http//www. mee. gov. cn/ywdt/hjywnews/202111/t20211116 _ 960534. html.

教育政策和实践中仍处于边缘化状态。

随堂讨论

1. 查阅国际与我国气候变化教育相关资料,请你思考从政策方面如何推动气候变化教育的发展?

2. 结合本节的内容,对比美国、欧盟、日本和我国在应对气候变化问题上,所采取的与教育相关的政策和行动。

本章小结

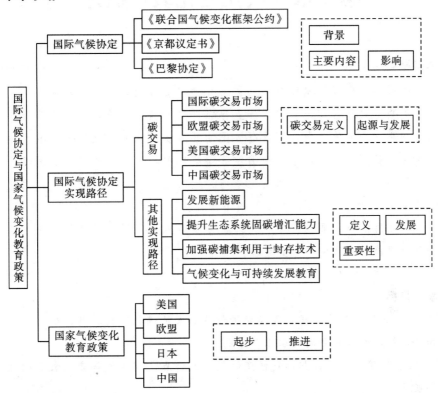

平台链接

《联合国气候变化框架公约》https://unfccc.int/sites/default/files/convchin.pdf

《京都议定书》https://unfccc.int/resource/docs/convkp/kpchinese.pdf

《巴黎协定》https://unfccc.int/files/meetings/paris_nov_2015/application/pdf/paris_agreement_chinese.pdf

《中国应对气候变化的政策与行动》http://www.gov.cn/zhengce/2021-10/27/content_5646697.htm

第4章　气候变化教育概述

本章概要

气候变化教育是积极应对气候变化的必要支柱，与环境教育、可持续发展教育关系密切，它在内涵上存在广义和狭义区别，但在实践上具有共同目标和价值取向，即提高公民的气候变化素养。气候变化教育的发展深受教育学、心理学、传播学等学科影响，它们为气候变化教育的组织原则、气候变化行为的发生原理、气候变化素养的培养机制提供了理论基础。经过全球各国及组织的不懈努力，气候变化教育经历了萌芽、形成和发展三个重要的阶段，当前正逐步进入发展深化阶段，未来气候变化教育将在实践中进一步完善。

学习目标

1. 运用文献法，梳理气候变化教育的发展过程，说出其与环境教育和可持续发展教育之间的联系与区别。

2. 运用比较法，归纳气候变化教育的特点，阐述气候变化教育的主要任务。

3. 运用系统方法，描述气候变化素养的内涵结构，说明其与气候变化教育的关系。

4. 运用案例法，说明气候变化教育的公共传播、环境友好行为和活动教学等理论基础。

气候变化教育

气候变化教育是一个新兴教育领域，目前其学科性质、教育目的和功能还缺乏明确的规定。本章尝试从气候变化教育的起源发展、价值目标和理论基础等方面，梳理气候变化教育教学的核心基础。这有利于明确气候变化教育的学科性质、目的和功能，从而揭示气候变化教育各要素相互作用的基本规律，为开展相应的教学提供实践指导。

4.1　气候变化教育的起源与发展

20 世纪 90 年代起，国际社会在推动气候变化讨论的同时，开始关注教育在应对气候变化中的作用。气候变化教育与环境教育、可持续发展教育关系密切，一般认为气候变化教育是环境教育与可持续发展教育的分支。因此，本节将从环境教育和可持续发展教育的演化视角出发，介绍气候变化教育的起源与发展。

4.1.1　环境教育的发展

4.1.1.1　环境教育的概念

环境教育的概念随人类认识和实践的发展而不断完善。1970 年，国际自然与自然资源保护同盟和联合国教科文组织召开了"环境教育国际会议"，会议首次提出：环境教育是一个认识价值、弄清概念的过程，目的是发展一定的技能和态度，帮助人们对环境问题做出决策，对自身行为作出制约[1]。《中国百科大辞典》认为，环境教育是借助教育手段使人们认识、了解环境问题，获得治理环境污染和防止新的环境问题产生的知识和技能，并树立正确的人与环境关系的价值观，以便通过社会成员的共同努力保护人类环境[2]。

综合上述特点，较为广泛接受的环境教育定义为：环境教育是一个涉及整个教育过程的教育领域。在个人和社会现实需求的基础上，借助所有教育手段和形式在整个课程体系（包括隐性课程）的实践中，使学生掌握相关的知识技能，形成关注环境质量的责任感和把握环境与发展关系的新型价值观，并以此改变他们的行为模式，从而在根本上促进人类可持续发展战略[3]。由此可见，首先，环境教育具有明显的跨学科性，广泛涉及自然科学和社会科学领域。其次，环境教育指向受教育者综合

---

① 古德森. 环境教育的诞生：英国学校课程社会史的个案研究 [M]. 贺晓星，仲鑫，译. 上海：华东师范大学出版社，2001.

② 中国百科大辞典编委会. 中国百科大辞典 [M]. 北京：华厦出版社，1990.

③ 祝怀新. 环境教育的理论与实践 [M]. 北京：中国环境科学出版社，2005.

素质的培养，需要系统全面地通过整个学校课程体系的学习来落实。最后，环境教育还具有可持续性，注重培养受教育者从可持续发展角度认识人类活动和环境问题。

4.1.1.2　环境教育的发展历程

（1）环境教育的兴起

环境教育最早可以追溯到卢梭的自然教育思想和欧美早期的户外教学思想，即到自然环境中学习。20世纪五六十年代，工业革命导致环境污染日趋严重，环境问题日益凸显，特别是令人震惊的"世界八大公害事件"，引起了全世界对环境问题的重视，推动了"环境教育"概念、环保组织和环境法的出现，环境教育就诞生于这样的背景之下。1962年美国海洋生物学家蕾切尔·卡逊（Rachel Carson）撰写的《寂静的春天》出版，该书引发了全世界对人类与环境关系的思考，推动了环境教育在世界范围内的普及和环境教育概念的国际化，标志着环境教育的兴起。1968年，世界上第一个国际性非政府环境保护组织——罗马俱乐部诞生。该组织的工作目标是关注、探讨与研究人类面临的共同环境问题，核心思想是推动"零增长"理论①。俱乐部成立后相继发布了《增长的极限》等系列影响深远的报告，第一次提出了地球和人类社会发展的极限，对人类社会不断追求增长的发展模式提出了质疑和警告。该报告的发布推动了人类环境保护运动的快速发展，也开创了非政府组织参与环境教育的先河。1969年，美国成立环境质量委员会，通过了世界上第一部环境教育法，促进了美国环境教育的正规化。

总的来说，环境教育起源于公众对环境问题的关注，20世纪70年代前的环境教育初步形成了国际层面的环境教育体系，其教育内容更多关注环境知识的科普，主要通过引导学生亲身体验，从而提高对环境问题的感性认识。

（2）环境教育的推进

自20世纪70年代起，环境教育进入持续推进阶段。这一阶段的标志

---

① "零增长"理论主张从自然条件、资源、环境等方面论证经济增长的"极限"，或者从社会经济角度论证经济增长是不可取，不值得的。根据该理论，就世界各国当前的技术和能力，如果经济继续增长，到2100年世界将出现极度环境污染，粮食匮乏，人口过多，自然资源耗尽，人类将最终毁灭。

性事件是伴随着一系列国际会议的召开和重要环境教育理论的出现，环境教育的国际影响力持续扩大，逐渐形成规范体系。

首先，在20世纪70年代召开的三次重要国际会议，正式奠定了环境教育在教育领域的地位。1972年，联合国在斯德哥尔摩召开人类环境大会，发表了《关于人类环境的斯德哥尔摩宣言》，呼吁保护和改善人类环境，提出"必须对年轻一代、成人和处境不利群体进行环境问题的教育"，尤其强调了教育的作用，这标志着国际环境教育的诞生；1975年，贝尔格莱德国际环境教育研讨会召开，会议诞生了世界第一个政府间环境教育国际声明——《贝尔格莱德宪章——环境教育的全球框架》，提出了环境教育的基本理念和框架；1977年，在第比利斯召开的会议通过了《第比利斯政府间环境教育宣言和建议》（以下简称《第比利斯宣言》），明确了环境教育的终身性、跨学科性和整体性特征，并指出了环境教育包含意识、知识、态度、技能以及参与五个方面的目标，以上内容至今仍影响着许多国家环境教育的发展[①]。三次国际会议，使人们逐步对环境教育的定义、性质、目标有了较为清晰的认识，为环境教育的实践提供了指导。

拓展阅读 ～～～～～～～～～～～～～～～～～～～～～～～～～～～～～～～

三次环境教育重要会议

（1）联合国人类环境会议——环境教育国际化

时间：1972年6月　　　　　　　　地点：瑞典斯德哥尔摩

会议成果：《关于人类环境的斯德哥尔摩宣言》；会议后成立了联合国环境规划署。

内容节选：联合国体系里的组织，特别是联合国教科文组织，以及其他有关的国际组织应当采取必要的行动，建立一个国际性的环境教育规划署。环境教育是一门跨学科课程，涉及校内外各级教育，对象为全体大众，尤其是普通市民……以便使人们能根据所受的教育，采取简单的步骤来管理和控制自己的行为。

（2）贝尔格莱德国际环境教育研讨会——提出了环境教育的基本理

———————————————
①　柴慈瑾，田青，杨珂，等．全球环境教育的进展与趋势分析［J］．北京师范大学学报（社会科学版），2009，（6）：135-137.

念和框架

时间：1975 年 10 月　　　　　地点：塞尔维亚贝尔格莱德

会议成果：《贝尔格莱德宪章——环境教育的全球框架》，提出了环境教育的基本理念和框架，阐述了环境教育的目的、性质、原理以及基本的指导政策，是国际环境教育的纲领性文件。

内容节选：环境教育的目的在于提高对城乡地区在经济、社会、政治、生态方面存在的相互依赖关系的认识与关注；为每一个人提供机会，使他们获取环保和改善环境的知识、价值观、态度、责任感和技能；创造个人、群体和整个社会环境的新的行为模式。

（3）第比利斯首届政府间环境教育大会——确立了国际环境教育的基本理论和体系

时间：1977 年 10 月　　　　　地点：格鲁吉亚第比利斯

会议成果：《第比利斯宣言》，强调了环境教育的对象和实施途径，补充了环境教育是一个全面的终身教育的过程，具有跨学科性和整体性的特征，为全球环境教育提供了具有操作性的框架。

内容节选：环境教育应面向各个层次所有年龄的人，并应包括正规教育和非正规教育。大众媒介必须担负起重要的责任……环境教育应是一种全面的终身教育，能够对这一瞬息万变的世界中出现的各种变化作出反应。环境教育应该促使人们理解当今世界的主要问题……环境教育必须面向社会，它应促使个人在特定的现实环境中积极参与问题解决的过程……

摘自：

田青，胡津畅，刘健，等. 环境教育与可持续发展的教育联合国会议文件汇编［M］. 北京：中国环境科学出版社，2011.

其次，环境教育相关理论和实践逐渐丰富，开始确立环境教育的国际统一行动，引导了环境教育实践的开展。1972 年英国学者卢卡斯在其博士论文中提出著名的"卢卡斯模式"，归纳出环境教育的三条线索："关于环境的教育""在环境中的教育"和"为了环境的教育"[1]。英国学

---

① 印卫东. 环境教育的新理念：从"卢卡斯模式"谈起［J］. 教育研究与实验，2009（S2）：19-22.

校教学委员会首先采纳了该理论，并将其作为中小学环境教育的理论基础。卢卡斯模型深刻影响了世界各国的环境教育发展。同年，为纪念联合国人类环境会议开幕，联合国把每年的 6 月 5 日定为"世界环境日"，要求各国在这一天开展保护和改善人类环境的各类活动。总体而言，这一阶段环境教育在理论和实践层面得到丰富和发展，但并未将环境教育作为独立的学校课程，其更多是以户外教育和综合实践活动的形式开展。

（3）环境教育的新发展

20 世纪八九十年代，伴随着环境教育的国际化和环境教育理论的逐渐成熟，环境教育实践得到快速发展。这一阶段，各国在学校教育中推行环境教育，单独开设环境课或在各科教学中渗透，环境教育由自发状态，转为自觉、正规的组织形式。到 21 世纪，由于西方国家对环境问题和环境教育认识的深入，环境教育研究由从生态、自然领域拓展到经济、社会文化领域，并开始注重它们之间的联系[①]。同时，相关研究开始关注环境问题背后的社会原因，针对人类活动对环境问题的影响提出质疑和批判。值此背景，环境教育发展的新方向——可持续发展教育应运而生。

中国环境教育诞生于国际环境教育的大背景下，其起步和发展历程无不受到国际环境教育的深刻影响。与国际环境教育的步调一致，中国环境教育起步于 20 世纪 70 年代。1973 年召开的第一次全国环境保护会议标志着中国环境教育诞生。在起步阶段，中国形成了以政府主导、社会教育为主体、学校教育为主渠道的大环境。1983 年召开的第二次全国环境保护会议上，环境保护被确立为一项基本国策，标志着中国环境教育开始进入奠基和发展阶段。在奠基阶段，中国环境教育开始注重学校教育的重要性，基本形成社会教育与学校教育并行的环境教育体系。到 20 世纪 90 年代，国际上兴起了可持续发展思潮，中国环境教育受此影响，也开始转向可持续发展教育。

随堂讨论

请根据国际环境教育发展的时间线索，课后梳理我国环境教育的发展历程。

---

① 王民，蔚东英，霍志玲. 论环境教育与可持续发展教育［J］. 北京师范大学学报（社会科学版），2006，（3）：131-136.

4.1.1.2　环境教育的目标和内容

（1）环境教育的目标

随着环境教育的持续发展，其目标也在不断深化。1972年斯德哥尔摩会议提出环境教育的目标在于提高公民的环境保护意识，使普通大众能够具备一定能力管理和控制自己的行为。1975年贝尔格莱德会议又提出了环境教育的三点目标："进一步认识并关注城乡地区在经济、社会、政治、生态方面的相互依赖关系；为每一个人提供获取保护和改善环境的知识、价值观、态度、责任感和技能的机会；创造个人、群体和整个社会环境行为的新模式。"[①]　到1977年，《第比利斯宣言》明确提出环境教育的目标包含意识、知识、态度、技能和参与五项目标。这五项目标分别指向普通个体和社会群体，其中，"意识"指对整个环境及其问题的意识；"知识"指获得对环境及其问题的经验和理解；"态度"指形成一系列有关环境的价值观和态度，以及主动参与改善和保护环境的动机；"技能"指认识和解决环境问题所需的技能；"参与"指为公众提供多层次讨论环境问题解决的机会[②]。《第比利斯宣言》提出的五项目标，规定了环境教育的发展方向，此后世界各国围绕上述各项目标，调整和重组了本国的目标体系。不过，随着国际社会对环境与发展问题关注重点的改变，以上五项目标的具体内涵也需要及时进行调整和更新。

（2）环境教育的内容

环境教育包含环境知识、生态伦理、生态美学、环境文化等多项内容，其本质是环境价值观教育。伦敦大学教授卢卡斯所创建的环境教育模式，为环境教育内容大致梳理出"关于环境的教育""通过环境的教育""为了环境的教育"三条主线[③]。

"关于环境的教育"是环境教育的核心，强调环境教育的知识内容，如气候、土壤、植被等基础知识。它要求受教育者学习环境与人类复杂关系的基础概念和过程，发展环境友好态度，主要对象是确定的环境问

①　帕尔默. 21世纪的环境教育：理论、实践、进展与前景［M］. 田青，刘丰，译. 北京：中国轻工业出版社，2002.

②　徐辉，祝怀新. 国际环境教育的理论与实践［M］. 北京：人民教育出版社，1998.

③　陈丽鸿. 中国生态文明教育理论与实践［M］. 北京：中央编译出版社，2019.

题和各种环境关系，通常以教师讲授为主，辅以调查、发现等方法。英国《国家课程》详细列出了环境教育的内容，即环境教育的核心是让人类意识到以下四个方面的内容：①人类是地球系统的一部分，人类有能力改变系统中人类、社会与自然环境之间的关系；②能广泛地了解地球环境，包括自然环境与人造环境；③能了解人类面临的地球环境问题的基本原理及解决方法；④具备保护地球环境的意识①。

"通过环境的教育"即在环境中的教育，强调让受教育者获得关于环境的"技能和能力"。其将环境作为一种资源加以利用，强调立足地方实际，开展户外实践和调查，让受教育者通过亲临环境获得个人体验和感悟，与大自然发生情感连接，同时提高实践能力。通过环境中的教育，受教育者一方面可以观察、记录并解释所观察到的事物，另一方面还可以领略自然环境之美，积极主动参与现实环境问题的讨论。

"为了环境的教育"是一种强调环境关怀的教育，意在培养受教育者道德而公正的态度和价值观念，由内而外地转变个人行为，长效落实环境教育的目标。该视角下的环境教育主要涉及价值、态度和正面行动，强调运用批判质疑的方法，帮助受教育者建立对环境的个人责任感和公允的价值观念，从而使个人行为向对地球环境更具积极意义的方向转变。

以上三条主线虽分工不同，却相互交织、相互作用。一般认为，"关于环境的教育"是基础，知识的掌握为技能和价值观的发展提供可能；"通过环境的教育"是手段，有助于情感态度的培养，强化环境知识的理解；"为了环境的教育"是目标，统筹前面两点。只有将三条主线整合为完整的环境教育内容，才能最终实现环境教育在认知、技能、态度的综合目标，培养受教育者的环境素养。

随着可持续发展教育的开展，"为了环境的教育"的重要性不断提高，这预示着环境教育将向可持续发展教育转变。

随堂讨论

1. 尝试归纳社会中主要的环境问题，选择其中一个思考其产生的原因及影响。

2. 综合所有环境问题，思考解决环境问题的根本途径是什么？

---

① 张建珍. 中学地理教育走向"田野"意义、方法与保障［M］. 杭州：浙江大学出版社，2017.

4.1.2　可持续发展教育的推进

虽然全球环境保护工作在不断推进，但环境恶化问题并未被遏制，这促进了人们对环境教育的反思——环境教育过度集中于环境问题，而对人类或经济发展议题关注较少。在此反思中，可持续发展的概念被提出，它为环境保护和人类社会发展确立了新方向。那什么是可持续发展（Sustainable Development）？可持续发展教育（Education for Sustainable Development）又是什么呢？

4.1.2.1　可持续发展与可持续发展教育的概念

（1）可持续发展概念的提出

1983 年，世界环境与发展委员会（World Commission on Environment and Development，WCED）在第三十八届联合国大会上成立。该组织在挪威前首相布伦特夫人领导下，于 1987 年向联合国提交了《我们共同的未来》（也称《布伦特兰报告》）报告，报告中首次提出"可持续发展"的概念。据此，可持续发展有了经典定义："既满足当代人的需要，又不危及后代人满足其需要的能力的发展。"该报告对传统发展方式进行了反思，把人类面临的环境问题与社会、经济、人口等方面综合联系，同时为世界实现可持续发展提出了具体建议，形成了一个从理论到实践的完整框架。可持续发展理论得到了世界各国的普遍认同。该报告也为之后《21 世纪议程》的通过奠定了理论基础。

此后，可持续发展的含义不断得到发展和丰富。1991 年，世界自然保护联盟和联合国环境规划署等组织发表了《保护地球——可持续生存》一书，将可持续发展定义为"在生存与不超过维持生态系统涵养能力的情况下，提高人类的生活质量"，它从社会属性方面定义了可持续发展。1993 年联合国教科文组织在人口与发展国际大会中提出"人口、资源与可持续的人类发展"是三位一体的，不可分割、相互影响。其后可持续发展的内涵常概括为生态持续发展、经济持续发展和社会持续发展三方面，如图 4-1-1 所示。

随着可持续发展概念的提出和发展，国际社会开始对环境教育的性质、目标和内容等问题进行新的思考，提出环境教育除了要考虑环境问题本身外，还需包含与环境有关的人口、生态、资源、经济发展等社会议题，这时环境教育开始转向可持续发展。1988 年，联合国教科文组织提出了"为了可持续发展的教育"，"可持续发展教育"思想开始出现。

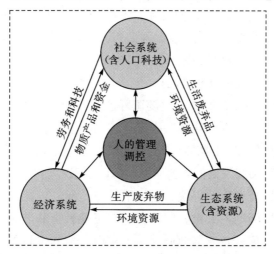

（生态、经济、社会三者在联系和制约中组成可持续发展系统。其中生态可持续发展是基础、经济可持续发展是条件、社会可持续发展是目的）

图 4-1-1　可持续发展系统示意图

（2）可持续发展教育的概念

由于可持续发展概念本身的发展性，且不同区域文化理解存在差异，可持续发展教育的内涵存在多样性。在联合国教科文组织公布的《联合国教育促进可持续发展十年（2005—2014 年）——国际实施计划》中对可持续发展教育的界定是，可持续发展教育基本上是价值观念的教育，核心是尊重：尊重他人，包括现代和未来的人们；尊重差异与多样性；尊重环境；尊重我们居住星球上的资源[①]。教育的作用在于帮助理解个体与他人、与环境、社会的联系。王民教授认为可持续发展教育应该理解为"为了可持续发展的教育"，即可持续发展教育是以跨学科活动为特征，培养学习者的可持续发展意识，增强个人对人类环境与发展相互关系的理解和认识，培养他们分析环境、经济、社会与发展问题以及解决这些问题的能力，树立起可持续发展的态度和价值观[②]。

---

　　① 史根东，王桂英. 可持续发展教育基础教程［M］. 北京：教育科学出版社，2009.

　　② 王民. 可持续发展教育概论［M］. 北京：地质出版社，2006.

4.1.2.2　可持续发展教育的发展历程

可持续发展教育是 21 世纪环境教育的目的与内容的新取向①。它整合并扩展了过去的环境教育的内涵，不再局限于改善与保护自然环境，而是从人地关系的良性发展出发，强调为人类社会的可持续发展作贡献，实现生态环境可持续发展的长远目标。

（1）可持续发展教育的兴起

与可持续发展教育有关的重要国际宣言和章程颁布。1992 年 6 月，联合国在巴西里约热内卢召开联合国环境与发展会议，发布了《里约环境与发展宣言》（又名《地球宪章》）和《21 世纪议程》，两份文件都强调了公众参与对可持续发展的重要作用。《21 世纪议程》明确提出"面向可持续发展而重建教育"的倡议，它指出教育是促进可持续发展和为人类解决环境和发展问题的关键，应该组织起正规教育和非正规教育，构建和推进可持续发展教育。与此同时，为实现可持续发展的目标，教育内容应该超越环境问题，融入诸如社会公平、人与环境、人与人之间关系以及生物和文化多样性等内容。与环境教育相比，可持续发展教育不仅要解决人类社会的可持续发展问题，还要解决作为单一个体的人的可持续发展问题，同时关注主体的发展，注重受教育者生存质量的提高②。

1994 年，为完成《21 世纪议程》第 36 章《促进教育、公众意识和培训》的任务，联合国教科文组织提出"可持续发展教育"的国际创意计划——"环境、人口和教育（Environment Population and sustainable Development，EPD)"计划，它是一个行动计划，目的在于促成行动变化和培养新态度。

（2）可持续发展教育的发展

首先，可持续发展教育的理念传播和内容逐渐完善。2002 年 12 月，第五十七届联合国大会通过了将 2005—2014 年确立为"可持续发展教育十年"（Decade of Education for Sustainable Development，DESD）的决议。2005 年，项目正式启动，标志着世界可持续发展教育进入新的阶段。2014 年，联合国教科文组织继续发布了《全球可持续发展教育行动计划

---

① 祝怀新. 面向可持续发展：环境教育新理念 [J]. 教育理论与实践，2001 (12)：16-19.

② 王民. 论环境教育与可持续发展教育 [J]. 北京师范大学学报（社会科学版），2006 (3)：131-136.

(2015—2019)》,推动了可持续发展教育的理念传播和实践发展。近年来,为探索教育应对可持续发展目标(Sustainable Development Goals, SDGs)的理论和实践,各国持续推动可持续发展教育成为课程的重要组成部分。2021年5月,联合国教科文组织和德国政府合作召开本世纪内第三次世界可持续发展教育大会,发布了《2030可持续发展教育路线图》《为我们的星球而学习》等成果文件。大会呼吁学习者为可持续发展采取变革性行动,以塑造一个不同的未来①。如表4-1-1所示。

表 4-1-1　与可持续发展教育有关的重要国际宣言或章程②

年份	机构或会议	承诺文件	承诺内容
2002年	联合国可持续发展首脑会议	《约翰内斯堡执行计划》	可持续发展教育实质上就是高质量的教育,是为所有人的教育,也是终身学习的过程
2005年	联合国教科文组织	《"联合国可持续发展教育十年"国际实施方案草案》	把可持续发展的原则、价值观、具体实践贯穿到学习的各个方面
2009年	首届世界可持续发展教育大会	《世界可持续发展教育波恩宣言》	将可持续发展教育纳入未来公共教育政策
2012年	联合国可持续发展大会	《我们憧憬的未来》	促进可持续发展教育,在《联合国可持续发展教育十年》之后更加积极地将可持续发展纳入教育
2013年	联合国教科文组织大会	《全球可持续发展教育行动计划》	将《全球可持续发展教育行动计划》作为"联合国可持续发展教育十年"国际实施方案草案的后续工作
2014年	全球全民教育会议、可持续发展开放工作组	《马斯喀特协议》《可持续发展目标》	到2030年,所有学习者都要通过包括全球公民教育及可持续发展教育等途径,掌握建立一个可持续发展和平社会所必需的知识、技能和价值观

① 吴越. 联合国教科文组织中国专家:这个问题不可回避,青少年应成为主力军[EB/OL]. (2016-01-01) [2022-04-15]. https://export. shobserver. com/baijiahao/html/404148. html.

② 杨尊伟. 面向2030可持续发展教育目标与中国行动策略 [J]. 全球教育展望, 2019, 48 (6):12-23.

第4章　气候变化教育概述

年份	机构或会议	承诺文件	承诺内容
2014 年	联合国教科文组织世界可持续发展教育大会	《塑造我们希望的未来——联合国可持续发展教育十年（2005—2014）监测与评估终期报告》	重申可持续发展教育是 21 世纪优质教育的重要组成部分
2015 年	世界教育论坛	《仁川教育宣言》《教育 2030 行动框架》	进一步落实《全球可持续发展教育行动计划》
2019 年	可持续发展教育和全球公民教育论坛	—	关于 SDGs 三个主要概念：结构性变化、变革行动和技术未来
2021 年	联合国教科文组织世界可持续发展教育大会	《2030 年可持续发展教育柏林宣言》	可持续发展教育对全球挑战提出对策

其次，可持续发展教育在实践层面存在多种形式的创新。1994 年，欧洲环境教育基金会提出"生态学校计划（也称绿色学校计划）"，计划将环境教育与学校教学相结合，该理念后来被许多国家所接受，逐步成为一项国际性的行动。为此，国外还创办了一批绿色大学，争取将环境教育融入高等教育中，设置了一批绿色课程，并希望大学中的所有成员都承担起可持续发展教育的责任。此外，可持续发展逐步在国家课程、师资培训等方面进行渗透。

最后，面向全社会公民的可持续发展教育体系基本形成。当前可持续发展教育仍在不断推进，不仅在正规教育中开展，也逐步面向全社会公民。教育主体多样化，除政府外，来自民间非政府组织也日益增多，对可持续发展教育起着巨大的推动作用。教育模式开始走向立体化、多途径、系统化、科学化，各种形式的可持续发展教育在学校和社会中推广。

案例研讨

中国可持续发展教育历程

中国可持续发展教育发展历程大致与世界一致，前期环境教育的发展为可持续发展教育奠定了良好的基础，后续发展中的标志性事件，梳理如下：

1994年，中国颁布《中国21世纪议程》，要求培养和提高公众对可持续发展的意识和参与能力作为可持续发展教育的目标。1995年，为落实EPD计划，联合国教科文组织亚太办事处在北京召开地区研讨会，会议提出规划和实施可持续发展教育的行动建议。

1998年，中国联合国教科文组织委员会委托北京教育科学研究院负责，在全国范围内启动实施EPD教育项目。到2002年底，全国已有11个省、1000多所中小学参加项目实验。

2003年起，中国持续举办可持续发展教育国际论坛和国家讲习班，到2016年已经连续举办了七届。

2004年，项目组对1998—2004年中国EPD项目进行理论和实践总结，出版了《可持续发展教育丛书》。

此外，中国还推动可持续发展教育与学校教育、社会教育深度融合。从2000年开始，清华大学、北京师范大学等多所学校设立环境教育中心或可持续发展教育中心，创建绿色学校；"绿色生活方式"逐渐在社会传播，多个城市逐步开展创建"绿色社区"的活动。

目前，我国通过各种文化宣传和科学普及，对公众开展可持续发展教育，以基本实现教育对象的普及，正规教育和非正规教育融合，教育模式趋于系统。

摘自：

陈丽鸿．中国生态文明教育理论与实践［M］．北京：中央编译出版社．2019．

问题研究

1. 根据以上材料，归纳我国可持续发展教育发展的特点。

2. 利用课后时间，梳理近几年来可持续发展教育的发展趋势。

4.1.2.3 可持续发展教育的目标和内容

（1）可持续发展教育的目标

环境教育向可持续发展教育转向，相应目标也应进行调整。我国学者祝怀新认为，可持续发展教育目标由意识、知识、态度、技能和参与等五个部分构成。其具体表述为："意识"，培养在正确认识与把握生态系统科学的基础上，实现人与自然和谐相处、共同发展的观念；"知识"，是正确理解人与环境关系，正确处理环境与发展的重要基础，主要包括人类活动与环境的相互关系，环境决策中社会、政治、经济因素的作用，环境、社会与经济相互的辩证关系；"态度"，培养对环境发自内心的正确态度及价值观，主要包括欣赏、关爱环境及其他生物，关于环境问题的独立思考，尊重他人的信仰和意见，尊重证据和理性争论等；"技能"，包括交流技能、计算技能、学习技能、问题解决技能、与他人合作技能；"参与"，在处理环境问题时，能自觉做出有责任感的、有利于环境的行为[①]。

此外，在"面向 2030 年可持续发展教育"中对学习目标也做出了具体规定，包括认知、社会情感和行为等维度方面的内容。认知领域，包括知识和思考能力，以更好地理解可持续发展目标和实现目标的挑战；社会情感领域，包括使学习者能够协作、谈判和沟通以促进可持续发展目标的社会技能，以及自我反思技能、价值观、态度和动机，使学习者发展自己；行为领域，包含赋权青年人开展可持续行动的能力，使其掌握必要的方法，运用知识解决问题[②]。

（2）可持续发展教育的内容

可持续发展是一个复杂的领域，涵盖社会、环境和经济等多方面。因此，可持续发展教育要关注与这三方面的联系。"联合国教育促进可持续发展十年（2005—2014）国际实施计划"中叙述了可持续发展的 15 个核心主题以及它们之间的联系，共分为三个视角：社会文化视角、环境视角以及经济视角。此外，中国在可持续发展中也根据国情构建了可持续发展教育的 7 个核心主题[③]，每个主题内部包含许多具体内容。如表 4-1-2 所示，可持续发展议题中将气候变化相关内容置于环境议题中，对比中国，国际对气候变化教育议题的关注更早、更加重视。

---

① 徐辉，祝怀新. 国际环境教育的理论与实践［M］. 北京：人民教育出版社，1998.

② UNESCO. Education for Sustainable Development Goals：Learning Objectives［EB /OL］.（2017-03-13）［2018-08-06］. https:／／www. Researchgate. net／publication/314871233 _ Education _ for _ Sustainable _ Development _ Goals _ Learning _ Objectives. pdf：11.

③ 王民. 可持续发展教育概论［M］. 北京：地质出版社，2006.

气候变化教育

表 4-1-2　可持续发展教育的内容

"联合国教育促进可持续发展教育十年（2005—2014）实施计划"的 15 个核心主题		中国可持续发展教育的7 个核心主题
社会文化视角	人权、和平与人类安全、性别平等、文化多样性与跨文化理解、健康、艾滋病病毒、政府管理	发展主题、人口主题、公平主题、多样性主题、相互依赖、环境主题、资源与能源主题
环境视角	自然环境（水、能源、农业、生物多样性）、气候变化、农村发展、可持续城市化、防灾减灾	
经济视角	消除贫困、企业公民责任与问责制、市场经济	

上述可持续发展的核心主题具有较强的时代对应性，兼顾了当时国际社会的热点话题，满足了当时教育现实的需要。可持续发展教育的内容也是在不断发展的，作为整体性和变革性的教育课程，在时代推进中不断纳入气候变化、生物多样性、灾害风险、可持续性消费等关键内容。

4.1.2.4　环境教育与可持续发展教育的关系及特征

（1）环境教育与可持续发展教育的关系

环境教育与可持续发展教育存在密切联系，但关于两者到底是何种关系，目前研究界存在多种说法。一般认为，环境教育是可持续发展教育的一部分，可持续发展教育拥有更包容的研究领域。从诞生时间看，环境教育诞生于 20 世纪六七十年代，而可持续发展教育诞生于 20 世纪90 年代。从诞生背景看，环境教育源自人类对日益破坏的生态环境的反思，而可持续发展教育则是对人类整体发展方向的思考，不仅涉及自然，还拓展到社会及个人等多方面的反思。从实施内容看，早期的环境教育集中于自然环境问题，随着研究的深入也逐步拓展到社会环境，环境教育的内容也不断扩大，而可持续发展教育内容涵盖社会、经济、自然等多个领域，在内容上可持续发展教育的外延显得更为包容。从发展过程看，环境教育与可持续发展教育的关系互动密切。一方面，环境教育早于可持续发展教育，它为可持续发展教育的实施奠定了理论和实践基础；另一方面，环境教育的内容是可持续发展教育内容的核心，可持续发展战略的实施带动了环境教育的蓬勃发展，环境教育是实现可持续发展目标的重要手段。从以上观点来看，可持续发展教育是环境教育在新时代的重新定向。

但就现实而言，两者关系仍旧复杂。一是现实中环境教育与可持续发展教育的概念在使用中往往没有明确区分，存在混用的情况；二是国际和国内相关期刊也多采用"环境教育"的名词形式，如 *Environmental Education Research*、*International Research in Geographical and Environmental Education*、*Journal of Outdoor and Environmental Education* 等杂志，环境教育仍是主流的说法；三是开始有学者对可持续发展教育理念进行反思，质疑简单地用可持续发展理念代替环境教育的教育理想，提出应该更多地关注"自然"本身，转向"自然环境"的环境教育①②。

案例研讨

论环境教育与可持续发展教育

迄今为止，国内外学者对环境教育与可持续发展教育的关系看法各异，甚至相悖，归纳起来主要有五种不同的观点。第一，环境教育与可持续发展教育是等同的。美国北伊利诺斯大学环境教育学教授 Bora Simmons 认为"可持续发展教育是试图明确和实现一种特殊视野的环境教育"，因此，主张没有必要再提出可持续发展教育。日本的一些学者认为，可持续发展教育只是环境教育在新时代的代称。第二，可持续发展教育是环境教育的一部分，认为"应该更加努力地确保在环境教育中融合并推进可持续发展教育"，可持续发展教育是陈述和实施环境教育的一种手段，认为环境教育是一个更大、更广泛的概念，而可持续发展教育是环境教育在可持续发展思想之下的一个新的组成部分。第三，与第二种看法刚好相反，认为环境教育是可持续发展教育的一部分。第四，可持续发展教育与环境教育各自独立，但有共同的部分，即环境知识和环境保护的内容，但各有其自身的特点。第五，可持续发展教育是环境教育发展过程中的一个高级阶段。

如果把后两种看法综合起来，对环境教育和可持续发展教育的发展而言也许能找到一个新的视角。通过这个视角，我们看到，环境教育与

---

① BONNETT M. Environmental education and the issue of nature [J]. The Journal of Curriculum Studies.2007,39(6):707-721.

② 苏小兵，潘艳. 2000 年以来国外环境教育研究的知识图谱分析 [J]. 比较教育研究，2017，39（7）：101-109.

气候变化教育

可持续发展教育不应该是对立的，而应该形成一个整体。可持续发展教育比环境教育要"更广泛、更深刻"。它整合和发展了环境教育，同时又超越了环境教育。

因此，环境教育是可持续发展教育的一部分，两者关系是互动的，环境教育需要面向可持续发展重新定向，可持续发展教育有着环境教育无法实现的功能。

摘自：

王民，蔚东英，霍志玲. 论环境教育与可持续发展教育［J］. 北京师范大学学报（社会科学版），2006，（3）：131-136.

问题研究

结合以上观点，你认为环境教育和可持续发展教育究竟有什么样的关系？尝试设计关系图进行描述。

（2）环境教育与可持续发展教育的特点

环境教育与可持续发展教育虽然在概念上有很大差异，但因其发展历程接近、内容重叠、目标理念互通，且随着"环境"概念的扩大，两者在日常生活中几乎混用，使得两者在课程规划、教学实施等方面具有很强的共性，因此，这里一并归纳其特点。环境教育和可持续发展教育与以往教育有所差异，具体来看主要有以下几点本质特征[1]。

内容都具跨学科性。就内容本身而言，两者都包含自然环境，同时又涉及人类社会的方方面面。从所属学科看，生态学、地理学、物理学、化学、经济学、历史学等多学科都与环境教育相关。因此，实施教育必须对各学科进行整合，帮助学生从整体视角理解各领域与环境的相互作用，把握解决环境问题或可持续性问题的本质。

目标都具全面性。教育的目标是让受教育者具备全面的环境素养，或树立可持续发展观，这要求教育过程不仅是环境知识的传授，而且应把情感体验、价值认同、采取行动等作为重要目标，使受教育者最终成为具有知识、态度、价值观、行动等全面性的公民。

实施都具终身性。终身性意味着环境教育或可持续发展教育应该贯

---

① 陈丽鸿. 中国生态文明教育理论与实践［M］. 北京：中央编译出版社. 2019.

第4章 气候变化教育概述

穿于正规教育和非正规教育的各个阶段。针对不同的年龄阶段，应该把握教育的阶段特征，为受教育者提供尽可能优质的教育条件。此外，环境问题的复杂性，也决定着环境教育或可持续发展教育的长期性和协同性。

学习都具实践性。环境教育不仅要让受教育者掌握知识，更重要的是帮助他们认识、体验并进一步解决现实问题，因此，在教学中要重视探索活动，培养对环境友好的行为方式。

案例研讨

两则可持续发展教育案例

案例一：生动的环境演变课（见图 4-1-2）

(a)　　　　　　　　　　　　　　　　(b)

图 4-1-2　生动的环境演变课

在森林中，教师利用天然的教具（石头、树叶、松果等）讲解本地区一万多年来的环境变化与人类活动。我们在大自然的课堂中，聆听着教师的讲解，似乎回到了久远的冰川时代……随着冰川的消融，大家也看到了植被的生长和更替，明白了这里为什么满山遍野都生长着美丽的欧石楠。

案例二：幸存游戏（见图 4-1-3）

你的小组在太平洋上的一艘船上，突然间船起火下沉。现在，你们坐在一个木筏上，不知道自己的准确位置。你们为了生存，必须扔掉一些东西，留下最重要的十件物品，一边维持生命，一边等待救援。

图 4-1-3　幸存游戏

各组讨论后，做出选择。根据各组的选择进行打分，看哪一组生存的希望最大。

这个游戏主要让大家体会遇到意外事件时如何进行自救和他救，训练野外生存能力。

气候变化教育

摘自：

王民. 可持续发展教育案例研究 [M]. 北京：地质出版社，2006.

问题研究

结合上述案例，思考材料中的可持续发展教育主题，并归纳该教育活动的特征，思考这样设计的意图。

4.1.3　气候变化教育的兴起

气候变化教育作为环境教育的主要组成部分，是环境教育内容在地球气候系统的具体化，是可持续发展教育内容的深化。大量科学事实已经证明，气候变化确实已经发生。基于该背景，20 世纪末到 21 世纪初，联合国在各组织部门一系列的会议备忘录中强调，应在可持续发展教育中落实气候变化行动。近年来，世界上众多国家、政府和非政府组织开展了多样的气候变化教育，与此同时，由于气候变化及其影响具有复杂性、严重性和紧迫性，国际上气候变化教育逐渐成为环境教育和可持续发展教育的重心，并开始从环境教育和可持续发展教育中独立出来，逐步发展成为相对完善的教育领域。

从中不难发现，气候变化教育是环境教育和可持续发展教育的重要分支，但随着研究的发展，作为环境和可持续发展在教育领域的术语，气候变化教育广泛出现，促进了教育在应对气候变化的功能研究，丰富了气候变化教育的时代内涵和特征。

4.1.3.1　气候变化教育的概念

（1）气候变化教育的提出

20 世纪末期，气候变化逐渐被人们视作人类面临的最紧迫的问题之一。在此背景下，1992 年 6 月 4 日，《公约》在巴西里约热内卢召开的联合国环境与发展会议上被正式通过，该公约由序言及 26 条正文组成，它确立了应对气候变化的基本原则，并沿用至今。

《公约》是首次面向全球正式提出"利用教育培训手段提高各国公众对气候变化应对意识"的国际公约。"气候变化教育"的概念虽未正式提出，但强调了应对气候变化在教育方面的行动框架。如《公约》第六条提出了气候变化教育的基本理念和国家、国际层面的行动框架，号召不同国家、地区制订和实施关于气候变化及其影响的教育计划，开发和交流气候变化教育资源以及加强专家领域的合作等。自《公约》生效以来，各国同意通过教育赋权推动全社会寻求缓解气候变化的解决方案，它是气候变化教育萌芽的重要标志。

此外，2002 年世界可持续发展大会中提出将气候变化问题纳入可持续教育领域中，并将其作为关键因素来设计有效政策。"联合国教育促进可持续发展十年（2005—2014）国际实施计划"中提到，气候变化教育成为可持续发展教育的重要组成部分，主要内容为以全球变暖为特征的气候变化议题。但作为新事物，它的国际影响力还十分有限，集中在主要发达国家。此外，气候变化教育的目标和内容主要借助已有学科课程进行渗透，系统性上还不够完善，且无法形成有效的管控和针对性的指导。

随堂讨论

结合以上材料，试举例解释为什么说"不采取行动应对气候变化，便无法实现可持续发展"？试谈谈可持续发展与气候行动的关系。

（2）气候变化教育的含义

气候变化教育的概念演变是一个不断发展完善的过程。学者从不同角度对气候变化教育的内涵和外延进行界定，如联合国副秘书长安德森（Anderson）认为气候变化教育是秉持可持续发展理念的教育，其内容包括有关气候和气候变化的知识、相关的环境和社会影响，以及减少灾害风险的可能[1]。联合国教科文组织（UNESCO）指出，气候变化教育本质上是帮助人们应对和发展对气候变化有效对策的学习，它帮助学习者了解气候变化的原因和后果，使他们为适应气候变化的影响做好准备，并帮助学习者采取有效的行动以及更可持续的生活方式[2]。要实现这样的目标，教育内容必须针对气候变化的原因和后果，更新学习者关于气候变化的知识和技能。我国学者方修琦认为，气候变化教育致力于帮助人们认识并理解气候变化、促成他们态度和行为上的转变，以期望他们获得积极应对气候变化的能力[3]。此外，联合国教科文组织前总干事松浦晃

---

① ANDERSON A. Climate change education for mitigation and adaptation [J]. Journal of Education for Sustainable Development, 2012, 6(2): 191-206.

② UNESCO. Climate change education for sustainable development [M]. France: UNESCO, Decade of Education for Sustainable Development, 2010.

③ 方修琦，曾早早. 地理教育中的气候变化教育 [J]. 地理教学，2014（3）：3-6.

气候变化教育

一郎认为，气候变化教育旨在帮助学习者理解和解决当今的气候变化问题，促成他们态度和行为的转变，并最终让我们的世界获得可持续发展。它应作为综合性的学习领域，是一种跨学科、培养学生综合素质的课程①。

综合以上观点，气候变化教育常被认为是帮助学习者形成有关气候变化的知识和理解，形成有关气候变化的意识和能力，为适应和应对当前或未来气候变化奠定基础的教育形式。但如果从气候变化教育的对象和范围进行辨析，其含义有广义与狭义之分。具体区别如表 4-1-3 所示。

广义的气候变化教育，从表现形式上看，它是面向整个社会的教育体系，既包含小学、中学、大学等正规学校的气候变化教育，又包含政府、公众、社区等主体开展的非正规气候变化教育，如科技馆、气象站、公园等；既有课堂活动、课外活动，又有网络传播等方式，形式丰富多样，范围和场域也具有一定的开放性。

狭义的气候变化教育专指帮助学生形成关于气候变化的知识、能力和态度，并从缓解和适应两方面促成应对气候变化的有效行动的学校教育。学校教育作为开展气候变化教育的主要方式，聚焦于校园学生，以多种学科课程以及综合实践类的活动形式为主，并对学生开展有关气候变化的认知教育和促进环境友好行为的教育。

为了突出研究重点，本书所讨论的气候变化教育多数情况指代狭义的学校气候变化教育。但这两者并不是完全分开的，在学校的气候变化教育中，往往也需要在多种场合开展丰富多样的项目活动。

表 4-1-3　广义和狭义气候变化教育的比较

比较依据	广义	狭义
对象	社会公众	学生
范围	多种场所，开放环境	主要是学校环境
形式	丰富多样，项目活动	学科课程，综合实践

无论广义还是狭义的气候变化教育，它们在实践上具有共同的目标

① 孟献华，倪娟. 气候变化教育：联合国行动框架及其启示 [J]. 比较教育研究，2018，40（6）：35-44.

和价值取向，即气候变化教育要促成受教育者自身关于气候变化的知识、态度与应对行为的养成，从而能够更加积极地应对未来气候变化的挑战。

在某种意义上，这与环境教育和可持续发展教育的目标存在一定的继承性，即重视意识、知识、态度、技能和参与方面的综合品质。2017年11月，联合国教科文组织将联合国"可持续发展目标13：气候行动"的学习目标表述为"认知、社会情感和行为"三个方面①。我国学者于雷提出，气候变化教育的基本目标是"使学生掌握气候变化的相关科学知识，掌握气候变化的原因及其影响，最终有能力、有意愿为积极适应与应对全球气候变化作出应有的贡献"，它涵盖科学基础、能力发展、价值观念三方面②。

总而言之，气候变化教育的根本目标是帮助受教育者形成一种综合素养，而这种素养的特点就是个人具备的气候变化知识、技能、态度和价值观，以及有利于减缓和适应气候变化的行为方式。

拓展阅读

可持续发展目标13：气候行动的学习目标

• 认知学习目标

1. 学习者将温室效应理解为温室气体引起的自然现象。

2. 学习者将当前的气候变化理解为温室气体排放增加导致的人为现象。

3. 学习者知道全球、国家、地方和个人层面的人类活动对气候变化的贡献最大。

4. 学习者了解气候变化在当地、全国和全球范围内的主要生态、社会、文化和经济后果，并了解这些后果本身如何成为气候变化的催化和强化因素。

5. 学习者了解不同层次（从全球到个人）和不同环境下的预防、减轻和适应战略及其与灾害应对和减少灾害风险的关系。

---

① REID A. Climate change education and research: possibilities and potentials versus problems and perils?[J]. Environmental Education Research, 2019, 25(6): 767-790.

② 于雷，段玉山，马倩怡. 国际气候变化教育研究进展及对我国气候变化教育的启示[J]. 地理教学，2022，(2)：41-46.

气候变化教育

• 社会情感学习目标

1．学习者能够解释生态系统动态以及气候变化对环境、社会、经济和伦理的影响。

2．学习者能够鼓励他人保护气候。

3．学习者能够与他人合作，并共同商定应对气候变化的策略。

4．学习者能够从当地到全球的角度了解人类对世界气候的影响。

5．学习者能够认识到保护全球气候是每个人的基本任务，我们需要根据这一点重新评估我们的世界观和日常行为。

• 行为学习目标

1．学习者能够评估他们的私人活动和工作活动是否适合气候变化，以及哪些行为不适合气候变化，并对其进行改善。

2．学习者能够采取有利于受气候变化威胁的人的行动。

3．学习者能够预测、估计和评估个人、地方和国家决策或活动对其他人和世界地区的影响。

4．学习者能够宣传保护气候的公共政策。

5．学习者能够支持气候友好型经济活动。

摘自：

REID A. Climate change education and research: possibilities and potential is versus problems and perils？［J］. Environmental Education Research，2019，25（6）：767-790.

随堂讨论

1．结合以上观点，你认为气候变化教育应该如何界定？尝试给出自己的观点。

2．气候变化教育传承于环境教育与可持续发展教育，三者既有联系、又有区别，结合你的理解谈谈三者之间的联系和区别。

4.1.3.2 气候变化教育的发展历程

（1）气候变化教育的正式出台

新世纪以来，联合国一系列可持续发展会议中，气候变化教育正逐步成为可持续发展教育的关注焦点。其中，2010 年，联合国教科文组织正式成立气候变化教育促进可持续发展计划（Climate Change Education

第4章 气候变化教育概述

for Sustainable Development，CCESD)①。CCESD 从方法内容和目标上提出了气候变化教育的有效途径，它的成立标志着气候变化教育的正式提出。

CCESD 强调在方法内容上以可持续发展教育（ESD）为基础，包含可持续发展的关键问题，如气候变化、减少灾害风险等。CCESD 旨在帮助人们了解当今全球变暖的影响，并提高气候素养，尤其是在年轻人中，旨在使教育成为国际应对气候变化的更重要部分。

CCESD 提出气候变化教育在目标实施上的 3 个核心目标，即能力拓展、创新教学与气候变化意识主流化、非正规气候变化教育与网络途径。能力拓展，即提高成员国开展气候变化教育的实施能力，从政治领域和课堂教育方面增强气候变化教育能力，通过教育部门的政策实施、教师教育和教育规划人员培训、课程培训回顾与改革等措施，加强成员国在小学、中学层面的高质量气候变化教育能力，以推动可持续发展。创新教学与气候变化意识主流化，通过跨学科实践、科学教育、全校参与式教育、技术与职业教育和培训等途径，鼓励与创新教学方法，将高质量的气候变化教育融入学校正式教育中。非正规气候变化教育与网络途径，旨在通过媒体、网络和合作伙伴等多种途径加强非正规教育项目建设，扩大非正规教育模式中的气候变化教育内容，并提高人们对气候变化的认识，帮助公众从各层面了解气候变化。这三个层面的目标，构建了气候变化教育从政策实施、教学实践到途径方法等层面的具体操作方案。

CCESD 的成立标志着基于可持续发展教育的内容与方法，以气候变化为中心主题正式提出气候变化教育，为全球各国推动气候变化教育的实施，提供了政策制定、学校教育与非正规教育三方面的发展途径。同时，它鼓励采用创新的教育方法，帮助广大受众（特别是青年）理解、解决、缓解和适应气候变化的影响，改变态度和行为，培养新一代具备气候变化意识的公民。

这一时期，围绕气候变化教育的方案逐步确立起来，标志着气候变化教育在国家层面逐渐制度化，并能通过有效的行政手段在社会和教育领域持续推进，如《中国应对气候变化的政策与行动（2011）》和《应对

气候变化教育

---

① United Nations Educational, Scientific and Cultural Organization. Climate change edueation for sustainable development[M]. Paris：ONESCO，2010.

气候变化国家方案》的出台，为中国气候变化教育实践奠定坚实的政策基础。2011年，"中国中小学气候变化教育项目"正式启动，围绕知识整合、国际经验、学校实践等多个方面，总结适合中国国情的、在中小学开展气候变化教育的理论和操作途径。

（2）气候变化教育的持续推进

近几年来，全球气候变化教育得到了长足的发展。有关气候变化教育实施建议持续出台，特别是2016年《巴黎协定》的签署与实施，以及2019年联合国教科文组织发布的《各国在气候变化教育、培训与公众意识的进展》，极大地推动了全球气候变化教育的深入发展。联合国教科文组织作为推进气候变化教育工作的核心力量，与各国政府合作，推动将气候变化教育纳入国家课程，并为此开发创新的教学和学习方法。

回顾气候变化教育的发展过程。2015年联合国教科文组织发布了《行动起来：将气候变化教育付诸实践》，首先，文件介绍了教科文组织的CCESD项目在2012—2013年的工作内容，并对各成员国的气候变化教育实践经验、政策文件内容进行了总结。其次，文件从政策发展、治理资源、课程发展、教师与教育规划者能力建设、公众意识、共同交流与利益相关者的参与等几个方面，就各国在国家层面将气候变化教育与可持续发展结合提出了具体建议。例如，在政策制定上，呼吁各国政府教育部门整合可持续发展教育和气候变化教育；在课程制定上，建议各国教育部门应当评估和改进课程体系，开发新的教学方法，重视批判精神和问题解决能力培养等。这是对气候变化教育的一次大总结，有效总结了以往政策和教学实践的相关经验，旨在为气候变化教育工作者更好地开展教育活动提供信息源。

气候变化议题和教育内容写入可持续发展议程。2015年9月，联合国峰会通过了《2030年可持续发展议程》，该议程将气候变化问题作为世界可持续发展的战略性目标（SDGs），呼吁世界各国应开展世界气候变化的教育。为落实有关教育和气候变化内容，同年，联合国教科文组织在法国巴黎召开大会，正式发布《教育行动框架：确保包容、公平的优质教育，促进全民获得终身学习的机会》，简称《教育2030行动框架》，其中特别强调了气候变化等方面的目标，要求将气候变化、生物多样性等关键问题纳入课程，教育对大众了解气候变化的影响，适应和缓解（特别是在地方一级）气候变化的影响至关重要①。

强调气候变化教育的相关内容，极大地提高公众对气候变化问题的重视。2015年12月，《巴黎协定》在联合国气候变化大会上获得通过，并于2016年正式实施。《巴黎协定》作为2020年后全球气候变化应对行动的统一规划，其第十二条中要求"缔约方应酌情合作采取措施，加强气候变化教育、培训、公共宣传、公众参与和公众获取信息，同时认识到这些步骤对于加强本协定下行动的重要性"。该协定进一步强调了《公约》中首先提出的气候变化教育相关内容，并要求各缔约方对运用教育培训手段加强公众气候变化意识的重视。

呼吁将"气候变化教育"上升为国家战略。2018年联合国气候变化大会上正式协定通过了教育赋权行动（Action for Climate Empowerment, ACE），该行动呼吁所有成员国制定并实施"气候变化教育"的国家战略，并将教育、培训、公众意识、公众参与、公众信息获取、区域和国际合作这六个关键领域纳入《巴黎协定》所规定的缓解和适应气候变化的诸项行动中。

关注全球气候变化教育的实施效果。到2019年，联合国教科文组织发布了《各国在气候变化教育、培训与公众意识的进展》，基于194个国家的368份文件，总结了各国气候变化教育的实施情况，对当前全球气候变化教育的推进做出了准确详细的报告。结果显示：①几乎所有提交报告的国家都提及了气候变化教育内容；②提交的大多数气候变化教育参考资料都与公众意识有关；③在正规教育形式中，气候变化内容的个人认知学习模式得到了高度重视，而社会、情感与行为学习方法等相对关注较少；④各国在报告其对于达成《巴黎协定》的自主贡献内容时，气候变化教育部分的占比较少。根据报告结果，当前气候变化教育在全球范围内已经实现了较为完整的覆盖，并且公众意识与认知学习也成为各国的气候变化教育得以开展的基础。但是，教育资源类型与学习模式内容缺乏多样性等问题仍然存在，并成了影响推动气候变化教育深化发展的重要因素。在该阶段，气候变化教育逐步从之前目标内容的制定，

气候变化教育

　　① 杨尊伟. 面向2030可持续发展教育目标与中国行动策略［J］. 全球教育展望，2019，48（6）：12-23.

开始转向气候变化教育实践经验的总结与交流，思考如何基于已有条件，扩大气候变化教育的影响力和提升气候变化教育的有效性。

由于气候变化问题的紧迫性，使得气候变化教育的发展具有很强的时代性特征。自联合国教科文组织成立气候变化教育推动可持续发展项目、正式提出气候变化教育工作内容以来，各国纷纷要求响应开展教育实施工作，在政策实施、课程改革、资源共享与教师培训等各方面均取得了一定成就，气候变化教育的内涵逐步丰富，教育模式也逐渐趋于成熟，实施推进策略具有准确和详细的规定，这使得全球气候变化教育进入新的发展阶段。

目前来看，气候变化教育虽然起步较晚，存在诸多不足之处，但发展势头强劲。世界各国根据政策和经济社会发展的需要，在其教育系统中逐步研究和实施气候变化教育，特别是将气候变化内容引入现有的课程体系中。可以相信，在不久的未来，气候变化教育将渗透于教育体系的方方面面，与普通教育紧密结合，成为支撑公民成长的重要教育组成部分，发挥更为重要的作用。

4.2　气候变化教育与气候变化素养

气候变化教育，归根结底是培养人们的气候变化素养，它是气候变化教育的核心目标与任务，那何为气候变化素养呢？已有研究中较少出现气候变化素养这一概念，本书从素养、气候素养等已有概念进行演绎，确定气候变化素养的概念与内涵。

4.2.1　气候变化素养

4.2.1.1　素养

素养（Literacy）常指基本的修养，《现代汉语同义词词典》对其解释有两方面含义：一是指理论、知识、艺术等方面的水平；二是指个体养成正确的待人处世态度[①]。OECD 认为"素养不只是知识与技能，它是在特定情境中通过利用和调动心理社会资源（包括技能和态度）以满足复杂需要的能力"，包含了知识、技能、态度和价值观，并体现为三者整

---

① 　贺国伟. 现代汉语同义词词典［M］. 上海：上海辞书出版社，2009.

合的综合性品质。作为后天训练和实践而获得的综合性品质，有学者认为素养具有三大特征：内在性、概括性和相对稳定性[①]。其中，内在性说明我们只能通过观察人的活动或行为表现，间接地推断素养的存在；概括性指素养是人在长期、多样化的实践活动中，经过概括化、简约化而形成的，某种素养一旦形成，往往对人的多种行为起决定作用；相对稳定性指素养形成后会持久地对人的行为产生影响，并经常在生活中表现出来。以上三个特征归纳了素养是存在于个体的身心特征，也说明了素养在评价、培养、功能等方面的特性。

4.2.1.2　气候素养

气候素养（Climate Literacy）是科学素养的一部分。2007 年，美国国家海洋与大气管理局（National Oceanic and Atmospheric Administration，NOAA）等组织组成工作组，撰写了报告——《气候素养：气候科学的必要原则》，正式提出"气候素养"这一概念，并认为它是个人或社会团体对气候的理解，包括人类活动对气候的影响和气候对人类生活以及社会发展的影响[②]。此外，报告中描述了缺乏气候素养的公众对气候变化问题产生的消极心理状态，也确定了具有气候素养的公民应该理解以下七项原则。

拓展阅读

具有气候素养的公民应该理解以下七项原则

· 太阳是地球气候系统运行的主要能量来源；

· 气候受到地球系统各圈层、各要素的相互作用而得以调节；

· 地球气候影响生命的存在与发展；

· 气候通过自然和人为的作用在空间和时间上发生变化；

· 人类活动正在影响气候系统；

· 气候对地球系统和人类生活产生影响；

· 个体对气候系统的认识通过观察、理论研究和建模得到提高。

---

①　陈佑清. 在与活动的关联中理解素养问题：一种把握学生素养问题的方法论 [J]. 教育研究，2019，40（6）：60-69.

②　NOAA. Climate literacy: the essential principles of climate science [M]. Washington：U. S. Climate Change Research Program，2009.

气候变化教育

摘自：

NOAA. Climate Literacy：The Essential Principles of Climate Science [M]. Washmgton：U. S. Climate Change Science Program，2009.

~~~~~~

　　学者们从不同角度对气候素养的构成展开论述。《气候素养：气候科学的必要原则》认为气候素养是"个人或者社会团体对气候的理解，该理解包括人类活动对气候的影响和气候对人类生活和社会发展的影响"；雪莉（Sherrie Forest）认为气候变化教育有多个目标，包括了解气候和气候变化的基础科学，支持个人、组织和机构做出明智的决策，以及行为个体的改变等，这些通常都以"气候素养"一词概括①；莱斯利（L. Leslery-Ann）在 2018 年指出"气候素养"是在不同时空尺度下对气候"相互联系"模式的理解，是对不同尺度相互作用的复杂性以及人类发挥作用的理解基础上做出"相应行动"的能力②；弗拉基米尔（Vladimir Lay）认为一名"具有气候素养的人"拥有以下四个特征：了解地球气候系统的基本原理、知道如何获取有关气候的科学信息、能以恰当和正确方式就气候进行沟通、能够对应对气候变化的行为做出明智和负责任的决定③；我国学者申丹娜认为，气候素养是运用气候学基本观点、理解气候规律并能做出相应决定的能力④。

　　综合上述观点，气候素养是能运用气候学基本观点，理解气候变化规律，并能做出相应决定的能力，它大致涵盖了气候知识、气候态度和个体获取气候信息与采取气候行动的能力等三个方面。

----

　　① FORREST S, FEDER M A. Climate change education: goals, audiences, and strategies：a workshop summary. nationalacademies press. [R]. Washington：500 Fifth Street NW. 2011：5-6.

　　② LESLEY-ANN L, DUPIGNY-GIROUX. Introduction-climate science literacy, a State of the knowledge overview[J]. Physical Geography, 2008(29) :483-486.

　　③ LAY V. Climate literacy: obstacles to the development and spread of climate literacy[J]. Socijalna ekologija：č asopls zaekološku mlsao i sociologijska istraživanja okoline, 2016, 25(1-2) :39-52.

　　④ 申丹娜，齐明利，唐伟. 气候素养提高之思考 [J]. 自然辩证法研究，2019，35（3）：56-61.

第4章　气候变化教育概述

4.2.1.3 气候变化素养

气候变化素养是气候素养的一个衍生概念，同时它也整合了气候变化教育目标，是描述个体在接受气候变化教育后在意识、知识、态度、技能和行动方面表现出来的综合品质。结合气候素养的概念和气候变化教育目标，可以认为气候变化素养与气候素养在特征上高度相似，而其内涵范畴从关注整体气候特征、规律与状况聚焦到关注气候变化这一特殊现象的特征、规律与状况。因此，气候变化素养可以定义为：学习者通过气候变化教育后形成对气候变化的理解，包括人类活动对气候变化的影响和气候变化对人类社会发展的影响，是学习者面对气候变化复杂问题时的价值观念、内在品格与关键能力。结合气候素养和气候变化教育目标，可以将气候变化素养划分为三个基本内容：认识气候变化的知识和技能，形成气候变化的相关态度，应对气候变化的个人行动。对各素养二级维度进行拆分、丰富和重组，划分为若干具体指标，整体气候变化素养具有多层结构，涵盖知识、态度和行动等三个方面，如图 4-2-1 所示。

图 4-2-1　气候变化素养的基本结构

认识气候变化的知识和技能。知识是素养形成的基础，也是气候变化教育最基本的目标，知识的掌握度和准确性直接影响气候变化相关价值观的形成和行为的发生。其中，系统知识是目前学校知识教学的核心内容，包括有气候变化的概念、气候变化的原因、气候变化的表现、气候变化的影响和应对气候变化的有效措施等；关键技能是当学生面对气候变化信息并做出相应的操作能力，涵盖了学生获取、评价和运用气候变化相关信息的能力，包含访问与检索信息的能力、评价与理解信息的能力、使用与交流信息的能力。

形成气候变化的相关态度。态度是对某事物喜欢或不喜欢的评价性反应，它通过人们的认知、情感和行为意向表现出来。对待气候变化问题，有人怀疑、有人关注，甚至还有人警惕、不屑，每个人都以自身独特的方式回应气候变化问题。我们可将对待气候变化相关态度分为对气候变化的认知成分、情感成分、意志成分。其中，认知成分是人们对气候变化相关问题的评价叙述，包括重要性、影响程度等；情感成分是个人对气候变化问题的情感体验，有恐惧、担忧、希望等；意志成分是主体对自身行为关系的主观反映，是调节自身行动的心理过程。

应对气候变化的个人行动。气候变化教育最终落脚到个人行动，行动是解决气候变化问题的关键手段，也是素养中最外显的表现。知识是态度与行为的先决条件，态度影响人们进行气候变化行动的意愿，知识和态度在一定条件下共同促进气候友好行为的发生，因此，气候变化行动就是将所思、所想付诸实践的过程。行动知识是关于怎么做的知识，但其具有明显的实践导向，包括了学生如何采取行动适应和缓解气候变化产生的环境效应的相关知识。从行动策略来说，包含适应和缓解两大措施，其中，适应行动是鼓励人类尝试在水资源、森林、人体健康等领域与逐渐恶劣的气候环境共存；缓解行动是鼓励人类采取调整产业结构、优化能源使用、加强温室气体管控等举措，缓解气候变化趋势。行动表现，既包括个人行动，也包括群体性的推动行为，以带动更多人参与应对气候变化问题。

以上观点对气候变化素养的内涵及结构进行了较为全面的阐述，但需要强调的是，对气候变化素养的界定应坚持全面性、针对性和发展性的原则。首先，气候变化素养是全面涵盖了知识、能力、态度和行动等多方面要素的综合素养；其次，气候变化素养不是一般素养，它集中反映了气候变化的特定背景对未来公民素养培养的要求，"气候行动能力"

第4章 气候变化教育概述

是核心，"行动"当先是气候变化教育区别于环境教育、可持续发展教育目标的最大差异，这也决定了教育过程必须采用融入行动的方法，促进个体应对未来危机行动倾向和实践能力的养成；最后，我们也应认识气候变化素养的发展性，其内涵特征随时代不断地更新发展，并且气候变化素养能通过组织有效的教育不断提升和发展。

随堂讨论

1. 请尝试自我分析自身是否具备气候变化素养。
2. 为什么"气候行动能力"是气候变化素养的核心？

4.2.2 气候变化教育与气候变化素养的关系

前面对气候变化教育和气候变化素养进行了论述，本节将具体论述两者间的内在联系，以此明确气候变化教育的实践指向，同时为有效开展和评估气候变化教育提供相应指引。

4.2.2.1 气候变化教育的目的是培养学生的气候变化素养

气候变化教育的实质，是帮助学生理解自然环境要素的关系、气候变化与自然环境的关系、气候变化与社会环境的关系，使学生处理好人与人、人与自然、人与社会的关系，应对未来世界的不确定性，实现更永续的发展。学校借助一定教育内容、组织相应教学活动，有目的、有计划地培养学生在气候变化知识、技能、态度以及行动上的能力，并努力将这些要素整体"呈现"出来，实现个体全面发展，帮助学生具备应对未来气候变化挑战的综合性素养。

4.2.2.2 气候变化素养结构和特征是组织气候变化教育的重要依据

气候变化素养结构规定了气候变化教育的目标内容，它对教学实施具有导向作用。教师会根据气候变化素养目标设计教学活动和实施教学。由于气候变化素养具有综合性、跨学科性、实践性、终身性的特点，在教学实施中教师应对应其特点把握气候变化教育的实施策略。综合性，气候变化教育具有很强的综合性，综合性要求气候变化教育应该渗透进社会的方方面面，我们应该全面发挥正规教育与非正规教育的优势，共同实施气候变化教育。跨学科性，跨学科性要求教育的内容包含生物、地理、化学、政治等多个学科，并且各个学科不是孤立的，而是相互联系的。一方面，我们可以采用学科渗透的方式，引导学生从多角度认识气候变化问题；另一方面，还可以强调多领域的联系，开展跨学科的项

气候变化教育

目学习。实践性，气候变化问题来源于现实，与学生生活紧密相关。实施气候变化教育应立足地方特点，引导学生接触真实的环境，通过直接体验和实践去感知气候变化，鼓励学生通过探究和调查，思考气候变化问题，寻求解决问题的策略方法。终身性，素养的发展应该贯穿人的一生，气候变化素养的发展也必须经历漫长的养成过程。因此，教师在教学中，要遵循素养建构的过程逻辑，引导学生从知识到行动，从关注现象到理性思考。

4.2.2.3　气候变化素养结构和特征是评价气候变化教育质量的依据

气候变化素养由技能、知识、态度和行动四个维度构成，气候变化教育质量的评价，应定位在"气候变化素养"形成的考查上，关注其内容要点和表现水平。基于已有的气候变化教育素养目标进行评价，既要重视素养发展结果的评价，还应更多地关注其发展的过程，以此为据去透视一个国家或地区气候变化教育的发展水平，这既是对现状的价值判断，也是不断采取行动、改变现状的过程。此外，气候变化素养的发展性要求采用动态性视角，秉持发展性理念，认识气候变化教育的质量评价。最后，基于素养结构，我们还可以研究各素养之间的相互制约关系，为制定科学有效的教育政策提供依据。

4.3　气候变化教育的理论基础

气候变化教育的发展与其赖以生长的"土壤"息息相关，而这些"土壤"构成了气候变化教育发展的理论基础。除第一章论述的气候变化科学基础外，气候变化教育受教育学、心理学、传播学等学科的影响最为密切，它们为气候变化教育的组织原则、气候变化行为的发生原理、气候变化素养的培养机制提供了理论基础。为了全面认识气候变化教育的发生过程，我们必须深入地去了解和研究这些理论基础，这也为开展气候变化教育提供行为方法、理论指引。

4.3.1　气候变化教育的组织原则：气候传播理论

气候传播是气候科学与传播学的交叉研究。随着气候议题热度的提升，人们更加关注气候变化问题，每个人都有权了解周围环境发生的变化，洞悉气候变化的内涵、原因及其危害性后果，才能在解决气候变化问题的过程中选择正确的态度与行动，气候传播的产生有其必然性。气候变化教育本质上是气候传播的一种类型，它们有着相似的目标和预期结果。气候传播理论从传播学、心理学、社会学的角度为气候变化教育的性质、目的、措施等提供理论支撑，它从传播者、传播信息、接收者三个角度对气候变化教育实践提出具体的要求，同时也明确了气候变化素养的培养路径。

4.3.1.1 气候传播的内涵

（1）传播与环境传播

谈及气候传播，首先要明确"传播"的相关概念。从信息传播的角度来看，传播是一种有目的的信息交流活动，不仅是简单的输出信息，还包含复杂的人际交往、信息传递、思想沟通、意识共享、物质交换等环节，离不开符号和媒介的作用。传播的目的是产生传播效应，接收者发生相应改变。一次完整的传播活动必须包含多个传播要素，这些要素相互作用、不断变化构成了传播过程。传播可依据传播由内至外聚焦的不同主体，划分为五类[①]：内向传播、人际传播、群体传播、组织传播、大众传播。这种分类方式侧重于个体如何在由各主体组成的网络中透视传播主体关系，在动态的互动过程中不断交换信息、相互影响。传播过程通常由六个基本要素组成，分别是信息源、传播者、受传者、讯息、媒介和反馈[②]，如图 4-3-1 所示。这些要素的组合和排列构成了多样的传播模型和连续的传播过程。

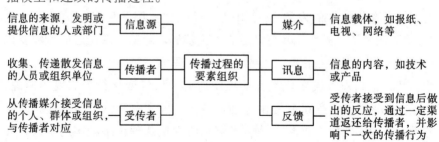

图 4-3-1　传播过程的要素组成

气候变化问题属于环境问题，气候传播最早是由环境传播演变而来。德国社会学家尼可拉斯·卢曼最早明确环境传播的定义，他认为环境传播是"旨在改变社会传播结构与话语系统的任何一种有关环境议题表达

---

① 邵培仁. 传播学［M］. 北京：高等教育出版社，2000.

② 董璐. 传播学核心理论与概念［M］. 北京：北京大学出版社，2008.

的传播实践与方式"，美国学者罗伯特·考克斯将环境传播界定为："一套构建公众对环境信息的接受与认知，以及揭示人与自然之间内在关系的驱动模式。"① 正如对环境传播概念的探究，气候变化传播不单纯是气候变化信息的传播，对改变公众实践行为与价值观同样重要。

（2）气候传播的概念

国内外学者对气候传播的概念有众多阐述。其中，莫塞尔（Moser）认为气候传播旨在通过信息传播和辩论等方式使个人和社区参与进来，以鼓励必要的行为变化②，从而缓解气候变化和适应日益增加的气候变异性。维多利亚（Victoria Wibeck）认为气候传播的最终目标是支持可持续发展和通过公众参与减少气候变化的影响③。我国相关研究最早的学者是郑保卫，他认为气候传播是一种传播现象，是将气候变化信息及其相关科学知识为社会与公众所理解和掌握，并通过公众态度和行为的改变，以寻求气候变化问题解决为目标的社会传播活动④。

4.3.1.2 气候传播的类型

传播活动的普遍性决定了传播类型的复杂性。对于气候变化传播，人们根据不同标准、不同角度，可以划分成不同类型。明确具体的气候变化传播类型，有利于思索气候行动目标和具体策略，有助于教师正确选择和组织气候变化教学过程。

（1）从传播影响范围划分

按照传播的影响范围划分，气候变化传播可分为大众媒体气候传播、组织机构气候传播、公众人际气候传播、公众人内气候传播⑤。由于气候传播要突出公众之间有效的人际传播和气候变化知识共享，公众人内传

① 刘涛. 环境传播的九大研究领域（1938—2007）：话语、权力与政治的解读视角 [J]. 新闻大学，2009，102（4）：97-104.

② MOSER S C. Communicating climate change: history, challenges, process and future directions[J]. Wiley Interdisciplinary Reviews: Climate Change, 2010, 1(1): 31-53.

③ WIBECK V. Enhancing learning, communication and public engagement about climate change-some lessons from recent literature [J]. Environmental Education Research, 2014, 20(3): 387-411.

④ 郑保卫. 气候传播理论与实践：气候传播战略研究 [M]. 北京：人民日报出版社，2011.

⑤ 郑保卫. 气候传播理论与实践：气候传播战略研究 [M]. 北京：人民日报出版社，2011.

播作用较小，这里不作介绍。

媒体气候传播，指借助信息传媒传播气候变化信息，这种方式最为普遍。一般来说，大众媒体传播具有专业性强、受众广、技术先进等特点，媒体在气候传播过程中主要承担着设置气候变化议程、解释变化知识、监督气候变化问题、助推气候变化谈判等作用。

组织气候传播，这属于中观的气候传播，主要由政府、机构、企业、社团等组织开展。组织传播通常又可以分为"组织内传播"和"组织外传播"。一般而言，"组织内传播"可以将组织各部分连成有机整体，共同应对组织内部的气候变化问题；而"组织外传播"的主要目标是塑造美好形象，影响组织的气候变化舆论。组织机构的气候传播具有明显的目的性，成员的互动性，行动的协调性以及活动的持续性等特点。

公众人际气候传播，指人与人之间的气候信息传播活动，它在生活中最为常见和直观，它具有反馈及时、自发传播以及全身心投入等特点。

（2）从传播目的角度划分

依据传播目的，布莱恩（Blane）区分出气候变化传播的三大类型，不同类型的气候变化传播行动不同，如图 4-3-2 所示。

向公众宣传气候变化的相关知识	促使公众加入某种形式或程度的社会活动和行动	实现个人文化价值观和社会规范的改变
• 提供科学信息(包含共识水平与问题严重性) • 告知和教育的原因 • 告知和教育当前潜在的影响 • 告知和教育缓解措施与适应实践 • 告知和教育风险管理 • 告知和教育政策措施	• 鼓励相关消费行为 • 鼓励跨越边界的公民和政治行动 • 鼓励采取行动帮助人们更好适应或减少气候变化的脆弱性 • 鼓励适应气候变化行为和行动	• 通过教育影响价值观 • 借助普适性的模型影响价值观

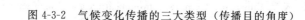

知识/信息取向　　　　　　　　行动和价值观取向

图 4-3-2　气候变化传播的三大类型（传播目的角度）

传播目的 1：向公众宣传气候变化的相关知识。这类传播涵盖气候变化的科学信息、原因、潜在影响和可能的解决办法等。它旨在提高人们对气候变化基本原理等科学共识的理解水平，培养人们对气候变化问题严重性的认识，教育人们了解全面风险管理的必要性，包括缓解风险和适应风险，这是知识/信息取向的传播类型，如书本上印刷的气候变化知识、新闻报道等，都是为了让读者和观众了解气候变化的基本情况与发展趋势。

传播目的 2：促使公众加入某种形式或程度的社会活动和行动。这种参与可以是个体行为（如绿色消费），也可以是公民的集体行动（如积极支持和参与特定气候政策或计划）。与第一类传播类型相比，它的目的不仅仅是触动大脑，还包括促进积极参与和行为改变。这就要求气候变化传播必须针对个人、地方和紧急问题，并以此激励个人采取行动以解决问题，授权他们将自己的价值观和动机转化为实际行动。这种类型的气候变化传播需要用文字和图像来说明公民可以做什么、怎么做，并把这些行动描绘成相对容易产生个人和社会利益的状态（如节省成本、改善生活方式等）。

传播目的 3：实现个人文化价值观和社会规范的改变。这类传播的目的更为深刻。尽管个人持有的气候变化态度和采取的行动之间存在一定差距，但广泛的社会规范和环境准则是影响个人相关行为的重要因子。换言之，改变个人和集体行动不仅需要在情境中做出努力，而且要从根本上通过教育或普适性模型框架等制定新的或改变现有的社会规范。如果辅之以政策支持、基础设施和技术变革等，则能产生更深远的影响。但是，需要注意的是这种气候变化传播类型同样需要考虑受众的支持性，要求要有对话式的互动形式，可以让受众参与塑造新的生活方式和更可持续的社会愿景，而不是简单地通过权威机构"传达"信息让公众来践行。

在以上分类中，气候变化传播针对不同对象、目的采用不同的策略，这在一定程度上为气候变化教育的实施提供了相应的经验和策略启示。

4.3.1.3　气候传播的过程

气候传播过程遵循一定的阶段，不同阶段的矛盾规定了气候传播的关键措施。科学传播过程在宏观上说明了气候传播的阶段，它要求气候变化传播从关注气候变化知识获得，到正确气候变化态度养成，再到科学社会共识达成，这为教师把握教学提供了指导。

（1）科学传播过程的阶段性

英国科学传播学家马丁·W. 鲍尔总结了科学传播过程，将公众对气候变化的理解划分为三个阶段：传统科普阶段—公众理解科学阶段—

形成科学与社会范式阶段，如图 4-3-3 所示，公众对科学的理解随着社会发展和教育进步不断提高，三个阶段的主要矛盾分别是公众科学知识的欠缺、认知态度的欠缺、信任的欠缺①。教师在教学中应提出相应的施进行弥补。

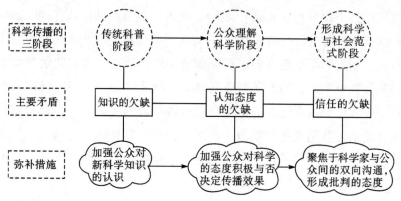

图 4-3-3　科学传播的三阶段

（2）气候传播过程的要素组合

有效的气候变化传播过程要实现在传播要素上优化组合。不同学者持有不同观点，但又具有较强共性。哥伦比亚大学环境决策研究中心（CRED）调查显示，要使气候科学的信息被公众完全理解和掌握，则该信息的传播过程要满足以下条件：运用适当的语言、比喻以及类比的方法进行积极传播；通过故事性叙事、视觉辅助以及经验分享传播科学信息；由受公众信任的传播者在工作环境中发出信息。我国学者王玉洁认为，气候变化知识的传播过程应遵循信息传播的基本规律，并充分考虑气候变化知识自身特点，从经典的传播理论出发，重点围绕三个方面：在信息筛选上，要明确受众及其需求，系统了解科学知识并抓住关键问题；在方式取舍上，要考虑公众对气候变化信息的可接受度，注重内容的可读性与趣味性；在途径选择上，充分利用各种传统与网络媒介，充分发挥各类媒介的交互作用②。苏珊娜（Susanne）综合多位学者的观点，认为气候变化传播需要考虑七个基本问题，如表 4-3-1 所示，并针对不同

①　张钰. 科学与社会视角下的气候传播策略研究 [D]. 青岛大学，2020.

②　王玉洁，陈克垚，周波涛，等. 气候变化知识传播之思考 [J]. 气候变化研究进展，2016，12（2）：162-166.

问题阐述其基本观点①。由此不难发现，多数学者都注意到气候变化传播过程的复杂性，提升传播过程有效性需要优化传播要素的组合。

表 4-3-1　气候传播的七个基本问题与观点

基本问题	观点
传播的目标是什么？	公众气候变化素养的形成：向公众宣传气候变化的相关知识；促使公众加入某种形式或程度的社会活动和行动；实现个人文化价值观和社会规范的改变。
受众是哪些人？	不同的受众有各自不同的有关气候变化的利益诉求和目标，需要不同的信息，对议题的构建各不相同，他们代表不同的价值观，措施和行为也各不相同。
这个议题是如何构架的？使用了什么语言、比喻、意向等？	传播中不可缺少的要素就是如何讲述气候变化的故事，它将影响受众如何解读被提供的信息，以及重要的策略选择。构架的灵感可以来源于文字、图像、符号，也可以是非文字的线索，如传播者、音乐、语调和姿态等。
传达什么样的信息，如何才能使内容最有用、最易懂？内容与信息的来源及其可信度有关吗？	信息内部应该在各方面保持一致性。有效的信息应创造一些思维模式或与之接轨，帮助人们理解问题，并引导人们采取适当的行动来回应。信息必须包含图像、语调及由照片、符号、配色和音乐所激发的情绪。信息必须能一直吸引受众的注意力。在全面实施倡导计划之前做一些测试。
谁是传播者？	传播者需要具有专业性且被受众所信任。
通过什么渠道、模式来传播？	模式包括书面、口头和非口头等不同的传播模式。传播渠道包括面对面与间接的。传播模式、渠道和规模大小决定了在传播中什么能说，应该怎么说，需要多少空间和时间，通过什么方式，是否存在对话、反馈和社会学习的可能性。

　　① MOSER S C. Communicating climate change：history，challenges，process and future directions [J]. Wiley Interdisciplinary Reviews：Climate Change，2010，1 (1)：31-53.

基本问题	观点
如何知道传播是否达到了预想效果？	目前常见的是，衡量一次传播活动成功与否，用类似发出去的宣传手册的数量、媒体点击量或者网站访问量作为标准来评估，或者用粗略的意见调查问卷去评估和跟踪受众对于气候变化的想法和感受。

随堂讨论

1. 思考以上要素分别对应了教学中哪些内容？

2. 除了以上要素，组织有效的气候变化传播还需要考虑哪些要素？

气候传播除了受传播要素和过程的影响外，个体心理对人们接收新信息的模式也起到基础性作用[①]。恐惧诉求理论认为，当个体在接收到气候变化危险信息而产生受恐惧心理时，人们就会从知识经验中寻找相关现象来判断个人遭受风险的程度以及问题的可解决性，并做出个人决策。同时，个体心理还会对气候变化信息起到过滤作用，如人们通常只会寻找与接收和心理结构相匹配的气候信息，来满足自我认知的需求，但这种过滤会使个体弱化某些信息的危险性，引导自身回避或者不考虑一些需要改变的想法或行为，甚至接受错误信息等。除此之外，个人群体身份认同也会影响气候传播，有研究发现，当个体面对环境问题时，拥有较高的群体身份认同会使个体更倾向于配合群体决策[②]，产生集体行为。提高受众的群体身份的认同程度并利用其群体身份认同，可以推动集体发起应对气候变化的行动。

以上气候变化传播理论从传播学和社会心理学等角度为我们大致描绘了气候变化教育的多重影响，从气候传播的类型上规定了气候变化教育的具体行动，从气候变化传播的条件阐释了气候变化教育的环节与要素，而在气候变化传播理论的心理基础上明确了气候变化教育的方式。

① Center for Research on Environmental Decisions. The psychology of climate change communication：A guide forscientists, journalists, educators, political aides, and the interested public.［M］．New York：Columbia University，2009.

② Center for Research on Environmental Decisions. The psychology of climate change communication：A guide forscientists, journalists, educators, political aides, and the interested public.［M］．New York：Columbia University，2009.

气候变化教育

这些方式、方法从整体上涉及了气候变化教育中的要素环节，能够指引我们在开展教育行动中综合施策，提高教育过程的针对性和有效性。

4.3.2 气候变化行为的发生原理：环境友好行为模型

行为被认为是应对气候变化的核心举措，是气候变化素养的核心特征。环境友好行为模型明确了气候变化行为的发生原理，该模型认为，拥有环境知识和环境友好态度并不能解决环境问题，而环境友好行为的参与，才能从根本上解决环境问题。环境友好行为模型为应对气候变化行为的发生提供了理论参考，明确了促进气候变化行为发生的路径与主要影响因素，这为培养气候变化素养提供了相关理论指导。

4.3.2.1 环境友好行为模型的发展演化

人的行为对保护环境具有至关重要的作用。随着生态环境恶化带来的负面影响以及人们对美好生活的强烈诉求，不同研究领域都出现了用来描述个人保护环境的行为名词，如绿色消费行为、可持续行为、生态行为、环境友好行为等。其中，环境友好行为最早出现在环境心理学中，简单来说就是积极的、对保护生态环境有利的行为。它包含个人主动参与、付诸行动来防范或解决环境问题，支持自然环境可持续发展的活动等，不管是减少人类对环境的负面行为，还是采取与鼓励对自然环境有利的积极行为，都可以称为环境友好行为[①]。环境友好行为十分强调人是行为的主体，指向利于生态环境良性发展的公众行为。

要促进积极的、对自然环境有利的行为，首先需要弄清楚影响或决定人类行为的因素，这样才能采取有效措施引导环境友好行为的发生。20 世纪 80 年代以来，环境心理学家重点关注了环境知识、环境态度、环境意识等要素对环境行为的影响，并试图提出某种理论或模型来预测人们的环境行为，环境友好行为模型就在这种背景下诞生了。

早期的环境友好行为模型认为，环境知识是环境态度形成和环境行为表达的来源[②]。也就是说环境知识的增加会直接增强人们对环境的关注

① 罗艳菊，张冬，黄宇. 城市居民环境友好行为意向形成机制的性别差异[J]. 经济地理，2012，32（9）：74-79.

② KOLLMUSS A, AGYEMAN J. Mind the gap: why do people act environmentally and what are the barriers to pro-environmen-tal behavior? [J]. Environmental Education Research,2002,8(3):239-260.

第 4 章 气候变化教育概述

与环境态度的改变，进而促成环境友好行为的发生，三个要素是线性关系，因此也被称为线性环境友好行为模型，如图 4-3-4 所示。该模型认为人们可以通过对环境知识的学习达到环境管理的目的，但实际这种线性模式很快被证明存在偏差。许多研究表明，在大多数情况下，环境知识和态度的提高并不会直接促成环境友好行为的发生。

$$\boxed{\text{环境知识}} \longrightarrow \boxed{\text{环境态度}} \longrightarrow \boxed{\text{环境友好行为}}$$

图 4-3-4　早期的线性环境友好行为模型

随堂讨论

为何环境知识的获取并不能直接促成环境友好态度形成和行为发生？你能分析其中的原因吗？

至今仍有许多国家和组织将他们的宣传活动和策略建立在"更多的知识会导致更多的行为"这一简单的线性逻辑上。其中，环境知识的获取并不能直接促成环境友好态度形成和行为发生的原因如下：一是在学校学习的知识是一种间接经验，并非直接经历环境问题，这导致知识、态度和行为之间的关系并不是强相关的；二是影响人们环境态度的因素还包括社会规范、文化传统和家庭习俗等外在环境因素。

环境友好行为的发生受多因素的共同影响。虽然环境知识并不能直接引起态度变化和行为发生，但解决环境问题之前必须熟悉问题产生的原因，且必须知道如何行动来降低人们对环境的影响。因此，环境知识仍然是形成环境态度与解决环境问题的"调节器"。基于以上认识，综合气候变化行为的发生受多个因素共同影响。科尔姆斯（Kollmuss）在各模型与理论的基础上提出了新的环境友好行为模型[①]，如图 4-3-5 所示。该模型认为影响环境友好行为发生的因素主要有三类：人口因素（如性别、受教育程度等）、外部因素（如政治、经济、社会和文化等）和内部因素（如环境态度、情感参与、环境知识等），并认为环境友好行为的发生是一个复杂的过程，受各类因素的交织影响。

① KOLLMUSS A，AGYEMAN J. Mind the gap：why do people act environmentally and what are the barriers to pro-environmen-tal behavior？ ［J］. Environmental Education Research，2002，8（3）：239-260.

气候变化教育

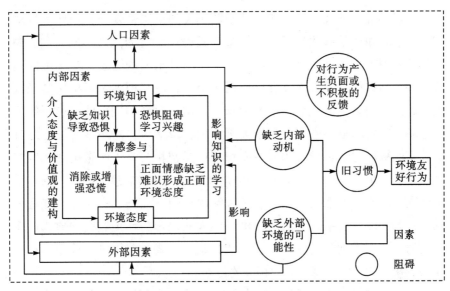

图 4-3-5　环境友好行为模型示意图

4.3.2.2　气候变化行为的发生原理

（1）模型阐述

在 Kollmuss 的环境友好行为模型中，人口因素又称人口统计特征，主要包括性别、受教育程度等。其中，性别差异是当前环境友好行为研究的重要领域，它与环境友好行为具有较显著的关系[①]。一般认为，被赋予"照顾者"角色的女性更容易对自然界产生同情，因而在日常生活中会表现出较好的环境友好行为参与度，但公共环境友好行为上的男女差异不大。受教育程度也是重要的因素，一般来说，受教育程度越高，居民综合素质越高，采取环境友好行为的倾向也越明显。此外，收入、年龄、政治面貌等也会产生影响，但总体来说，人口因素对环境友好行为的影响比较有限[②]。

内部因素又称为心理因素，主要包括环境知识、情感参与和环境态度，三者相互作用。环境知识被认为是环境态度与环境友好行为产生的前提条件。马斯科维斯奇（Marcinkowski）将环境知识分为自然环境知

---

①　龚文娟. 当代城市居民环境友好行为之性别差异分析［J］. 中国地质大学学报（社会科学版），2008（6）：37-42.

②　孙岩，武春友. 环境行为理论研究评述［J］. 科研管理，2007（3）：108-113.

第 4 章　气候变化教育概述

155

识、一般环境知识（与生态和环境问题相关的事实性知识）和环境行动知识（关于如何采取适当行为以解决问题的环境行为知识）三大类。缺乏环境知识容易使个人产生恐慌心理，无法以正面的情感参与环境问题的解决，而这种恐慌心理又会反作用于个体，使其拒绝学习相关知识以隔绝恐慌心理发生的机会。情感参与是人类应对环境问题的情感，作为塑造环境态度的重要中介。在相关研究中，情感参与对环境友好行为具有较好的解释力，它与个体的态度和动机紧密相关，进而影响到环境友好行为的发生①。缺乏正面情感难以形成正确的环境态度，而个人的环境态度则会消除或增强人们在面对环境问题时的负面情感；环境态度是公众对人类和环境关系的看法与评价。环境知识参与环境态度的建构，而个人的环境态度则限定了知识学习的兴趣、方式、范围等，越是具有环境保护态度的公民，越能采取相关的行动。

外部因素又称情境因素，是个体产生某一特定行为时所面临的客观因素，主要包括人际影响、社会规范、政策法规等。它常扮演着中介的角色，构成"态度—情境—行为"的逻辑发生链条。当外部情境较为中立时，环境态度对环境友好行为的作用比较突出，当外部情境不利时，外部情境会对环境态度产生抑制作用。例如，在我国环境治理中，政府长期扮演着主导作用，政府推动的政策情境会促进或阻碍居民的环境行为。内部因素与外部因素并不是割裂地影响行为，而是相互作用。受个人内部因素的影响，行为发生的主动性有可能会下降，此时个人会将实施环境友好行为的控制权交给相关政府与非政府组织，通过它们的行动来促使间接的环境友好行为发生。在内外部因素的共同作用下，个体还需要克服内部动机、外部环境条件与旧的行为习惯限制，才能发生环境友好行为。若个体心理与外部环境没有对该环境友好行为做出正面且充分的反馈，则会抑制个体行为发生的内部因素，不利于下一次环境友好行为的发生。环境友好行为模型强调了克服行为障碍、发动内部心理动机对于环境友好行为发生的重要性。

（2）理论启示

环境友好行为模型充分揭示了气候变化行为的发生原理。气候变化

气候变化教育

---

① 陆益龙. 水环境问题、环保态度与居民的行动策略：2010CGSS 数据的分析[J]. 山东社会科学，2015（1）：70-76.

知识、气候变化态度、气候变化行为三者之间并不是简单的线性关系，而是一个有机的综合体。其中，气候变化知识是应对气候变化问题的基础，气候变化知识是气候变化态度形成与气候变化行为发生的先决条件与"调节器"，气候变化态度影响人们的行为意志，再在内外部条件的作用下促成环境友好行为的发生。

环境友好行为模型为气候变化教育实践指明了方向，强调创新教学模式以促进学生应对气候变化行为的发生。由于参与式、探究式、项目式、问题式等教学模式具有较强的实践性与体验性，它注重的不是项目最终取得的结果，而是使学生通过实施具体项目获取知识、技能及问题解决的方法。学生会在完成项目、解决问题、探究真实情境的过程中增强合作能力、处理复杂问题的能力、对知识进行自主深化与拓展的能力，从而形成相关的科学态度，进而激活外显行为，最终促进气候变化友好行为的发生。

4.3.3　气候变化素养的培养机制：活动教学理论

培养个体气候变化素养作为气候变化教育的主要目标，探究个体素养发展的机制成为气候变化教育的重要内容。活动理论明确了学生气候变化素养的发展机制，活动理论认为学生自身的能动活动是促进学生素养形成的动力，活动既是认识的源泉，又是思维发展的基础，学生素养的发展是在参与一系列不同水平的活动中内化的结果。

4.3.3.1　活动教学思想的内涵及特征

活动教学思想是在长期演化和批判中逐步确立起来的。它反对强制性教学，提倡儿童通过观察、考察、游戏和劳动等活动来理解事物、获取经验。在当代，活动教学在思想与实践上的进一步发展主要源于两方面的研究成果。一方面来自皮亚杰认识论的研究，他认为主体对客体的认识是从人对客体的活动开始的，揭示了活动在儿童发展中的根本作用[1]；另一方面来自以维果斯基为代表的苏联维列鲁学派的研究，它们将马克思主义认识论中"实践"概念引入教学理论，认为人的发展是在完成某种活动中实现的，儿童在参与实践活动的过程中，能够将外部的形

---

① 田慧生. 关于活动教学几个理论问题的认识［J］. 教育研究，1998（4）：46-53.

式活动概念化、概括化为意识活动，从而促进素养的发展，转而对参与实践活动的方式产生影响。

"活动"作为活动教学理论的核心概念，首先要对其本质属性进行清晰的界定。从哲学角度看，活动是人存在和发展的基本方式，是通过对周围现实的改造满足人的需要或目的的过程，改造最根本的形式就是劳动。而对学生来说，改造现实的方式就是不断改造自身的学习活动。因此，活动教学意义上的活动，主要是指学校教学过程中学生自主参与的，以学生兴趣和内在需要为基础，以主动探索、变革、改造活动为特征，实现学生能力综合发展为目的的主体实践活动。这里的活动既不完全等同于意义上的"劳动"，又区别于传统教学中的被动和片面活动，概括起来有以下特性[①]。

第一，活动具有对象性。任何活动都是指向一定的对象的，学习活动的对象概括起来有两类：一类是以实物存在的客观事物和环境；另一类是个体心理观念、情感和知识体系等。活动的对象性要求实施气候变化活动教学要充分调动学生的积极性和主动性，同时又要重视和分析活动对象特点和内容，依据对象的规律特点、知识属性、情境变化等设计活动，形成有针对性、高效实用的活动方案。

第二，活动具有整体性。整体性有两层内涵：一是活动结构具有整体性，完整的活动由内部活动和外部活动共同构成，既有物质的、实践的，又有智力的、精神的；二是活动过程具有整体性，教学过程涉及学生外部活动与内部活动的双向转化，科学完整的认识过程是一个由外而内、由内而外的相互转化过程，最终实现学生主体活动内化与外化的统一。

第三，活动具有阶段性。学生的学习活动决定了人的发展水平，同时学生学习活动的内容和水平又受制于学生身心发展的年龄特征，必须依据学生身心发展规律有序展开，分阶段提高。因此，在教学实践中，组织学生的气候变化活动应具备明显的阶段性特征。

第四，活动具有开放性。体现如下：首先是内容的多样性和可选择性，以满足不同水平和兴趣学生的需要；其次是过程的开放性，活动过程是动态发展的，随时变化，要依据学生课堂表现和需求适时调整教学

---

① 田慧生. 关于活动教学几个理论问题的认识［J］. 教育研究，1998（4）：46-53.

活动；再次是空间的开放性，根据活动的需要，活动空间可由课内向课外乃至校外延伸；另外师生关系的开放和结果的开放性也极为重要。

第五，活动具有建构性。教育活动本身是活动主体对活动对象的主动探索和主动建构的过程，活动的建构是学习者在活动过程中自主、能动、创造特性的集中体现。

通过以上内涵和特征追溯，活动教学就是在教学过程中坚持"以活动促发展"的指导思想，倡导以学生的主体活动为主要形式，侧重以问题式、策略式、情感性和技能型的程序性知识为基本学习内容，强调以能力培养为导向，以素养整体发展为取向的教学。把握活动设计的内在规定性，可以帮助我们从实践角度设计气候变化教学活动。

4.3.3.2 活动教学的素养发展机制

活动是人类存在和发展的基本方式，也是学生认知、情感和行为发展的基础。认识活动对人的发展性，可以从活动形态分类和活动内在过程两个角度进行理解。从活动的类型来看，杜威将儿童活动分为交往活动、建造活动、探究活动以及表现活动。在我国，有人从"主体—客体""主体—主体"的关系出发对活动进行分类，陈佑清认为活动类型最重要的划分依据是活动对象的形态差异，据此可将活动分为内向活动和外向活动。其中，内向活动以人的身心结构作为活动对象，外向活动以外在的客体为对象，实物活动（反映人与物之间的关系）、交往活动（反映人与人之间的关系）、媒体活动（反映人与负载媒体中的人类精神文化之间的关系）是外向活动的三种基本类型[①]。此外，根据活动的媒介和对象，学习活动可以分为符号学习活动、感知性学习活动、动作性学习活动以及交往性学习活动[②]。正是这三大类活动将自然界、人类社会和人类精神文化紧密联系起来。不同的主体活动总是带着主体的动机和目的，而它们的实现是由一系列具体动作完成，借助一定手段展示个人价值、潜能、情趣，最终实现人的发展。

从学生自身能动活动的内在过程来看，学校教学的文化性能动活动促进学生素养发展的过程有两个具体机制[③]。第一个机制是在文化性能动

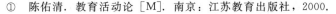

① 陈佑清. 教育活动论［M］. 南京：江苏教育出版社，2000.
② 陈佑清. 教育活动论［M］. 南京：江苏教育出版社，2000.
③ 陈佑清，曹阳. 能动参与文化性活动：学生素养发展的基本机制［J］. 课程·教材·教法，2018，38（12）：80-87.

活动中主体与客体之间的相互转化，包含主体客体化与客体主体化两个过程。主体客体化是指主体将个体特性融合到客体中，使客体成为主体的化身和投射，从而实现活动目的的过程；客体主体化是指客体的特征及活动过程对主体的心理结构和心理状态的影响，如促进认知结构的发展、调整，对情感意志的影响等。两个过程中的主体在参与符合自身需求的活动时，总是努力追求实现自己预期的活动目标，当主体现有的身心素养未达到客体要求时，主体就会能动地调整自身的不足，改造、丰富自身的身心与素养结构，以实现预期目标。第二个机制是能动活动中的间接经验与直接经验之间的互动与融合。学生能动活动的过程，本质上是指活动主体在能动活动中将自己所掌握的文化知识与活动结合，实现间接经验与直接经验的交流、融合与转换，在内化过程中促进自身素养的形成。从上述内容可以看出，学生的能动性活动是素养发展的基础和重要推力[①]。

因此，指向学生素养发展的教学就是要以活动串联知识内容，以活动驱动学习过程，以活动促进语言和思维的发展，实现对主题的意义探究。对于学生来说，只有通过自己参与、体验、探究、内化等具体活动，才能将知识转化为解决具体问题的能力。为此，教师应该以学生的学习兴趣和认知需求为基础，以主动探究为依据，设计目的明确、体现实践性和整体性特征的活动。

4.3.3.3 基于活动教学的气候变化素养发展

活动教学理论对学生气候变化素养的发展与气候变化教学活动的设计提出了要求。首先，坚持学生中心的原则设计气候变化教学活动。学生是活动执行的主体，活动内容必须要吸引学生学习兴趣和满足学习需要，强调以学生自主、主动地探索问题、解决问题、改造客观世界为核心环节，确保学生在气候变化教学活动中的思维参与和情感投入，只有这样才能有利于学生在活动参与过程中完成对社会历史文化的内化[②]，形成气候变化相关素养。其次，活动作为学生发生行为的主要载体，优化

---

① 王道俊. 把活动概念引入教育学 [J]. 课程·教材·教法，2012，32（7）：3-7.

② 田慧生. 关于活动教学几个理论问题的认识 [J]. 教育研究，1998（4）：46-53.

活动的类型及组合形式，是促进学生素养发展的有效策略。教学活动可以分为探索发现活动、问题解决活动和技能操作活动等，不同的活动指向不同的素养培养。此外，活动之间的有机关联也十分重要，最终都指向问题解决和认知提升。教师教导应该直接作用于学生的能动性活动，从而间接地影响学生的素养发展，学生在活动中需要充分发挥其主体地位，如图 4-3-6 所示。该理论契合了气候变化素养的形成机制，强调了学生中心、学生主体的教学活动对气候变化素养发展的重要性，同时也为如何培养学生素养提供了实践思路。

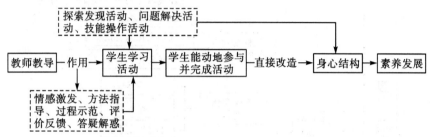

图 4-3-6　教师教导促进学生素养发展的过程

随堂讨论

回忆你听过的一节与气候变化内容相关的地理课，分析讨论：

1. 你喜欢什么样的课堂活动，为什么？

2. 结合教学过程，简要评价这节课的活动构成，尝试提出优化改进的建议。

本章小结

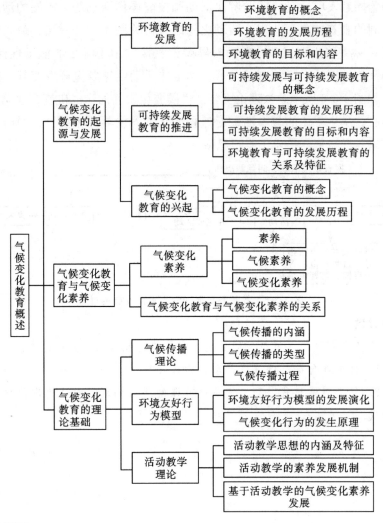

平台链接

《2030 年可持续发展议程》SDGs13 气候行动 http：//www. globalgoals. org /13-climate-action

《巴黎协定》 https：//unfccc. int /process-and-meetings /the-paris-agreement /the-paris-agreement

王民教育网 www. wangminedu. com /notice /20211024. html

联合国 21 世纪议程 https：//www. un. org /chinese /events /wssd /chap2. htm

气候变化教育

联合国教科文组织中国可持续发展教育项目 http：//www. esdinchina. org /sy

联合国教科文组织世界可持续发展教育大会 https：//zh. unesco. org /

面对海平面上升采取行动：沿海城市和领土的解决方案地图 https：// ocean-climate. org /en /taking-action-in-the-face-of-sea-level-rise-a-map-of- solutions-for-coastal-cities-and-territories /

联合国空间规划署数字图书馆 https：//unesdoc. unesco. org /home

第5章　全球中学气候变化教育概述

本章概要

　　本章内容主要阐明当前国际中学气候变化教育的概况。通过介绍美国、加拿大、英国以及我国中学的相关课程设置、课程标准、气候变化教育教材、实施形式以及实施效果，分析当前全球主要国家的中学气候变化教育发展概况。通过分析与比较，总结当前国内外中学气候变化教育的成就与不足，为进一步推进我国中学气候变化教育提供借鉴与参考。

学习目标

　　1. 运用文献法和系统方法，分析美国、加拿大、英国、中国等国家气候变化教育的课程设置、课程标准、教材设计、实施形式以及实施效果，区分并总结各国中学气候变化教育的现状特点。

　　2. 运用案例法，阐述各国气候变化教育的实施形式与实施效果，概括说明我国中学实施气候变化教育的有效措施与注意事项。

　　未来社会的建设者和决策者需要具备更高的气候变化素养，因此，面向中学生群体的气候变化教育尤为重要。一方面，目前世界各国的中学气候变化教育实施情况存在显著差异，主要体现在课程设置、教材设计、教学实施形式以及实施效果等方面。例如，美国气候变化教育起步时间早，然而由于政治背景、社会舆论等因素，气候变化内容在中学的发展仍然受到阻碍；加拿大部分地区尤其重视中学气候变化教育，制定了较为完备的课程标准、教材，并且实施形式多样；英国气候变化教育整体发展晚且未得到明显关注，实施效果较差；我国尽管起步时间较晚，但是国家重视全球气候变化问题，气候变化教育在中学实施并取得了一

气候变化教育

定的进展。总体而言，当前国内外气候变化教育已取得了一定成就，但仍存在一些亟待解决的问题。

5.1　全球中学气候变化教育实施概况

当前中学气候变化教育在全球的发展情况存在巨大差异，主要体现在课程设置、教材设计、教学实施形式、实施效果等方面。首先，课程设置是教学活动的主要载体，具体指各级各类学校依据一定的培养目标，选择课程内容、确定课程门类、学分和教学时数，以及编排学年和学期顺序，形成合理课程体系的过程①。目前全球各国并没有专门设置面向中学生的气候变化教育课程，而是将气候变化相关内容融合在科学、地理等课程中。其次，教材是气候变化教育的基础工具，其知识内容的呈现形式、用词选择以及知识点完整程度都会对学生的认知形成产生很大的影响。基于课程标准与教材内容，教师的教学过程以及学生的互动与对话构成了课程实施②③。课程的具体实施形式包括课堂教学、课外活动以及社区项目等，而课程实施的形式选择对气候变化教育的效果至关重要。最后，中学气候变化教育的实施效果，包括知识水平、情感态度与行动能力等多方面，是评价中学气候变化教育水平的重要标准。

本节选取了美国、加拿大、英国以及中国四个具有代表性的国家，通过介绍和对比各国的中学气候变化教育的具体实施情况，希望能够对国际气候变化教育现状见微知著，为推动今后中学气候变化教育的发展提供经验参考。

5.1.1　美国

据美国国家科学教育中心 2016 年发布的一篇报道介绍，大约 75％的美国公立学校的科学教师会教授气候变化科学，几乎所有公立学校的学

---

①　王飞，贺文琴，胡倩倩. 新教学理念下的英语教学研究［M］. 西安：西北工业大学出版社，2020.

②　崔允漷. 课程实施的新取向：基于课程标准的教学［J］. 教育研究，2009（1）：74-79.

③　李子建，尹弘飚. 后现代视野中的课程实施［J］. 华东师范大学学报（教育科学版），2003（1）：21-33.

生都会接触到有关"全球变暖"的内容。然而，报告也发现了美国的中学生群体获取到的有关气候变化的内容与信息参差不齐，这种差异体现在不同州、不同学校与不同教师担任教学任务的班级中①。该报告客观地呈现了美国中学气候变化教育的现状，一方面，从课程标准制定、教材研发、教学实施以及教育研究等角度综合来看，美国的中学气候变化教育相对于其他国家开始较早，且发展程度相对完善；另一方面，由于政治背景与社会舆论等因素干扰，美国中学生对于气候变化教育的接受程度存在很大差异，气候变化教育在美国中学的实施仍然存在一些问题与阻力。

5.1.1.1 课程设置

目前美国并没有开设面向全体中学生的气候变化科学专门课程，气候变化内容主要在科学、社会研究与地理科目的课程内容中体现。其中，科学课程和社会研究的课程标准为《下一代科学标准》和《社会研究国家课程标准：教学、学习和评估框架》，其内容制定覆盖了 K-12（Kindergarten through twelfth grade，简称 K-12，指学前教育至高中教育的基础教育阶段，主要在美国、加拿大等北美国家使用）整个基础教育阶段。地理课程的课程标准为《国家地理课程标准》，主要针对 K—4年级、5—8 年级、9—12 年级三个阶段而制定。

（1）《下一代科学标准》

《下一代科学标准》（The Next Generation Science Standards，NGSS）由美国多州共同提出，致力于"创建实践内容丰富，面向跨学科、跨年级的连贯统一的、具有国际基准的科学教育"的新教育标准。该标准由美国 26 个州联盟，美国国家科学教师协会、美国科学促进协会、国家研究委员会以及其他组织共同制定，草案最终于 2013 年 4 月发布。

NGSS 明确纳入了气候变化这一主题，气候变化教育在美国科学教育中的地位得以显著提高。表 5-1-1 为 NGSS 提出的地球和空间科学领域相关的标准，该学科领域的内容明确涉及气候变化科学知识、态度、行动的构建。例如，能量转移、物质类型与温度关系、生物多样性与生态系

---

① PLUTZER E, HANNAH A L, ROSENAU J, et al. Mixed messages: how climate is Taught in America's schools[M]. Oakland, CA: National Center for Science Education, 2016.

统服务等知识内容，气候行动意识、全球意识等观念内容①。行动内容方面，NGSS列出了教学实施的建议标准，如根据气候变化对人类的影响构建教学活动、使用模型教学表述地球能量系统与气候变化的关系、评估缓解人类对自然系统影响的技术方案、利用地球科学数据模型预测气候变化等。

表 5-1-1　　《下一代科学标准》中的气候变化科学标准内容与评估要求②

标准	标准内容与评估要求
基于自然资源的可获得性、自然灾害的发生和气候变化如何影响人类的科学证据	• 关键可获得性自然资源的实例，如淡水（如河流、湖泊和地下水）、土壤肥沃地区（如河流三角洲）以及大量矿物和化石燃料分布地区的可获得性。 • 自然灾害的实例，如地球内部动态过程（如火山爆发和地震），地表动态过程（如海啸、滑坡和土壤侵蚀）以及恶劣天气（如飓风、洪水和干旱）等。 • 气候变化的结果可能导致人口数量变化或大规模迁移的实例，包括海平面的变化、区域水热模式，以及可饲养的牲畜类型。
进出地球系统的能量的变化是如何导致气候变化的	• 因时间尺度而异的气候变化原因实例： 几十年内：大型火山喷发、海洋环流。 几百年至几千年内：人类活动的变化、海洋环流、太阳输出。 几十万年至几百万年：地球轨道和地轴方向的变化。 几千万年至几亿年的时间：大气成分的长期变化。 • 对气候变化结果的评估，如地表温度、降水模式、冰川冰量、海平面和生物圈分布的变化。

---

① HESTNESS E, MCDONALD R C, BRESLYN W, et al. Science teacher professional development in climate change education informed by the next generation science standards[J]. Journal of Geoscience Education, 2014, 62(3):319-329.

② NGSS Lead States. Next generation science standards: for states, by states[M]. Washington: The National Academies Press, 2013.

第5章　全球中学气候变化教育概述

167

标准	标准内容与评估要求
完善"减少人类活动对自然系统影响"的技术解决方案	·人类活动影响的数据实例，如污染物排放的数量和类型、生物量和物种多样性的变化、土地利用类型的变化（如城市发展扩张、农业养殖用地或地表采矿）。 ·列举不同尺度的人类缓解气候变化行动的实例，小尺度的如当地人群共同努力减少、再利用和回收资源，大尺度的如地球工程设计解决方案（如通过改变大气或海洋来改变全球温度）。
根据地球科学数据和全球气候模型，分析当前全球或区域气候变化的速度以及未来对地球系统的影响	·利用气候变化发生的证据或相关影响实例，如数据或气候模型。 ·列举气候变化证据及其相关影响的例子。

NGSS 基于地球科学与气候变化科学知识提出的课程标准，可以系统地推动中学生群体气候变化教育基础知识的普及，提高未来社会决策者的认知与行动能力。同时，该课标关注科学前沿与生产生活聚焦问题，将拓宽专业视野与服务实际生活结合，能够有效推动当下气候变化教育改革发展的实施。

随堂讨论

针对表格中 NGSS 提出的课程标准，思考中学应该如何开展相应的实际教学内容，并举例说明。

（2）《社会研究国家课程标准：教学、学习和评估框架》

美国国家社会研究委员会将社会研究定义为"提高公民能力的，社会科学和人文学科的综合研究"。美国的社会研究课程以培养学生的公民能力（即学生积极参与公共生活所必需的知识、能力和立场观念）为核心目标，通过向学生提供数学、人文科学、经济学、地理、历史、法律、哲学、政治学、心理学和社会学等多学科系统的学习内容，帮助青少年更好地适应多元化、民主化的生活环境，成为合格的社会公共事业建设者与决策者。

2010 年，美国的全国社会研究委员会发布了修订后的课程标准——《社会研究国家课程标准：教学、学习和评估框架》（简称《社会研究国家课程标准》）。表 5-1-2 中具体列出了《社会研究国家课程标准》中有关

气候变化教育

气候变化的标准主题，如人类地点与环境，生产、分配与消费，科学、技术与社会以及全球联系等，并列出了相关要求与评估标准，如分析区域和全球气候系统变化后果、当前全球问题（如气候变化）对地球及其居民健康和福祉的影响、说明个人行为和决策是如何与全球问题相联系的等内容①。

　　《社会研究国家课程标准》重视中学生作为国家公民的知识储备、思维能力与立场态度，从自然环境与人类社会的相互作用出发，强调个体与人类、区域与全球相互依存、影响的重要事实。该课标还关注未来全球人类的生存问题，并与当地实际生活情境相结合，能够有效提高中学生群体关注全球气候变化问题的意识以及应对能力。

表 5-1-2　《社会研究国家课程标准》中气候变化科学标准内容与评估要求

标准	标准内容与评估要求
人类、地点与环境	· 研究不同地点的人类活动与自然要素（如气候、植被和自然资源）之间的关系。 · 分析区域、全球自然环境系统的动态变化，如季节、气候、天气变化和水循环过程。 · 评估人类行为对环境产生的影响。
生产、分配与消费	· 了解人们做出的经济选择对现在和未来的影响，如水资源短缺、气候变化对粮食生产分配的影响。
科学、技术与社会	· 了解科学技术发展对人类环境认知、人地关系、生产生活以及安全观念的影响。 · 了解科学技术在不同时间、空间尺度产生的影响。 · 了解当前科学技术的发展趋势。 · 了解科学技术发展对解决全球问题的重要性。
全球联系	· 了解全球性问题通常不是由任何一个国家造成或发展的。 · 了解当前的全球问题（如气候变化、贫穷、疾病和冲突等）对自然环境及居民健康福祉的影响。 · 利用地图、图表和数据库，探索社区、地方或国家层面的全球联系模式和预测趋势。 · 说明个人行为和决策是如何与全球问题相联系的。

　　① ADLER S A. National curriculum standards for social studies a framework for teaching, learning and assessment [M]. Silver Spring, MD: National Council for the Social Studies, 2010.

随堂讨论

1. 结合上述《社会研究国家课程标准》的内容，思考"当前的全球问题"主要包括哪些？

2. 选择其中一条标准，说明中学可以设计哪些实践活动来开展气候变化教学？

（3）《国家地理课程标准》

《国家地理课程标准》是由美国地理学会、美国地理学家协会、国家地理教育委员会和国家地理学会等地理教育机构联合制定的。该标准在1994年首次发布，并于2012年重新修订（本节介绍的为2012年修订版本内容），旨在帮助学生了解和掌握地理事实知识、地图与工具使用方法、地理思维方式等，以培养学生的地理素养，并将地理技能与空间生态视角应用到生活情境中，理解地球系统形成的作用机制，以及人类社会与自然环境的关系作用。该课程标准共有六项内容主题、十八条细则，阐明了学生应该具备的地理知识和实践能力。

表 5-1-3 列出了《国家地理课程标准》中与气候变化教育相关的内容，如区域的自然属性与人文特征，人口的特征、分布与迁移，资源意义、用途、分布与重要性的变化，以及利用地理学解释现在与规划未来等。同时列出了各主题的具体要求与评估标准，如人类活动对当地自然环境的影响、煤等不可再生资源的利用、分析全球变化等事件的影响及应对措施等①。

《国家地理课程标准》基于地理学视角，结合自然与人文学科的知识内容，能够有效培养中学生对气候变化问题思考的系统思维模式，帮助中学生群体了解未来全球气候变化背景下更严重的环境威胁与社会竞争，并更好地应用地理学知识来应对气候变化问题。

表 5-1-3 《国家地理课程标准》中气候变化科学标准内容与评估要求

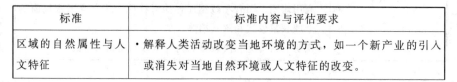

标准	标准内容与评估要求
区域的自然属性与人文特征	·解释人类活动改变当地环境的方式，如一个新产业的引入或消失对当地自然环境或人文特征的改变。

① GALLAGHER S M, DOWNS R M. Geography for life: national geography standards[M]. Washington: National Council for Geographic Education, 2012.

气候变化教育

标准	标准内容与评估要求
地球表面的人口特征、分布与迁移	• 确定并解释人口迁移的推动因素，如环境变化、饥荒、失业等。
资源意义、用途、分布与重要性的变化	• 描述可再生、不可再生资源的形成过程以及空间分布，如煤、石油、天然气等。 • 解释石油、煤等不可再生资源如何被可再生资源取代。 • 解释人类如何利用技术延长不可再生资源的供应时间。
如何应用地理学来解释现在与规划未来	• 描述和分析当前全球问题对地理环境的影响。 • 解释地理背景在解决当前全球冲突中的作用，如边界争端、土地利用问题、资源分配、气候变化等。 • 描述和分析地理学对未来规划的影响，如分析某区域未来最可能发生洪水、风暴潮、热浪等极端天气事件的地区，并提出建议。

5.1.1.2 教材设计

根据教育阶段、科目以及地区的不同，美国中学选择开展气候变化教育的教材也存在差异。《科学探索者》与《科学发现者》是当前美国中学使用的主流理科系列教材，其内容包含了气候科学与气候变化主题的知识内容；《东南地区森林与气候变化》是美国东南地区结合当地特有森林植被与气候变化背景，编写的适用于中学气候变化教育的优秀教材。

（1）《科学探索者：天气与气候》

《科学探索者》是美国初中的主流理科系列教材，目前第三版修订丛书共18册。该教材向初中生介绍了生物、地理、化学与物理学科的知识内容，结合科学核心概念、科学前沿、有趣的文字图片与丰富的实验活动，以丰富中学生科学知识、激发中学生探索兴趣、培养中学生科学思维为目的，对动手创新能力具有很强的指导意义①。

其中，《科学探索者：天气与气候》这本书详细地介绍了气候科学以及气候变化科学的相关知识，包括大气、天气要素、天气类型以及气候与气候变迁四个章节内容，这些内容与科学研究前沿成果展示、科学家

第5章　全球中学气候变化教育概述

---

① PADILLA M J. 科学探索者 [M]. 3版. 万学，等译. 杭州：浙江教育出版社，2018.

事迹以及探索实验介绍相结合。第一章至第三章重点介绍了天气的概念与观测技术，以及与气候系统有关的基础知识，如"天气的定义""大气组成""太阳辐射""温室效应""观测气象技术"等。第四章"气候与气候的变迁"对气候变化的原因与影响进行了介绍。从第四章对气候变化的表述内容来看，本书存在以下特点与问题。

本书的特点是将丰富的知识内容与探索性趣味实验紧密结合，从而激发学生对于科学的学习兴趣。例如，测量不同海拔高度的温度、测量分析相对湿度、利用计算机预测天气、测量太阳光线与角度等实验，使学生熟悉科学探究的基本过程（科学问题提出、实验设计、数据收集、解释与科学证明等）。

然而，本书在"气候变化"内容表述方面存在较大问题。其一，对气候变化的复杂影响与表现简单概括为"地球大气温度缓慢变暖"，即全球变暖；其二，对气候变化的原因归类为"大多是由自然因素造成的"；其三，对于当前科学研究证实的"人类活动导致气候变化"事实，则表述为"最近科学家经过研究发现，人类活动也会引起气候的改变"，并引入了气候变化的另一种假说——"气候变化可能是二氧化碳浓度和太阳能量变化的结果"。气候变化是复杂的多系统相互作用的结果，涉及全球不同地区的多种气温、降水与极端天气事件发生频率等模式的改变，不能简单地将全球气候变化表述为全球变暖；另外，强调气候变化是由自然原因导致，而忽略其主要原因——人类活动的影响，该书此处的表述存在严重的误导倾向。

（2）《科学发现者：地球科学》

《科学发现者：地球科学》是美国高中主流地理教材，本书涉及了地质历史、资源环境、气象学、海洋学、天文学等学科要义，以全面、系统、动态的角度剖析地球环境及其与人类活动的关系，重视科学研究的前沿成果、日常生活与地理环境之间的关系，并采用实验、考察、调查等实践活动探索地球科学现象背后规律[①]。

书中第四单元"大气圈与海洋"是与气候变化主题联系最为密切的部分，用"大气圈""气象学""气候"三个主要章节来具体介绍气候变

---

① 博雷罗. 科学发现者：地球科学［M］. 2版. 段玉山，等译. 杭州：浙江教育出版社，2018.

气候变化教育

化相关内容。第十一章"大气圈"主要介绍了地球天气及气候的基础——地球大气圈的组成、结构及特性；第十二章"气象学"介绍了天气成因和天气系统，以及如何采集、分析气象数据以达到预测天气模式的目的；第十四章"气候"则主要介绍了气候定义、分类、气候变化以及人类活动对气候的影响。

《科学发现者：地球科学》对于气候变化科学的表述主要有以下特点。首先，本书对气候变化的作用机制进行了详尽介绍。例如，第十一章阐述了大气组成成分、能量传输（辐射、传导、对流）、气象要素（风、温度、湿度、压强）等基础知识内容；第二章阐述了天气与气候的定义、气团、天气模式、气象数据分析等内容。这些表述科学且详实，结合科学图表能够有效帮助学生培养科学素养。其次，对于气候变化中争议多、易误解混淆的话题给出明确的科学立场。例如，关于"人类活动是否引起全球变化"问题，首先是给出较为全面的自然原因，然后指出科学家们存在一些变暖机制的争论，最后指出"越来越多证据证明，在过去的150年里，全球气温变化很大程度上是由人类活动造成的"。然而，该书仍然存在一定问题，如简单地将气候变化表述为全球变暖，对全球气候变化的不同表现也没有详尽的描述。

（3）《东南地区森林与气候变化》

《东南地区森林与气候变化》，是由 Project Learning Tree 和佛罗里达大学共同研发的、面向 9—12 年级的教材。本书结合气候变化背景与当地森林植被的区域特点，重点关注气候变化对森林生态系统的影响、森林在固碳方面的作用、减少温室气体排放以及适应不断变化的气候条件问题等内容，旨在帮助美国东南部气候变化教育工作者有效开展中学教学工作，能够为当地中学生提供生动有趣的气候变化教育内容①。该教材设计的三例教学活动被选入气候素养和能源意识网络（Climate Literacy and Energy Awareness Network，简称 CLEAN，是由美国国家科学基金会、美国国家海洋和大气管理局以及能源部资助的国际工人的门户网站）教育资源集合中，并获得了自然资源推广人员协会（Association of

第 5 章　全球中学气候变化教育概述

　　①　Monroe M C, Oxarart A, et al. Southeastern forests and climate change: a project learning tree secondary environmental education module［M］. Gainesville, FL: University of Florida and Sustainable Forestry Initiative, 2015.

Natural Resource Extension Professionals，简称 ANREP）颁发的优秀教材金奖、教材编写团队成就奖，是用于中学气候变化教育教学的优质教材。

该教材的内容构成包括"气候变化与森林""森林管理与适应""固碳""生命周期评估""应对气候变化的解决方法"五个方面。不同于《科学发现者：地球科学》集中阐述气候变化的物理作用机制，本教材聚焦于与当地中学生息息相关的周边环境——美国东南部特有的松树林生态系统。相比于其他环境问题，气候变化问题涉及复杂的地球气候系统变化，对数据传达准确、验证假设、运用批判性思维技能方面更具有挑战性。并且科学教师在教授这部分内容时，如何帮助学生理解来自社会舆论的不同观点、处理气候变化问题的自然与人文双重属性也尤为重要。因此，在本教材中，一方面通过活动设计帮助中学生建立对气候、森林碳循环、森林生态系统等科学概念的基础认识，另一方面介绍计算机建模和生命周期评估内容，帮助学生建立一个结合经济、生物和物理多系统的综合认识模型。

另外，每章节针对知识内容设计的课后活动与问题也是本教材的出彩之处。例如，利用角色扮演方法，让学生从城市政府领导者身份（如市长）出发，思考作为决策者在面对气候变化问题时，如何处理群众的不同意见和信仰，促使当地人民共同努力解决气候变化带来的问题；提供当地研究站的森林生长与降水数据，引导学生进行计算与制图分析，切实感受气候变化对当地环境正在发生的以及未来可能发生的影响；在碳循环主题中，让学生们自己模拟并记录碳原子在不同碳库中的移动，同时利用角色扮演、小组合作以及问答的方式，逐步指导学生了解这一涉及多系统作用的复杂过程。在本教材中，学生的活动内容丰富，在阐述气候变化科学知识的同时，侧重于学生自主探究活动。丰富多样的形式，如将视频播放与问题思考、小组合作与角色扮演等充分结合，兼具趣味性与知识性，使学生建立起与气候变化的紧密联系，从知识、态度、行动等方面充分提高学生的气候素养。

美国用于中学气候变化教育的教材多样，包括主流理科教材、区域特色类型教材等。整体而言，这些教材具备以下特点：第一，独立教材少，与其他学科融合教材多。目前美国中学尚未开设独立的气候变化科学必修课程，气候变化知识内容通常在科学、地理、环境等学科的教材中体现。独立教材如《东南森林与气候变化》，也仅在美国部分地区的选修课程中涉及。第二，教材的知识体系构成不完整。尽管这些教材涉及多学科融合内容，然而气候变化科学的知识体系并没有完整体现，通常仅在大气与气候、全球变化相关章节出现。第三，这些教材的部分表述不当并且带有一定主观色彩，如将气候变化表述为全球变暖，以及人类活动对气候变化的影响存在争议等。

5.1.1.3　实施形式

美国的气候变化教学实施形式多样，包括校内课堂教学、课外活动以及校外的社区项目等。从学校背景到社区背景，从教师主导的课堂知识传授到以学生为主体的课外活动，气候变化教育在美国中学得到多层面发展。

（1）课堂教学

正式的课堂教学模式是中学生获取气候变化科学知识传统而有效的方式，能够帮助学生建立地球气候系统和全球气候变化的正确的科学知识背景。在美国中学气候变化教育的课堂中，最主要的教学方式包括知识讲授、讨论活动以及角色扮演等。

知识讲授侧重于教师针对教材等教学资料中的气候变化科学内容，按照知识体系划分为不同单元进行讲授，专题单元如气候变化的证据、碳循环、当地天气影响、海平面上升、生物多样性影响等，单元授课内容主要是气候变化的科学概念、作用机制及其影响后果[1]。然而，在进行知识教授的过程中，教授的内容以及方式都会受到教师本人知识储备与主观色彩的影响[2]。气候变化对海平面、水资源、地方天气模式、物种生存及生物多样性等自然环境影响的客观事实是美国中学教师在课堂上教授较多的主题；而较为复杂的气候系统作用机制与人类社会的联系作用，则通常是教师选择规避的内容。有研究表明，在接受调查的中学教师中，愿意教授碳循环知识的教师在佛罗里达州仅占48%。同样在这批教师中，

①　MEEHAN C R, LEVY B L, COLLET-GILDARD L. Global climate change in U. S. high school curricula: portrayals of the causes, consequences, and potential responses[J]. Science Education, 2018, 102(3):498-528.

②　KHALIDI R, RAMSEY J. A comparison of California and texas secondary science teachers' perceptions of climate change[J]. Environmental Education Research, 2020, 27(5):669-686.

不到四分之一的教师表示会考虑向学生讲授减缓气候变化的措施，以及与气候变化相关的社会、政治与经济等话题[1]。

此外，课堂讨论活动也是传统教学模式中常用的教学方式之一，是充分培养学生发散性思维与合作能力的有效教学手段[2]。部分教师会设置讨论环节让学生探讨一些气候变化争论问题和气候变化应对措施[3]。然而，受到美国各州的政治背景与教师主观因素的影响，学生讨论的程度以及结果也存在差异。一项针对加州与德克萨斯州中学教师群体的研究表明，相比于加州的教师而言，德克萨斯州的教师对于"人类活动引起气候变化"这一话题更多地倾向于让学生自主讨论，并且在讨论时更倾向于不表明立场与回避结论。需要指出的是，对于"人类活动影响气候变化"这一事实已经被众多科学证据证明，中学生在学习气候变化科学的过程中，需要清晰地了解正确的基础事实。

角色扮演也是一种吸引学生兴趣的有效教学手段，能够让学生理解学习内容，并增加学习的兴趣和乐趣。近十年来，角色扮演模拟方法在美国气候变化政策推行与教育教学方面得到广泛应用并逐步发展成熟。较为经典的模式是：首先，每个参与者得到一套相同的通用指令，描述了在实验中需要解决的问题背景；其次，参与者们得到各自对应保密角色的特定指令，其中包含该角色的身份信息等；紧接着参与者们将扮演被指定的角色，在一段时间内参与群体气候变化决策[4]；游戏结束后，所有人都要参加汇报会议来反思扮演过程中的经验与问题，并且与现实世界的情况相结合。通过角色扮演模拟气候变化背景下的自然环境与人类

---

① HERMAN B C, FELDMAN A, VERNAZA-HERNANDEZ V. Florida and puerto rico secondary science teachers' knowledge and teaching of climate change science [J]. International Journal of Science and Mathematics Education, 2015, 15(3):451-471.

② MONROE M C, PLATE R R, OXARART A, et al. Identifying effective climate change education strategies: a systematic review of the research [J]. Environmental Education Research, 2017, 25(6):791-812.

③ SIEGNER A, STAPERT N. Climate change education in the humanities classroom: a case study of the lowell school curriculum pilot [J]. Environmental Education Research, 2019, 26(4):511-531.

④ RUMORE D, SCHENK T, SUSSKIND L. Role-play simulations for climate change adaptation education and engagement [J]. Nature Climate Change, 2016, 6(8):745-750.

气候变化教育

社会现状，能够帮助中学生甚至公众群体提升气候变化素养，增强应对气候变化的适应能力以及合作能力。

（2）**课外活动**

针对教师在正式课堂教学中教授的气候变化科学概念、作用机制等知识内容，为帮助中学生更好地理解与应用知识，课外活动是课堂教学的有效补充与拓展延伸。例如，美国的一项中学科学课程要求学生去测量和分析当地的温度、风速以及颗粒物浓度，加深学生对课堂中学习到的全球气候变化关键概念的理解，如大气的组成成分、天气与气候的区别①。

另外，提倡中学生进入当地气候变化科学实验室，与气候变化科研工作者互动是美国对中学生开展气候变化教育的一项有效的课外活动设置。在科罗拉多州，风暴峰实验室面向当地中学生关于高海拔环境的气候变化教育课程，科学家们与学生一起实地收集数据、使用设备以及绘制图表，通过讲授气象学知识，来提高学生的气候科学素养②。了解气候变化科学研究的前沿内容，能够使学生切身感受到气候变化对生活环境的实际影响，巩固学生对气候变化科学基础知识的概念框架，并增强学生应对气候变化问题的意识与能力。

（3）**社区项目**

参与设计和实施学校或社区气候变化教育项目有助于中学生应用课堂教学中习得的气候科学知识，为学生以及气候变化教育工作者提供在整个学校或社区乃至更大的背景下开展气候变化项目学习的机会。

例如，美国的一些社区通过社会文化活动交流，播放介绍温室效应、气候变化结果和应对措施的短视频，使学生群体了解更多应对气候变化的措施，如购买有机农产品、防止垃圾和污染进入河流和海洋、植树造林以减少温室气体排放等；印第安纳州卡梅尔市的卡梅尔绿色行动计划的气候动态项目，向当地中学教师提供气候变化教育与职业发展资源；

①　MONROE M C, PLATE R R, OXARART A, et al. Identifying effective climate change education strategies: a systematic review of the research [J]. Environmental Education Research, 2017, 25(6): 791-812.

②　HALLAR A G, MCCUBBIN I B, WRIGHT J M. CHANGE: a Place-based curriculum for understanding climate change at storm peak laboratory, colorado [J]. Bulletin of the American Meteorological Society, 2011, 92(7): 909-918.

一项在加州海洋哺乳动物中心进行的项目，通过向当地参观者表述气候变化原理（比喻为"热毯效应"），结合参观者的价值观角度（保护者与责任管理者角度），提出一些适用于社区层次的气候变化应对方案①②。

5.1.1.4 实施效果

中学实施气候变化教育目的在于培养中学生群体的气候素养，提高中学生关于气候变化问题的意识与应对能力。因此，了解学生对于气候变化的知识水平、情感态度与行动能力，既是实施气候变化教育的前提基础，又是教育实施效果的评估标准，能够为后续气候变化教育在中学的有效推进提供依据与借鉴。

（1）**知识水平**

据气候变化知识问卷调查结果可知，美国中学生对于气候变化常识性概念的掌握程度较高，错误率较低，并且能认识到一系列气候问题的严重性。但他们对于气候变化的科学认识仍然十分局限，甚至存在一些错误理解。首先，大部分学生对于基础概念的认识有限且浅显③。许多学生把"天气"与"气候"的概念混淆，认为全球变暖只会导致温度上升和降水更少，很难考虑到全球变暖会影响极端天气事件的发生频率、变异性和严重程度等。并且将一些极端天气事件的发生视为"气候短暂的变化"，而不是长期趋势下真正的"气候变化"。其次，对气候变化的原因存在大量错误认识。常见的关于气候变化原因的误解有"臭氧层空洞""空气污染""太阳辐射增加""地球离太阳距离缩短"等。另外，气候变化的作用机制对于中学生而言也具有理解的难度。研究表明多数美国中学生对于气候变化的起因认识简单，而他们的认识通常受周围环境、社

① HESTNESS E, MCDONALD R C, BRESLYN W, et al. Science teacher professional development in climate change education informed by the Next Generation science standards[J]. Journal of Geoscience Education, 2014, 62(3): 319-329.

② SHEPARDSON D P, ROYCHOUDHURY A, HIRSCH A S. Teaching and learning about climate change: a framework for educators [M]. Routledge, Taylor & Francis, 2017.

③ SHEPARDSON D P, NIYOGI D, ROYCHOUDHURY A, et al. Conceptualizing climate change in the context of a climate system: implications for climate and environmental education[J]. Environmental Education Research, 2012, 18(3): 323-352.

会新闻、公众舆论较为关注的"温室效应与温室气体""臭氧层破坏"等话题影响，同时仅以一种线性思维考虑气候变化问题，缺乏全球视角和对系统反馈机制的了解①。

（2）情感态度

气候变化是当前全球面临的最严重的威胁之一，这已经逐渐成为人们的共识。在面对严重的环境问题时，持有的情感态度是决定中学生群体能否正确看待事实、并积极主动解决气候变化影响的关键因素。

整体而言，美国的中学生群体对气候变化的态度较为积极。相对于美国的年长一辈，中学生群体对于气候变化的科学共识具有更高的接受意愿，尽管不太清楚气候变化的起因，但他们相信气候变化正在发生。在2016年美国总统大选期间，美国国家写作项目与美国公共广播公司推出了"致下届总统的信"在线平台，收集"13—18岁的年轻人对该次大选关心的问题以及自己的观点与想法"，其中"气候变化"是一个十分引人注目的主题。学生们在信件中讨论气候变化、全球变暖（冷）、碳足迹以及温室气体等话题，约有349封信件表明学生们认为气候变化是亟待解决的问题②。此外，有研究表明，接受采访的美国高中生对于"社会整体将有能力解决气候变化"存在一定的希望，并且他们较为赞同自己能够帮助解决气候变化引起的问题。认识到气候变化影响的学生群体通常也将个人的行为与气候变化联系，他们有时会对自己或家人造成的能源消耗感到内疚，对自己的生活环境与日常活动受到气候变化影响的现状产生悲伤情绪与危机感，并希望自己和家人采取行动缓解气候变化③。

（3）行动能力

美国大部分中学生对采取气候友好行为有较大兴趣和清晰认识，积极性也比较高，并能够意识到个人与集体层面力所能及的行动内容。

① STAPLETON S R. A case for climate justice education: american youth connecting to intragenerational climate injustice in Bangladesh [J]. Environmental Education Research, 2018, 25(5): 732-750.

② ZUMMO L, GARGROETZI E, GARCIA A. Youth voice on climate change: using factor analysis to understand the intersection of science, politics, and emotion[J]. Environmental Education Research, 2020, 26(8): 1207-1226.

③ LI C, MONROE M C. Development and validation of the climate change hope scale for high school students[J]. Environment and Behavior, 2017, 50(4): 454-479.

通过"致下届总统的信"平台，不少美国中学生认识到"全球变暖是对现在乃至将来都具有威胁的环境问题"，需要采取气候友好行动来遏制气候变化的发展趋势。并且他们基于自己的认识提出了一些具有一定便利度以及有效性的应对措施，如在个人层面行动上，鼓励回收利用生活中的资源，离开房间时随手关灯，使用节能产品，少用热水，种植树木、绿植等；同时他们也强调政府在减缓和适应行动上的责任，并且提倡应该限制一些燃烧大量化石燃料的行业，增加太阳能、风能、电能等清洁新能源的开发使用。他们既认识到了个人行动的重要性，也重视集体力量，具有较高的气候行动意识与能力。

案例研讨

个人碳足迹计算

碳足迹是日常生活中由于我们的行为而产生的温室气体（包括二氧化碳和甲烷）的总量，乘坐交通工具、食品消费、购物习惯、家庭用电等方面都会导致个人碳足迹的积累。当前全球每年人均碳足迹接近 4 吨，为了缓解全球气温的上升趋势，到 2050 年全球人均碳足迹需要降至 2 吨以下。因此，了解并降低个人碳足迹十分重要。

《东南地区森林与气候变化》在"运动中的碳"一章中设计了学生自主探究个人碳足迹的活动，通过回顾个人生活行为、向家庭成员询问信息以及登录计算碳足迹的互动网站，使学生建立日常生活中降低碳排放量的意识。书中活动内容包括：

①登录自然保护协会提供的互动网站界面（http://www.nature.org/greenliving/carboncalculator/index.htm）；

②填写个人生活方式、家庭能源消耗、出行方式选择、食品消费等方面的碳足迹估算选项；

③最终获得网页计算得到的个人碳足迹值；

④交流关于个人碳足迹值以及生活中如何降低碳足迹的思考与看法。

摘自：

MONROE M C, OXARART A, et al. Southeastern forests and climate change:a project learning tree secondary environmental education module [M]. Gainesville, FL: University of Florida and Sustainable Forestry Initiative,2015.

气候变化教育

问题研究

1. 根据案例中的活动内容，请你计算自己的日常生活碳足迹值，并交流个人看法。

2. 结合我国中学课堂实际情况与相关教学资源，思考如何设计碳足迹主题的学生活动？

5.1.2 加拿大

与美国相似，加拿大的教育政策以及气候变化政策基本上都是在省和地区管辖范围内制定的。2016 年，加拿大联邦政府责成每个省以及地区制订行动计划，以减少与气候变化有关污染的排放，并解决适应和缓解气候变化问题。

5.1.2.1 课程设置

加拿大不同省在中学气候变化教育的课程设置与标准制定方面存在较大差异，相比其他省而言，萨斯喀彻温省、安大略省面向中学生的科学课程中关于气候变化科学内容是最为客观科学与全面系统的，证明气候变化正在发生、气候变化的作用机制、人类社会与气候变化到应对气候变化的适应减缓策略等内容均有涉及，这对于当地中学生良好气候变化素养的形成具有重要作用。

（1）萨斯喀彻温省的科学与环境科学课程

萨斯喀彻温省的教育部门面向 10—12 年级中学生开设了科学与环境科学课程，科学课程结合了生命科学、地球科学和物理科学三个主题。其中，地球科学部分包括对地球气候、生态系统与人类活动的影响及反馈机制内容。表 5-1-4 展示了科学课程中与气候变化相关的标准内容，如评估人类活动对当地、区域和全球气候的影响以及生态系统的可持续性；研究影响地球气候系统的因素，包括自然温室效应的作用；通过分析群落内种群之间的相互作用来检查生物多样性；了解反馈机制在生物地球化学循环和维持生态系统稳定的作用。表中进一步列出了相应的评估要求，如根据科学研究提出与人类活动对全球气候变化的影响和生态系统的可持续性有关的问题；提供导致人为温室效应的人类行为的例子；比较天气和气候的区别，以及对日常生活的影响；了解地球的气候系统是太阳、冰原、海洋、岩石圈和生物圈在不同时间尺度上的水热传输的结果等。

表 5-1-4 萨斯喀彻温省《科学：10 年级》课程标准中气候变化科学标准内容与评估要求①

标准内容	评估要求
标准 1：评估人类活动对当地、区域和全球气候的影响以及生态系统的可持续性	• 根据科学研究提出与人类活动对全球气候变化的影响和生态系统的可持续性有关的问题。 • 提供导致人为温室效应的人类行为的例子。 • 了解科学家如何观测气候变化关键指标的变化（如 CO_2 浓度、全球表面温度、北极海冰面积、陆冰质量和海平面）以支持对气候变化科学的理解。 • 思考如何改变个人和社会的生活方式与行为，以减少全球气候变化的人为来源。 • 以考虑人类和环境需求为前提，结合科学研究事实，提出减轻全球或地方气候变化的影响、增强生态系统的可持续性以及对气候变化的立场态度与行动方针等。
标准 2：研究影响地球气候系统的因素，包括自然温室效应的作用	• 比较天气和气候的区别，以及对日常生活的影响。 • 了解地球的气候系统是太阳、冰原、海洋、岩石圈和生物圈在不同时间尺度上的水热传输的结果。 • 研究地球的倾斜、旋转和围绕太阳公转是如何导致地球表面不均匀加热，从而引起全球对流、科里奥利效应、喷射流、海洋温盐环流和气候带。 • 解释温室气体（如水蒸气、二氧化碳、甲烷、一氧化二氮、二氧化硫和臭氧）、气溶胶粒子和云层，以及地表反照率是如何影响地球上不同地点吸收和再辐射的太阳能量。 • 解释地球大气中主要温室气体的自然来源（如火山、蒸发和生物）的作用，以及对自然温室效应的影响。 • 设计、构建和评估用以表述自然温室效应、地球表面反射率或地球倾斜与季节之间关系的模型的有效性。 • 分析气象和大气数据，识别温度和气压的模式，以及这些模式在区域和全球的变化等。

① Saskatchewan Department of Education. Science 10: curricula document［EB/OL］.（2016-06-09）［2022-03-30］. https://curriculum.nesd.ca/Secondary/Pages/Science10.aspx＃/＝.

标准内容	评估要求
标准3：通过分析群落内种群之间的相互作用来检查生物多样性	• 研究外来物种入侵、栖息地丧失和气候变化等因素是如何影响生态系统内的生物多样性的，以及可能导致的风险。
标准4：了解反馈机制在生物地球化学循环和维持生态系统稳定的作用	• 讨论系统的类型（如开、闭和孤立）、平衡性（如动态、静态、稳定和不稳定），以及它们的相关反馈（如正反馈和负反馈）。 • 表述涉及特定生物地球化学（如碳、氮、磷和水）循环的反馈机制。 • 描述人类行为是如何影响生态系统中的能量流动和物质循环的。 • 了解光合作用、呼吸作用和碳循环作用。 • 分析人类活动（如燃烧化石燃料、实施植树计划）增加或减少温室气体排放的方式。 • 利用计算机模拟或数值数据，调查个人碳足迹（如确定上学、工作和娱乐场所的交通，度假旅游，购买外国进口的产品等所产生的碳排放），并制订行动计划来减少碳足迹（如出行方式选择自行车或公共交通，食用本地食物）。

随堂讨论

根据上述表格《科学：10年级》中的标准内容，你认为与其他课标相比，该课程标准在气候变化科学知识方面的不同之处或者强调重点是什么？

环境科学课程引导学生从系统的角度审视区域和全球环境问题，同时思考人类活动对气候、环境的影响，以及环境对人类健康的重要作用。此外，水生和陆地生态系统的作用机制、人类适应与改造环境的发展历史以及可持续发展也是该课程的重要内容。表5-1-5列出了环境科学课程中的标准内容，如对地球科学数据的采集、使用与可靠性评价，以调查气候变化的影响；研究植物在生态系统中的作用，以及人类利用植物的方式；完整栖息地对动物种群和生物多样性的重要性等。并列出了详细的评估要求，如利用不同技术研究气候变化数据；了解当地关于气候变

第5章　全球中学气候变化教育概述

183

化的政策决定；根据气候数据解释特定时期的气候模式及趋势；分析植物与气候变化的关系，包括植物在减少温室气体方面的作用，以及气候变化对植物生长和分布的潜在影响等。

表 5-1-5　萨斯喀彻温省《环境科学》课程标准中气候变化科学标准内容与评估要求①

标准主题	标准内容	评估要求
大气与人类健康	对地球科学数据的采集、使用与可靠性评价，以调查气候变化对社会和环境的影响	• 了解关于地球气候在过去、现在和未来潜在气候变化的科学研究进展。 • 研究不同的技术（如卫星图像、冰芯样本和年轮）是如何为科学家提供有关气候变化的各种数据的。 • 将北极作为气候变化的一个指示区域进行调查，包括对北方人民传统生活方式的影响。 • 了解政府间气候变化专门委员会（IPCC）、加拿大气候模拟和分析中心以及草原适应研究合作组织等组织提供的与气候变化及其潜在环境和社会影响相关的科学研究。 • 了解当地与气候变化相关的政策决定。 • 了解科学界就人为因素影响气候变化的事实达成共识的程度。 • 调查萨斯喀彻温省气候变化对人类健康、人口分布、水和其他资源的潜在环境以及经济和社会影响。 • 根据气候数据（如表格、地图、图形、可视化和其他表示等），以确定特定时期的气候模式和趋势。 • 调查为尽量减少气候变化对萨斯喀彻温省农业、能源、林业、交通和旅游部门的潜在影响而制定的适应和减缓策略等。

① Saskatchewan Department of Education. Environmental science 20: curricula document［EB/OL］.（2016-04-27）［2022-11-30］. https://curriculum. nesd. ca/Secondary/Pages/EnvironmentalScience20.aspx＃／＝.

标准主题	标准内容	评估要求
地表生态系统	研究植物在生态系统中扮演的角色	· 分析植物与气候变化的关系，包括植物在减少温室气体方面的作用，以及气候变化对植物生长和分布的潜在影响。
	认识到完整的栖息地对动物种群和生物多样性的重要性	· 评估当前或潜在的气候变化对特定代表性动物及其栖息地的影响。

随堂讨论

根据上述表格《环境科学》中的标准内容，你认为该课程标准的内容有哪些优点以及不足？

（2）安大略省的科学课程

安大略省教育部于 2009 年颁发的《安大略省课程：科学》是该省为向中学生提供更高质量、个性化的科学课程学习内容而制定的课程标准。该标准结合传统课堂教学内容以及 21 世纪公民需具备的科学素养，包含了当前国际科学领域的前沿内容，旨在使安大略省的中学生具备卓越成绩与高科学素养。通过该门科学课程内容的学习，能够使学生理解物体、能量、系统联系、结构功能、可持续发展、变化与连续性等科学基础概念，将科学与技术、社会与环境联系起来，培养科学研究所需的技能、策略与思维模式。

该科学课程标准面向 9—10 年级与 11—12 年级两个阶段，而气候变化内容主要体现在 9—10 年级的科学课程中，该阶段的科学课程分为学术与应用两种课程类型。学术课程通过对理论和抽象问题的研究，来丰富学生的知识和技能；而应用课程侧重于一门学科的基本概念，并通过实际应用和具体例子帮助学生学习知识和技能，因此学生们有更多的机会亲身实践他们所学的概念和理论。在这两种类型的科学课程标准中，气候变化科学内容得到了较为充分的体现，如表 5-1-6 所示。

从下表列出的两门课程标准的相关要求来看，学术课程与应用课程均围绕气候系统的相互作用、气候变化的证据、人类社会与气候变化、气候变化的影响以及气候变化的应对措施五个方面列出了具体课程标准与学业要求。

第 5 章　全球中学气候变化教育概述

185

表 5-1-6 安大略省《安大略省课程：科学》中气候变化科学标准内容与学业要求①

课程	标准内容	学业要求
科学学术课程	气候系统的相互作用	• 设计并建立一个模型来说明自然温室效应，并利用该模型来解释人为温室效应。 • 描述地球气候系统的主要组成部分以及系统是如何工作的。 • 描述并解释水圈和大气中的热传递及其对空气和水流的影响。 • 描述不同的碳和氮化合物是如何影响大气和水圈中的热量捕获的。
	气候变化的证据	• 调查一个与气候变化有关的流行的因果关系假说。 • 了解描述全球气候变化的指标等。
	人类社会与气候变化	• 了解影响地球气候并导致气候变化的自然和人为因素，包括温室效应。 • 分析不同来源的科学数据，以寻找自然气候变化和受人类活动影响的气候变化的证据。 • 描述自然温室效应，解释其对生命的重要性，并将其与人为温室效应区分开来。 • 识别已知影响气候的自然现象和人类活动，并描述加拿大地区的实例。 • 概述人为温室效应的成因及影响，大气中臭氧的耗损，以及地面臭氧和烟雾的形成。 • 说明温室气体的主要来源，包括自然因素和人为因素。
	气候变化的影响	• 分析全球气候变化的影响，并评估试图解决气候变化问题的倡议的有效性。 • 分析气候变化对人类活动和自然系统目前或潜在的积极和消极影响。
	气候变化的应对措施	• 在研究的基础上，评估当前一些解决气候变化问题的个人、区域、国家或国际倡议的有效性。

———————

① Ontario Ministry of Education. The ontario curriculum：secondary science［EB/OL］.（2017-08-16）［2022-02-09］. http://www.edu.gov.on.ca/eng/curriculum/secondary/science.html.

课程	标准内容	学业要求
科学应用课程	气候系统的相互作用	• 了解导致气候变化和全球变暖的各种自然和人为因素。 • 利用图表或模型研究自然温室效应的原理,并将这些原理与实际温室的原理进行比较。 • 描述地球气候系统的主要组成部分以及系统是如何工作的。 • 描述热是如何在水圈和大气热汇中传递和储存的。 • 了解不同的温室气体,并解释它们是如何在自然环境中产生的。
	气候变化的证据	• 分析人类活动对气候变化的影响,以及气候变化对生物和自然系统的影响。 • 通过调查确定不同的因素是如何影响全球变暖和气候变化的。 • 了解表述全球气候变化的指标。
	人类社会与气候变化	• 调查影响气候变化和全球变暖的各种自然因素和人为因素。 • 分析人类增加或减少温室气体排放的活动方式。 • 描述自然温室效应及其重要性,以及与人为温室效应的区别。 • 确定造成世界气候变化的自然原因和人为原因,特别是加拿大地区的实例。
	气候变化的影响	• 根据相关科学研究,分析生物和自然系统受到气候变化影响的各种方式,并交流想法。 • 调查加拿大地区的温室气体来源及影响。
	气候变化的应对措施	• 分析人类增加或减少温室气体排放的活动方式。 • 利用计算机模拟或数值数据,调查个人碳足迹,并制订行动计划来减少碳足迹。

随堂讨论

根据上述表格中安大略省的科学课程标准内容,与萨斯喀彻温省的课程标准相比,该课程标准的内容有哪些优点以及不足?

5.1.2.2 教材设计

由于加拿大各省的课程设置与标准存在差异,因此指导编写的教材也不尽相同。安大略省、萨斯喀彻温省、魁北克省等十个省政府推荐的一些科学教科书中①②③④⑤，除了关于地球气候系统的物理过程等部分统一的科学概念表述外，存在一些对大多数科学家普遍认同的观点有争议的内容，主要分为三类：①气候变化争议（否认地球正在变暖）；②人类作用争议（否认人类活动导致气候变暖）；③气候行动争议（接受前两种争议观点，但认为气候变化的影响是无害的，因此无需采取行动）⑥。教材争议主题及原文如表 5-1-7 所示，例如 Pearson 教育出版的科学研究教材中写到"然而，有些人认为今天的全球变暖可能只是数千年自然气候循环的一部分"，对气候变化的存在表达出质疑；McGraw-Hill Ryerson 的科学教材中则表明了与当前科学共识相悖的内容，"人类是否导致地球气候产生了显著变化，仍然是处于争议中心的问题"。这些教材的说法实际上仅表达教材编写者的主观意见，并不是科学界的普遍共识与合理争论。错误的表述将使中学生对正确事实产生怀疑，并且无益于科学素养的形成。另外，留给学生讨论的问题，应该是基于多方面客观事实基础的，当教材没有给出具有科学共识支撑的论点时，应当将反驳观点也呈现给学生，使学生结合两方面的内容进行思考。例如，在气候变化导致部分地区的作物增产时，应该表明其他地区同样也有气候问题导致粮食减产的情况，给学生比较判断的空间。

此外，这些教材也向学生展现了一些关于减缓气候变化的行动策略，并且倾向于表述一些较为柔和的"低等或中等效力"的策略，如植树、回收利用资源、环保出行等。这些内容虽然是学生日常熟知并能参与的

---

① SANDNER L, ELLIS C, LACY D, et al. Investigating science 10 [M]. Vancouver：Pearson Education Canada, 2009.

② DICKINSON T, EDWARDS L, FLOOD N, et al. ON science 10 [M]. Vancouver：McGraw-Hill Ryerson Ltd. , 2009.

③ Manitoba Education. Senior science 2: specific learning outcomes [M]. Winnipeg：Manitoba Education CaY, 2001.

④ DIGIUSEPPE M, FRASER D, GABBER M, et al. Science Connections 10[M]. Toronto：Nelson Education Ltd. , 2011.

⑤ MEDU. The ontario curriculum grades 9 and 10：science[M]. Toronto：Queen's Printer for Ontario, 2008.

⑥ WYNES S, NICHOLAS K A. Climate science curricula in Canadian secondary schools focus on human warming, not scientific consensus, impacts or solutions [J]. PLOS ONE, 2019, 14(7)：218305.

气候行动，但是对于减缓气候变化带来的影响的效力甚微。一些"高效力"的行动策略，如避免乘飞机出行等则少有提及。避免乘飞机出行是在减少碳排放量上是回收利用资源的 15 倍，然而它在课本中被提及的频率仅占"回收利用资源"的五分之一。而在当前需实现加拿大人均减排 3.3 吨目标的背景下，使中学生群体了解如何高效减缓气候变化十分重要。同时，教材中缺少有关鼓励学生主动改变个人的生活消费方式来践行气候行动的内容，却列举一些无需民众参与的科学研究成果，这些内容易让学生对气候变化产生疏远感。例如，由 McGraw Hill Ryerson 出版的十年级科学教材在讨论"反刍动物产生的甲烷对气候影响"这一内容时，没有将这些知识与学生作为消费者的身份实际联系起来，而是提供了一种科学家研发的科技手段，"无需调整个人行为就可以解决问题"。这些内容虽然向学生介绍了当前气候变化科研的前沿内容，但是没有将科研内容与学生日常经历、生活环境相结合。相比之下，Nelson 教育出版的科学教材则要求学生根据所学的"碳足迹"相关内容，列出个人平时可减缓气候变化行动的内容，并且强调"一周步行上学比回收利用易拉罐更能有效减少碳足迹"，通过比较不同效力的减缓措施很好地将学习内容与日常生活相结合，使教材内容更切合学生实际。

表 5-1-7　加拿大中学科学推荐教材中气候变化主题的原文节选

主题	原文
人类活动	·人类活动，如燃烧化石燃料，向大气中释放二氧化碳，这可能导致气候变化。 ·科学家们仍在争论气候变化是受渐进、缓慢的变化影响更大，还是突然、灾难性的变化影响更大。这个问题是关于人类是否会导致地球气候发生显著变化争论的中心。 ·然而，一些人认为，今天的全球变暖可能只是发生在数千年的自然气候循环中的一部分。他们认为，在这种周期被充分描述之前，人类对全球变暖的贡献仍是有争议的。
	·气候怀疑论者提出三个主要观点： "我们对地球气候的了解还不足以对未来做出预测。" "全球气候正在变暖，但不是因为人类活动。" "全球气候正在变暖，但这将创造更大的利益，而不是成本。"

第 5 章　全球中学气候变化教育概述

主题	原文
科学家的观点	• 科学家们对全球变暖持不同意见。"未来气候不确定。"你可能在网站、报纸或杂志上看到过类似的标题，或者在媒体上听到过类似的说法。两种说法都是正确的。然而，非科学家和科学家往往以不同的方式解释分歧和不确定性。
气候变化的影响	• 大多数关于气候变化的讨论给人的印象是，气候变化的影响永远是负面的，然而也可能有一些积极的影响。 • 北极气候变化可能带来一些好处，如海冰的减少意味着船只将更容易到达北极以及获得那里宝贵的资源。此外，船只可以通过西北航道穿越北极，走更短的路线，而不是走更长、更偏南的路线。 • 气候变化带来的影响并非都是负面的。安大略省是一个农业大省，有超过 82000 名农民和 550 万公顷的耕地……气候变化导致温度升高，生长季节的长度将增加，作物产量将提高，农民可以种植需要更多热量的作物。随着北冰洋上海冰的融化，西北航道每年夏天都将成为开放水域。 • 从北极群岛航行将大大缩短从欧洲到中国和日本的海运距离，降低货物运输成本。游船可以比以前向北航行得更远，这样游客就可以跟随亨利·哈德森和约翰·富兰克林等北极探险家的脚步。

随堂讨论

分析指出上述表格中教材原文语句存在的科学问题，并且总结中学教材应该注意如何表述？

5.1.2.3　实施形式

加拿大中学气候变化教育的实施形式主要包括课堂教学、课外活动与社区项目。从实施形式的具体实例来看，加拿大的气候变化教育形式多元，并且具有一定的趣味性，对学生学习气候变化科学有很大帮助。

（1）课堂教学

加拿大中学气候变化教育的科学课堂主要是向学生教授学科概念知识，让学生讨论与发表对某种现象的看法，主动参与探索活动与思考过程，形成自己的知识储备与分析解决问题的能力。

课堂的气候科学知识教授多样，如科学概念与知识体系的讲授、邀请当地气候实验室的科研人员进入课堂开展讲座、将气候变化知识编唱成歌曲等，且讨论、小组活动、实验教学也是常用到的课堂教学方式①。讨论与小组活动是科学课堂中常用的发挥学生主动性的教学实施手段，如在课堂活动中给定一些关于气候变化的错误认识与舆论，让学生以小组形式展开讨论，提出论据来揭穿这些误解背后的气候变化真相。此外，通过利用一些简单的实验操作模拟气候变化的系统作用或影响，能够达到吸引学生兴趣、树立学生情感价值观的教学目的。例如，某位教师在课堂上利用一个装水的冷却器，将混合糖蜜与玉米粉混入其中，要求学生用塑料杯把内容物分开。通过演示这一模拟现实，使学生从"难以实现的操作"中感受到阿尔伯塔省当地工业生产从油砂中提取沥青这一过程所消耗的、难以回收的能量与水，以及对当地环境的破坏。课后许多学生对这一实验印象深刻，并且向家人交流了当地沥青生产项目的具体过程与对环境的影响。

（2）课外活动

加拿大的课外活动注重与当地环境背景相结合，并关注学生的学习自主性，如实地生态环境考察、多样化的课外作业活动等。

例如，课后的实地考察活动有，通过去当地的森林测量与分析气候、植被生长指标等数据，观察感受气候变化对森林生态系统产生的影响；组织学生分小组根据课堂所学内容对气候变化产生的环境影响以及当地社区的生态、经济、文化、社会和健康等方面的可持续性等进行评价，并进一步对社区可能改进的空间与应对缓解措施制定对策②。

另外，形式多样的课外作业也反映了加拿大课程的开放性。一位加拿大中学教师在课后布置了作业——让学生们选取自己最感兴趣的方式来总结自己在该课程上的所学，如改写流行歌曲的歌词创作歌曲集、创建气候变化科普网站与博客、编写气候变化为主题的游戏活动以及撰写气候变化特定领域的研究论文等③。通过开放的形式选择，让学生能够发

---

① BERGER P, GERUM N, MOON M. Roll up Your Sleeves and Get at It! Climate Change Education in Teacher Education [J]. Canadian Journal of Environmental Education,2015(20):154-173.

② PRUNEAU D, GRAVEL H, BOURQUE W. Experimentation with a socio-constructivist process for climate change education [J]. Environmental Education Research,2003,9(4):429-446.

③ BERGER P, GERUM N, MOON M. Roll up Your Sleeves and Get at It! Climate Change Education in Teacher Education [J]. Canadian Journal of Environmental Education,2015(20):154-173.

挥自己的优势，帮助学生自主拓展学习资源与知识面，成为家人、朋友之间气候变化知识普及的推动者。

（3）社区项目

通过课堂教学与课外活动，虽然学生能够获得气候变化科学知识与提升应对问题的能力，但是对气候变化的适应并非仅通过个人学习可以实现的，还要依赖于气候变化与当地人口、文化和社会经济背景的相互作用。

社区合作中获得的适应能力对于个人和集体都是极具意义的。例如，一项在加拿大北极群岛地区进行的社区项目，集结因纽特人组织和北方研究机构的专业人员，研究气候变化对当地社区环境产生的影响。该项目的研究人员与助理也将研究成果在当地中学举办的讲座中进行宣传。讲座结束后，一些中学生对项目主体产生了兴趣，并就"青年对环境变化的看法"展开讨论，最终结果呈现为加拿大沿海地区青年论坛的一次演讲①。

5.1.2.4　实施效果

总体而言，加拿大的中学生群体的气候变化知识水平普遍良好，并且大多数学生具有一定的气候行动能力基础，但是部分学生对于气候变化的情感态度较为消极。

研究结果显示，部分中学生对于学校如何开展气候变化教育以及缓解措施方面缺乏信心。一方面，他们普遍认为个人活动对气候系统不能产生明显的影响；另一方面，他们认为仅凭一己之力很难促使全民投入减缓气候变化的队伍中②。这暗示着青年们对气候变化产生了无助感，而这种情感也将导致他们逃避气候变化带来的影响、承担应对气候变化的责任。导致学生们对气候变化产生无力感的很大因素是他们对于气候变化科学知识的缺乏。有些学生认为"气候变化是自然的，人类的作用甚小"，"我们人类是无法改变气候变化的，只有大自然母亲能够控制"，甚至有人认为"根本就没有气候变化与全球变暖"。对气候变化作用机制缺

①　PEARCE T D, FORD J D, LAIDLER G J, et al. Community collaboration and climate change research in the Canadian Arctic[J]. Polar Research, 2009, 28(1):10-27.

②　PICKERING G J, SCHOEN K, BOTTA M, et al. Exploration of youth knowledge and perceptions of individual-level climate mitigation action [J]. Environmental Research Letters, 2020, 15(10):104080.

乏科学系统的认识，容易导致学生对气候变化产生错误认知。

虽然大部分青年认识到能够通过改变自己的生活方式以减缓气候变化带来的影响，但是中学生们对于有效应对气候变化的措施知之甚少。例如，人们普遍高估了循环利用可回收资源、随手关灯等低效能的减排措施，而避免乘飞机等高效减缓措施却被忽视，体现了加拿大教育体系内对于有效减缓气候变化措施的知识缺失。

随堂讨论

尝试总结美国与加拿大的中学气候变化教育概况的异同点与不足之处。

拓展阅读

加拿大中学教师对于气候变化教育的看法

加拿大教育机构对中学教师进行了调研，想了解他们对于气候变化的整体看法与态度，包括他们对于气候变化起因的认识、基础教育中是否应该包含气候变化教育，以及气候变化教育教学储备三个方面，结果如下。

其一，加拿大的中学教师普遍对气候变化具有科学客观的认识。大多数中学教师正确识别了导致气候变化的主要原因——大气中的二氧化碳及其他温室气体的增加，并且认识到当前的气候变化较大程度上与人类活动相关。几乎所有的教师都认为气候变化对人类生存有严重的威胁。

其二，大多数加拿大的中学教师赞同所有科学科目都应该包含气候变化，甚至有一些教师指出涉及人文、艺术学科的课程也应该教授相关内容。绝大部分教师为了提升自己的知识储备与教学技能，认为气候变化教育也应该纳入教师教育课程内容中。

其三，加拿大中学教师认为教授气候变化科学内容需要具备相应的知识基础与教学技能，并且提出一些知识技能方面的学习方法，如阅读专业书籍、学习气候变化科学课程等。但是他们对于当前个人拥有的气候变化教育教学储备并不自信，并且关于如何在实际教学过程中开展气候变化教育内容也缺乏完善考虑。

摘自：

DEMANT-POORT L，BERGER P. "It is not something that has been discussed"：climate change in teacher education in Greenland and Canada [J]．Journal of Geoscience Education，2021，69（2）：207-219．

5.1.3　英国

与美国、加拿大对气候变化主题的关注程度不同，英国的中学气候变化教育整体发展晚且并未得到明显关注。直到 2021 年的第二十六届气候变化大会上，英国教育大臣扎哈维（Zahawi）才正式承诺"将气候变化置于教育的核心"和"考虑学校的气候变化教育"。然而，据报道，气候变化教育在学校的教材书籍和教学活动中难以得到保障①。英国中学气候变化教育的现状从具体课程设置、教材编写以及教学实施效果等方面可见一斑。

5.1.3.1　课程设置

英国的《国家课程》（*National Curriculum*）（2013 年发布，于 2014 年重新修订）是由英国教育部为 3—16 岁的中小学生课程制定的一套涵盖不同学科课程内容、以学业水平为要求的标准计划。并依据学生年龄特点划分为 4 个关键阶段，其中阶段 3、4 对应了中学生阶段。《国家课程》旨在向学生介绍公民所必需的学科核心知识，使学生具备对科学的基础认识与技能。在该课程标准中，气候变化主题主要被纳入科学、地理课程中，表 5-1-8 列出了科学、地理科目不同阶段的课程知识与课程标准。

表 5-1-8　英国《国家课程》中科学与地理课程在不同阶段的气候变化科学标准内容②

课程	阶段	标准内容
科学	阶段 3	了解碳循环；大气组成；人类活动产生的二氧化碳及其对气候的影响（化学：地球与大气层）。
	阶段 4	了解地球大气自形成以来的组成和演化的证据；关于气候变化的其他人为原因的证据，以及证据中的不确定性；二氧化碳和甲烷水平增加对地球气候的潜在影响和减缓影响（化学：地球与大气科学）。

---

① HARVEY F. UK pupils failed by schools' teaching of climate crisis, experts say[EB/OL].（2022-01-28）[2022-01-28]. https://www.theguardian.com/education/2022/jan/28/uk-pupils-failed-by-schools-teaching-of-climate-crisis-experts-say.

② Department for Education. National curriculum in England：key stages 3 and 4 framework document[EB/OL].（2020-11-12）[2022-03-05]. https://www.gov.uk/national-curriculum/key-stage-3-and-4.

课程	阶段	标准内容
地理 （选修）	阶段 3	理解天气与气候的概念，包括从冰河时代到现在的气候变化；了解人类和物理过程如何相互作用，影响和改变景观、环境和气候，以及人类活动如何依赖自然系统进行有效运作（人类与自然地理）。

科学课程核心目的在于帮助学生建立关键的科学基础知识和概念体系，培养学生对自然现象的好奇心，并且鼓励学生理解如何用科学来解释正在发生的事情，预测事情将如何发生，并分析原因。具体而言，一方面通过生物、化学和物理等学科学习增加学生的科学知识储备和概念理解；另一方面通过不同类型的科学调查研究，帮助学生回答关于他们周围世界的科学问题，发展对科学的本质、过程和方法的理解。地理课程则旨在帮助学生加深对自然环境和人类活动之间的相互作用，以及景观和环境的形成和效用的理解。学生通过学习地理知识和技能，掌握地理学科的框架和方法，解释不同尺度的地球特征是如何形成、相互联系和随时间变化的。

通过表 5-1-8 中与气候变化相关的课程标准内容可以发现，两门课程对气候变化主题的介绍仍然不够完整。例如，科学课程阶段 3 侧重于介绍大气组成、碳循环与人类活动影响；阶段 4 则仅表述了气候变化的人为原因证据，甚至表明这些证据存在不确定性；地理课程中则仅阐述了"天气与气候"概念的区别、人类对气候环境的相互影响。

英国的中学气候变化教学不止在一门学科中进行，每门科目的系统性与学科之间的连接性较差。整体而言，《国家课程》中对于气候变化教育的内容存在较为严重的缺陷，并且气候变化基础科学以及气候变化的影响、适应与减缓措施并没有在中学的课程标准中得到充分体现。

随堂讨论

概括英国《国家课程》标准中气候变化教育内容的特点及存在的问题。

5.1.3.2 教材设计

英国中学的科学教材是学生在课堂教学中接受气候变化教育主要资

料，由于《国家课程》中气候变化科学内容仅在"地球与大气"以及"人类对地球的影响"中少有涉及，对应在教材中也只是在"大气与海洋"单元的有限部分被提及。

然而，据研究表明，在英国高中使用的主要科学教材中存在许多问题。例如，对于碳循环的介绍不完全，以及显示大气反应热量的全球变暖图存在错误。这些错误通常也会导致学生"认为臭氧层空洞会导致全球变暖""对化石燃料和碳循环之间的联系知之甚少""对二氧化碳在全球变暖中的作用了解不足"的误解与不理解。英国的课程标准中并不要求学生理解气候变化对环境、经济和社会的更广泛的影响，也不要求他们考虑与气候变化有关的社会正义问题。因此，这也导致了学生所使用的教材在编写过程中往往忽视了当前气候变化的真实信息与影响结果。总而言之，英国的中学教材对于气候变化的表述十分局限，并且存在较为严重的知识缺陷与误导倾向。

5.1.3.3　实施形式

由于课程标准的设置，在英国中学的传统课堂教学中关于气候变化科学的知识较少，中学生对于气候变化教育内容的接触主要来自学校、社区的项目实施以及活动。

在英国，初高中学生了解能源资源、收集数据和监测教室的能源使用以及在学校内规划和实施适当的行动项目的活动，在减少学校的能源使用方面发挥了关键作用[①]。实际上在实施了几个免费项目后，学校的用电量相比以前平均减少了35％。学校通过实施节能减排项目，不仅改善了当地社区的能源消耗情况，同时也补充了学生对于能源和气候变化单元的知识储备与技能学习。

5.1.3.4　实施效果

整体而言，在英国的气候变化教育相关实施手段下，英国中学生具有的气候变化知识水平、情感态度以及行动能力相较其他国家表现较差。

在一项全球青少年对与气候变化的看法研究中，英国的学生对于气

气候变化教育

① MONROE M C, PLATE R R, OXARART A, et al. Identifying effective climate change education strategies: a systematic review of the research [J]. Environmental Education Research, 2017, 25(6):791-812.

候变化持"确信"和"担忧"态度的比例是所有国家中最低的；并且应对气候变化的措施，如较为简单的"乘坐公共交通出行"，他们的行动意愿也是所有国家中最低的。英国的中学生们表现出的信仰、关注和行动意愿较低，这可以解释为他们将气候变化视为一个遥远的全球问题。他们倾向于把自己的利益和愿望置于气候问题之上，而中国、新加坡等以集体主义为重的国家的学生更倾向于"为更大的利益着想"。

5.1.4　中国

2011年国务院发表的《中国应对气候变化的政策与行动（2011）》白皮书指出，中国将不断提高应对气候变化的科技和政策研究水平，加强气候变化教育培训，并在中、高等院校加强环境和气候变化教育，陆续建立环境和气候变化相关专业，逐步推进我国气候变化教育的发展①。当前，我国的中学气候变化教育主要在地理、科学科目的教学中展开。

5.1.4.1　课程设置

我国的中学气候变化教育主要分为初中和高中两个阶段。初中设置了地理、科学课程，气候变化内容分别在地理课程中的世界地理和中国地理，以及科学课程中的"天气与气候"中体现。高中则设置了地理课程，在必修、选择性必修以及选修板块都含有气候变化科学的内容。

（1）《义务教育地理课程标准》

我国的义务教育初中地理课程是一门兼具自然学科和社会学科性质的基础课程，以提升学生核心素养为宗旨，引导学生学习对生活有用的地理、对终身发展有用的地理。初中地理课程从空间尺度的视角对课程内容进行组织，按照"宇宙—地球—地表—世界—中国"的顺序，引导学生认识人类的地球家园。课程以认识宇宙环境与地球的关系、地理环境与人类活动的关系为主要线索，并将地理实践活动和地理工具的运用贯穿其中。

表5-1-9展示了《义务教育地理课程标准（2022年版）》中与气候变化教育内容相关的内容及学业要求。在内容要求方面，从全球、区域、

---

① 中华人民共和国中央人民政府."十二五"期间中国将从11方面推进应对气候变化［EB/OL］.（2011-11-22）［2021-11-22］. http://www.gov.cn/jrzg/2011-11/22/content_2000223.htm.

中国三个不同尺度概述了气候科学的知识概念，如描述和简要归纳世界气温、降水分布特点以及世界主要气候类型的分布特征，归纳大洲的气候特征，简述影响中国气候的主要因素等。在学业要求方面，如要求运用地图及其他地理工具，说出气候自然环境要素的基本状况，描述大洲、地区和国家的自然地理环境特征等。

　　该课程标准内容主题由认识全球和认识区域两大部分构成，从不同尺度表述天气现象与气候变化内容，在不同主题中贯穿地理工具与地理实践活动，帮助学生建立有关气候变化科学的认识基础，形成保护地球家园的观念、热爱祖国家乡的情感以及关心世界的态度，并且提高气候行动能力与地理实践力，提高气候素养与地理核心素养。

表 5-1-9　　《义务教育地理课程标准》中的气候变化科学标准内容及学业要求①

章节内容	标准内容	学业要求
认识全球——天气与气候	· 收看天气预报节目，识别常见的天气符号，模拟播报天气。 · 阅读世界年平均气温和 1 月、7 月平均气温分布图，描述和简要归纳世界气温分布特点。 · 阅读世界年降水量分布图，描述和简要归纳世界降水分布特点。 · 阅读某地区气温、降水数据资料，并据此绘制气温曲线图和降水量柱状图，说出气温与降水量随时间变化的特点。 · 阅读世界气候类型分布图，描述世界主要气候类型的分布特征；结合实例，说明纬度位置、海陆分布、地形等对气候的影响。 · 结合实例，说明天气和气候对人们生产生活的影响。	· 能够运用地图及其他地理工具，说出地形、气候等自然环境要素的基本状况，自然环境要素对人们生产生活的影响，以及人类活动对自然环境的影响。

　　①　中华人民共和国教育部. 义务教育地理课程标准（2022 年版）[S]. 北京：北京师范大学出版社，2022：7-13.

气候变化教育

章节内容	标准内容	学业要求
认识区域——认识大洲	• 运用地图和相关资料，描述某大洲的地理位置，并依据大洲地理位置特点，判断大洲所处热量带和降水的空间分布概况。 • 运用地图和相关资料，简要归纳某大洲的地形、气候、人口、经济等地理特征。	• 能够运用地图及其他地理工具，从地理位置、地理事物和现象的空间分布、人与自然的关系，以及区域差异和区域联系等角度，描述并简要分析某大洲、地区和国家的主要地理特征。
认识区域——认识中国全貌	• 运用地图和相关资料，简要归纳中国地形、气候、河湖等的特征，简要分析影响中国气候的主要因素。 • 运用地图和相关资料，描述中国主要的自然灾害和环境问题，针对某一自然灾害或环境问题提出合理的防治建议，掌握一定的气候灾害和地质灾害的安全防护技能。	• 能够运用地图及其他地理工具，从不同媒体及生活体验中获取并运用有关中国地理的信息资料，描述和说明中国基本的地理面貌，表达热爱祖国的情感。 • 能够描述中国不同地区的主要地理特征，比较区域差异，从区域的视角说明人类活动与自然环境和资源的关系，初步形成因地制宜的发展观念。

随堂讨论

结合本节介绍的美国、加拿大、英国的课程标准内容，分析《义务教育地理课程标准》的特点以及与它们的不同之处。

（2）《义务教育科学课程标准》

初中科学课程是以对科学本质的认识为基础、以提高学生科学素养为宗旨的综合课程。我国的初中科学课程的核心理念在于提高每一个学生的科学素养；聚焦学科核心概念，基于学生认识水平，科学安排进阶；设计激发学生学习动机与好奇心的科学活动，构建素养导向的综合评价体系。

表5-1-10展示了《义务教育科学课程标准（2022年版）》中与气候变化相关的内容与活动建议。在"地球系统"部分中，天气与气候主题是该课程与气候变化紧密相关的内容，如区别天气与气候、认识我国气候的主要特点、举例说明气候对生产生活的影响等。在学业要求中，进一步明确学生自主与教师指导下须达到的标准，如知道世界主要气候类型

与我国气候特点、识别天气对动植物和人类生活的影响等。

该标准覆盖整个义务教育阶段，根据不同年龄特征的学生认知特点与知识基础，将天气与气候变化科学内容进行合理进阶安排；课程内容与课外活动贴近学生日常生活，能够激发学生的科学探索兴趣、培养气候变化意识、提高气候素养，为后续深入气候变化科学的学习打下坚实基础。

表 5-1-10   《义务教育科学课程标准》中的气候变化科学标准内容及学业要求①

章节内容	标准内容	学业要求
天气与气候	•1—2 年级：知道阴、晴、雨、雪、风等天气现象；描述天气变化对动植物和人类生活的影响。	•1—2 年级：能说出常见的天气现象，知道天气变化的影响；能在教师指导下，识别不同天气对动植物和人类生活的影响，通过口述、画图等方式，交流关于天气和土壤的观察结果。
	•3—4 年级：知道地球表面被大气包围着，大气是运动的；学会使用气温计测量气温，并描述一天中气温的变化；学会使用仪器测量和记录气温、风力、风向、降水量等气象数据，并运用测量结果描述天气状况；识别常用的天气符号，理解天气预报用语。	•3—4 年级：能读懂天气预报，知道大气是运动的；能在教师引导下，利用气象数据，描述一天中气温的变化，建立气象数据与天气状况之间的联系，学会用仪器测量气象数据。
	•5—6 年级：知道雨、雪等天气现象的成因。	•5—6 年级：能够解释生活中常见的天气现象。
	•7—9 年级：区别天气和气候的含义；运用气温和降水资料，绘制气温曲线图和降水量柱状图，概述气温和降水量随时间变化的特点；知道世界的主要气候类型及其分布，认识我国气候的主要特点，举例说明气候对生产和生活的影响。	•7—9 年级：知道世界主要气候类型和我国气候的主要特点，能够解释气候对生产生活的影响；能区别天气与气候的含义，用曲线图呈现气温随时间的变化。

① 中华人民共和国教育部. 义务教育科学课程标准（2022 年版）[S]. 北京：北京师范大学出版社，2022：78-84.

（3）《普通高中地理课程标准》

我国的高中地理课程是与义务教育地理课程相衔接的一门基础学科课程，反映地理学的本质，体现地理学的基本思想和方法。高中地理课程旨在使学生具备人地协调观、综合思维、区域认知、地理实践力等地理学科核心素养，学会从地理视角认识和欣赏自然与人文环境，懂得人与自然和谐共生的道理，提高生活品味和精神境界，为培养德智体美劳全面发展的社会主义建设者和接班人奠定基础。本书选取了2020年修订的2017年版《普通高中地理课程标准》，该次修订是我国深化普通高中课程改革的重要环节。该标准从课程性质与基本理念、学科核心素养与课程目标、课程结构、课程内容、学业质量、实施建议等六个方面阐述了高中地理课程的目标要求、组成结构与教学实施内容。

在此次修订版本的课程标准中，涵盖了气候变化科学知识与行动建议内容，表5-1-11分别依次列出了该课标中必修、选择性必修和选修课程与气候变化教育相关的标准内容与学业要求。根据标准内容来看，必修的自然地理部分主要介绍了地球自然系统的作用机制，如太阳辐射、大气组成，在人文地理部分主要强调了人类可持续发展与环境问题等；选择性必修与选修部分则进一步阐述了特殊的气候系统以及现象、重要的碳循环等物质循环机制，以及全球变暖对环境的影响等。就必修与选择性必修的相关学业要求来看，通过高中地理课程的学习，学生需要熟悉地理信息技术以及地理工具的使用，具备与气候系统相关的基础知识储备，明白人类社会与自然环境的相互作用影响，以及认识资源环境对国家安全的重要性。课程标准旨在培养学生的地理学科核心素养（人地协调观、综合思维、区域认知、地理实践力），这些素养的形成能够有效帮助学生学习气候变化科学知识、形成气候变化素养。

表5-1-11　《普通高中地理课程标准》中的气候变化科学标准内容及学业要求①

部分	标准内容	学业要求
必修	· 运用资料，描述地球所处的宇宙环境，说明太阳对地球的影响。	· 学生能够运用地理信息技术或其他地理工具，观察、识别、描述与地貌、大气、水、土壤、植被等有关的自然现象。

①　中华人民共和国教育部. 普通高中地理课程标准（2017年版2020年修订）[S]. 北京：人民教育出版社，2020：8-26.

部分	标准内容	学业要求
必修	· 运用图表等资料，说明大气的组成和垂直分层，及其与生产和生活的联系。 · 运用示意图等，说明大气受热过程与热力环流原理，并解释相关现象。 · 运用资料，归纳人类面临的主要环境问题，说明协调人地关系和可持续发展的主要途径及其缘由。	· 能够运用地球科学的基础知识，说明一些自然现象之间的关系和变化过程（综合思维）。 · 能够在一定程度上合理描述和解释特定区域的自然现象，并说明其对人类的影响（区域认知、人地协调观）。 · 能够形成判断人类活动与资源环境问题关系的初步意识（人地协调观）。
选择性必修	· 运用示意图，说明气压带、风带的分布，并分析气压带、风带对气候形成的作用，以及气候对自然地理景观形成的影响。 · 运用图表，分析海—气相互作用对全球水热平衡的影响，解释厄尔尼诺、拉尼娜现象对全球气候和人类活动的影响。 · 运用碳循环和温室效应原理，分析碳排放对环境的影响，说明碳减排国际合作的重要性。	· 运用地理信息技术或其他地理工具，结合地球运动、自然环境要素的物质运动和能量交换，以及自然地理基本过程，分析现实世界的一些自然现象、过程及其对人类活动的影响（综合思维、地理实践力）。 · 能够综合分析各种区域性或全球性资源和环境问题对国家安全的影响，了解国家资源利用现状及政策和法规对维护国家安全的意义（综合思维、区域认知）。
选修	· 简要说明地球上碳、氮、氧等元素循环的过程及其对环境的影响。 · 结合实例，说明全球变暖对生态环境的影响。	/

随堂讨论

1. 结合上述表格中与气候变化教育相关的标准内容，概括高中地理中学生需要掌握的气候变化知识与技能。

2. 结合其他国家的课标内容，比较分析我国《普通高中地理课程标准（2017 年版 2020 年修订）》与其他国家课标的异同之处。

5.1.4.2 教材设计

地理课本是我国的中学气候变化教育的重要教育材料。我国的中学

气候变化教育

地理课本中覆盖了较为完整的气候变化科学知识内容，对于气候变化的态度倾向客观明确，对于可持续发展以及适应减缓措施方面也有相应介绍。但是不同地区、年级使用的教材内容组成存在一定差异①。

教材分析研究结果表明：一方面，我国高中使用的四版主流地理必修教材虽然覆盖了较为全面的知识内容，但表述上仍存在一定的缺失，并且不同版本的教材存在差异；另一方面，所有版本的教材对于气候变化的立场倾向一致，均表述了"气候变化正在发生并且与人类活动紧密相关"的科学事实，在此基础上，阐明了中学生力所能及的应对措施与国家的相应政策。

从知识点覆盖情况来看，各个版本教材的具体情况存在不同。各版教材对于"日—地作用""地球的能量平衡""温室效应机制"等部分的概念均有覆盖，如大气层气体对辐射的选择性吸收、地球的能量收支平衡、被温室气体吸收的能量种类、可持续与气候变化等。然而，对于部分知识点仍然缺乏明确表述，或者仅有少数教材提及。

从构成占比结果来看，首先，四版教材对气候变化的各个知识点都有提及，但是具体情况存在差异。气候变化科学知识整体在中图版和人教版教材中占有页数最多，达 17 页，占比达 6.4% 和 6.8%；湘教版占有 13 页，占比达 5.4%；鲁教版页数最少，为 9 页，占比为 3.7%。其次，各版教材对气候变化知识的书面表述不充分，具体到各个知识点在各版教材的呈现情况而言，其绝对比例数值仅在 0.4%～3.8% 内。最后，"碳循环"是所有版本教材中表述篇幅最少的知识，都只占用了 1 页，仅占各版教材总体页数的 0.4%。

总之，综合各版教材的知识点覆盖情况和构成占比结果，"其他"和"能量平衡"部分是教材中表述最多的内容，其知识点覆盖程度也是比较完整的；尽管"温室气体与温室效应"这一知识点覆盖相较而言最为完整，但是表述篇幅较为简单；"碳循环"部分则存在知识点不完备与篇幅短小的双重问题。

表 5-1-12 列出了四版高中地理必修教材中有关"温室气体与全球变暖"主题的原文。根据表中内容，我国高中用于地理教学的主流教材对于气候变化的态度立场一致——人类活动对于气候变化的显著影响，这

① 周瑜，陈实，常珊珊，等. 高中地理实施气候变化教育的教材基础与教学策略［J］. 地理教学，2021（22）：10-14.

与当下科学研究数据证明的结果也是一致的。此外，湘教版还列出了相关的大气二氧化碳浓度变化数据，作为"人类排放过多温室气体导致全球变暖"的证据，能够使学生清晰直接认识到这一事实。此外，教材中避免了美国教材中普遍采用的"科学家认为""并非所有科学家赞同"等表述方式，规避了对气候变化问题的主观倾向及含糊不清的阐述。

表 5-1-12　高中地理必修新教材中的气候变化主题原文列表①②③④

教材版本	原文
人教版	人们大量使用的煤、石油等矿物燃料是地质历史时期生物固定并积累的太阳能。二氧化碳体积分数的增加，基本上都来自化石燃料的燃烧和土地利用的变化（主要是毁林）。化石燃料燃烧，会释放二氧化碳；森林面积缩小，会减少森林对二氧化碳的吸收量。
中图版	自工业革命以来，人类大量燃烧矿物燃料，如煤、石油和天然气等，向大气排放了大量二氧化碳等温室气体，导致全球变暖。
湘教版	自工业革命以来，由于人类大量使用化石燃料，全球大气二氧化碳浓度上升了120ppm，其中一半的增长出现在1980年以后……二氧化碳等温室气体排放量的增加，是导致全球变暖的一个重要原因。
鲁教版	自工业革命以来，人类向大气中排放的二氧化碳、甲烷、臭氧等温室气体逐年增加，大气温室效应增强，并引起了全球气候变暖等一系列严重问题。

另外，各版教材也对如何应对气候变化问题列出了相应措施，如人教版中介绍了学生力所能及的多种减缓措施，"衣：尽量避免干洗，减少洗涤频次；食：尽量选择本地的应季食物；住：关注房屋耗能，使用节能灯；行：日常出行选择骑车、步行、公共交通，尽可能拼车或合乘"。并对低碳食品做了较为详细的表述，"生产各种农产品的温室气体排放量由少到多依次为小麦、马铃薯、鸡肉、牛肉"，"与外地蔬菜水果相比，

①　王民. 普通高中教科书：地理必修第二册［M］. 北京：中国地图出版社，2019.

②　王建，仇奔波. 普通高中教科书：地理必修第二册［M］. 济南：山东教育出版社，2019.

③　樊杰，高俊昌. 普通高中教科书：地理必修第二册［M］. 北京：人民教育出版社，2019.

④　朱翔，刘新民. 普通高中教科书：地理必修第二册［M］. 长沙：湖南教育出版社，2019.

气候变化教育

本地蔬菜、水果有效减少了运输所排放的温室气体，是更低碳的食品"，"使用应季、本地产的、简易包装的食材；煮饭或粥时，考虑用薏米、红薯等粗粮代替部分白米；考虑用白肉代替红肉；考虑用凉拌方式做菜；少油、少盐、少糖，减少调味料的使用"。中图版、湘教版和鲁教版则侧重介绍绿色产业、低碳经济等国家发展层面的可持续发展战略内容，有关学生如何实践减缓气候变化的措施则缺少描述。

随堂讨论

请你从内容构成和态度倾向两个角度分析我国其他气候变化教育教材（如高中地理选择性必修、选修教材等）。

5.1.4.3 实施形式

课堂教学与课外活动是我国中学开展气候变化教育最主要的两种方式。课堂教学包括概念机制的教授、小组合作讨论学习以及纪录片视频播放等多种形式；课外活动则是课堂教学内容的拓展，通过生活调查报告撰写、家庭"碳减排"计划制订以及数据资料查阅等，能够充分发挥学生的自主学习能力，综合提高学生的气候变化科学知识储备与气候变化素养。

（1）课堂教学

我国的中学气候变化教育主要是在地理课堂的教学中实施的。课堂教学主要包括教师对概念知识的讲授、小组探究合作学习等[1]。概念知识的教学，如通过向学生展示不同时空尺度的气候变化图文资料（如冰川遥感变化动态图、大数据图、GIS三维地图等），使学生建立全球尺度思维，认识气候变化的发展模式与作用机制[2]；小组探究合作学习模式，即通过让课堂中的学生以小组为单位进行讨论探究，利用如WebQuest教学模式、地理思维建模、"学案导学"教学法等多种教学形式，不仅能活跃课堂氛围、激发学生学习兴趣，还能有效提升教师的气候变化教育教学能力与专业知识积累。

另外纪录片、动画等气候变化视频也通常被我国中学教师作为课堂教学的导入环节，如某中学高中地理课堂的教学设计中，通过播放关于

---

[1] 方修琦，曾早早. 地理教育中的气候变化教育 [J]. 地理教学，2014（3）：3-6.

[2] 陈诗吉，李依铭. 高中地理网络互动教学模式的研究与实践：以"全球气候变化"为例 [J]. 地理教学，2015（24）：26-29.

全球气候变暖的纪录片《难以忽视的真相》片段，让学生们思考视频所反映的环境问题，并介绍了纪录片的制作人和主演——环境学家阿尔·戈尔对气候变化作出的努力与贡献，随后依次提出导学问题、展示图像、问题框架[①]。

（2）课外活动

除了课堂教学外，课后的相关作业与活动也能够有效推进我国中学气候变化教育的实施。形式多样的课外活动包括气候变化纪录片观后感撰写、碳排放生活调查报告、家庭减排计划制订、搜索分析气候数据资料、分角色扮演汇报等。例如，在气候变暖课堂内容教授完毕后，留给学生多种可选的"低碳减排"主题实践作业形式，如观看全球气候变暖纪录片，写下观后感；查阅资料，在生活中开展有关碳排放的生活调查，了解"碳源""碳汇"；列出自己及家人可以付诸行动的减排计划等。再如给学生布置角色扮演和讨论主题的任务，让学生自主收集有效、分析、整理、归纳资料，并从公众层面、工业生产层面、国家决策层面由小到大提出具体措施。主题讨论能够有效训练学生信息检索、分析资料与问题解决的能力，使学生主动了解全球气候变化的现状，增强学生气候变化行动意识。

随堂讨论

思考还有哪些可在我国中学推行的气候变化教育实施形式？

5.1.4.4 实施效果

我国的中学气候变化教育在课程设置、教材编写以及教学实施等方面的共同推进下，取得了一定的实施效果，主要体现在学生的知识水平、情感态度以及行动能力方面。

（1）知识水平

据研究表明，我国中学生认同自工业革命后以来气候变化的现状以及气候变化中人为原因的影响，对于气候变化科学的知识概念具有一定的基础，但是存在一些认知误区和认识不充分的情况[②]。首先是中学生对于基础概念认识模糊，如对天气与气候、气候变化与气候变暖这两组概

气候变化教育

---

① 尹海霞，朱雪梅. 科学精神与人文底蕴相融合的高中地理教学探究：以"全球气候变暖"为例 [J]. 地理教学，2020（5）：21-25.

② 陈涛，谢宏佐. 大学生应对气候变化行动意愿影响因素分析：基于6643份问卷的调查 [J]. 中国科技论坛，2012（1）：138-142.

念区分不清；其次是与各国中学生普遍存在的误解一致——认为臭氧层破坏是导致气候变化的主要原因；最后是对气候变化的表现现象以及影响认识不够。

（2）情感态度

大部分学生对于全球气候变化问题都持有积极正面的情感态度[①]。一些对于气候变化持有"警惕""关注"和"谨慎"态度的学生，在知识水平和行为能力方面也具有较好的水平，但仍有少部分同学存在消极负面的态度。并且女生、学业水平排名较高的学生以及高考班的学生，对待气候变化问题具有更加积极、正面的态度。

（3）行动能力

我国的中学生通常选择乘坐节能汽车、随手关灯节能等广为熟知的气候友好行为，而节约粮食、改变个人消费模式等减缓与适应气候变化的行为执行情况较差[②]，如商品的耗能情况、购物袋使用以及学校节能项目创新方面是学生们较少关注的。另外，他们适应气候变化的行动意愿与能力也较差，如对本地的气象灾害类型了解较少，应对中暑、气象灾害的能力较差。

随堂讨论

尝试总结英国与我国的气候变化教育概况的特点与不足。

案例研讨 ∿∿∿

瑞典气候女孩——格蕾塔·通贝里

在第二十四届联合国气候变化大会上，年仅 15 岁的瑞典少女格蕾塔·通贝里发表了一篇批评参会国家的演讲，她称参会者们"为了执行《巴黎协定》聚集在此制定规则，却抛弃了子孙后代"，她的批判言语通过社交网络迅速传遍全球，对世界各国产生了冲击。这个女孩获得了诺贝尔和平奖提名、入选《时代》周刊"影响世界的一百位名人"等荣誉，然而她的行为也存在着极大的争议。

格蕾塔·通贝里的气候行动缘由始于 2018 年 8 月瑞典百年不遇的森林大火。火灾发生后，她强烈要求瑞典政府严格按照《巴黎协定》减少

① 翟子豪. 中国青少年气候变化及环保意识调查报告 [J]. 教育研究，2015，36 (11)：111-116.

② 王雪琦，陈进. 影响中国沿海地区青少年气候变化减缓意愿及行为的因子分析 [J]. 气候变化研究进展，2021，17 (2)：212-222.

碳排放，并连续三周到瑞典议会大厦门口抗议。她发起"星期五为了未来"气候保护活动，迅速蔓延到多个欧洲国家。经过社交媒体病毒式的传播，澳大利亚、英国、比利时、美国、日本等地有超过 2 万名青少年模仿她，每周五规律罢课，走上街头抗议。2019 年 3 月，全球百余个国家的 140 万人，其中大部分是学生，响应格蕾塔·通贝里的号召，参与了所谓针对气候变化的抗议活动。她对于气候变化行动的呼吁影响了全球各国青少年，并且在媒体上产生热议。

然而，在获得影响力后，她的许多行为也受到了争议。2019 年 9 月 23 日，美国纽约举行的联合国气候行动峰会上，格蕾塔·通贝里当着世界各国领导人的面，再次指责政客们在环保气候问题上的不作为，并宣称自己的行程是"零排放"帆船航海之旅。然而英美媒体曝光称，格蕾塔·通贝里的帆船上存在不环保的塑料水瓶。

问题研究

1. 从最初的呼吁减排气候行动，到后面的声讨各国对环保气候问题的不作为，你如何看待这位气候女孩？

2. 通过分析格蕾塔·通贝里的经历，你认为在中学气候变化教育过程中我们应该注意什么？

5.2 国内外中学气候变化教育发展现状

从各国的中学气候变化教育实施概况来看，所有国家在课程设置、教材编写、教学实施以及实施效果等方面都各不相同。起步时间早晚以及实施环境不同，导致了我国与欧美国家的中学气候变化教育发展现状存在差异。分析当前国内外中学气候变化教育发展中的成就与问题，能够具体了解我国与国际气候变化教育发展水平之间的差距，并为未来我国中学气候变化教育发展提供参考和借鉴。

5.2.1 国外发展现状

整体而言，中学气候变化教育在国外的起步较早、发展较快，开展了多样化的教育实施形式，并且在学生群体中取得了显著效果。然而由于不同地方的政策制定、社会背景、舆论引导等因素的影响，具体的教育实施情况仍然存在差异。

气候变化教育

5.2.1.1 成就

(1) 在基础教育课程标准和教材中均有所体现

对于中学气候变化教育的重视程度，首先体现在中学基础课程标准对学生气候变化素养要求上。当前国外（如加拿大、美国等）中学开设涵盖气候变化科学内容的课程主要是科学、地理、环境科学以及社会研究等。在这些科目的课程标准中，气候变化知识在标准内容、学业要求以及相应的教学实施建议等方面都有所覆盖。而在列出的有关要求中，学生学习掌握的气候变化科学知识主要涵盖了气候科学关键概念（如天气与气候、大气组成等）、气候变化的作用机制（如温室效应），以及人类社会与气候变化的相互作用（如人类活动对气候变化的影响、减缓与适应措施等）等内容。这些知识内容的加入与学业水平要求的制定能够帮助中学生完善气候科学知识的储备与培养应对气候变化的意识与能力。

其次体现在气候变化教育的中学教材中。尽管各国、各版的科学教材对于气候变化的介绍不尽相同，但是有关气候变化的关键概念、系统作用以及人类影响等重点内容在多数教材中均有所体现。另外，还有一些国家结合气候变化与当地生态系统编写了专门用于气候变化教育的教材，如美国的《东南地区森林与气候变化》。这类教材一方面对气候变化知识的科学系统、气候科学前沿研究内容表述详尽，另一方面结合当地环境特征与中学生特点设计了形式多样的指导活动，这些优秀教材能够更加有效推进气候变化教育的实施。

(2) 课堂教学实施形式多样并取得显著效果

针对具体实施过程中遇到的问题，当前国外气候变化教育工作者对面向中学生的教学方法开展了广泛的尝试与研究。建构式、探究式以及体验式等教学方法最为广泛，如角色扮演、逃生室游戏、视觉影像、实验演示以及网络课程等。这些教学方法一方面将教学内容与科研前沿成果、全球变化背景相结合；另一方面针对中学生群体年龄特点设计活动，充分发挥学生自主性，且具有趣味性，能够有效帮助中学生积累气候变化知识、提升气候行动能力以及培养气候变化素养。

(3) 科普工作在中学气候变化教育课堂得到推进

为避免学生因媒体网络和周边人群的主观认识影响而产生错误的认识，同时考虑到当前中学气候变化教育人员以及资源的不完备，邀请科研人员进入中学课堂成为国外气候变化教育的一个重要辅助手段。中学生通过参观气候科学实验室、与科学家交流气候变化问题、在科研人员指导下共同完成实验操作等活动，能够获取科学正确的气候变化事实，增强气候行动能力，丰富科学研究的知识技能。同时对于学校教师而言，与科研团队合作开发气候变化教育项目一方面使气候变化科学教学质量得到有效保障，另一方面能够让教师在此过程中丰富自身的知识储备与教学技能。

（4）家庭、社区气候变化教育项目得以实施

家庭教育与社区项目的开展是国外气候变化教育的特色之处。除了学校外，家庭与社区是中学生群体成长生活的重要场所，也是青少年们直接体验气候变化影响的关键场所。一方面，家庭教育对于孩子的价值观与世界观的形成至关重要，父母的环境保护行为能够通过榜样的方式对孩子进行气候变化观念的塑造，以及对行动能力方面的培养。另一方面，中学生通过在社区实践课堂学习知识，与当地居民交流观点，能够切身感受气候变化对当地带来的影响，掌握气候变化的减缓与适应方案，全面提高自身气候意识与素养。

5.2.1.2　问题

（1）国家气候变化教育应对政策在教育方面的落实不明晰

尽管许多国家积极响应联合国气候变化应对措施和建议，通过多种手段方法缓解温室效应等气候变化带来的显著影响，但是教育措施仍然是被忽视的一个重要途径。通过各国的基础课程标准制定可以看出，如英国的《国家课程》中对于气候变化教育的内容存在较为严重的问题，气候变化基础科学以及气候变化的影响、减缓与适应措施并没有在中学的课程标准中得到充分体现；再如美国、加拿大这些气候变化教育发展较好的国家，由于社会政治因素等的影响，包含完善气候变化素养要求的课程标准也难以在所有州、省实现。因此，当前国外的中学气候变化教育在政策制定等方面仍然存在许多问题亟待解决。

（2）课程设置以融合形式为主，课程之间衔接不足

气候变化是复杂的、多系统相互作用的结果，对于中学生学习与掌握该部分知识而言存在一定的困难，因此，需要多个学科之间的相互衔接与贯通，从多角度帮助学生理解和落实知识点。气候变化主题可以在涉及人文、科学和艺术的跨课程环境中教授，而目前国外中学开设的气候变化相关学科，如地理、科学、环境科学等，各学科课程标准涵盖的

气候变化教育

内容衔接性较差；并且国外学生对于选修科目（如地理）学习的选择性，使得他们对于气候变化的理解存在不连贯的情况。

（3）教育人员的气候科学专业知识储备与相关教学技能的缺乏

由于系统的中学气候变化教育起步与发展较慢，并且国外社会政治背景因素导致的对气候变化的复杂见解，一些中学教师入职前没有接受过任何有关气候变化科学教学的正式培训。他们既缺乏对主题复杂性的认识以及相应的知识技能储备，也没有了解学生在气候变化主题方面的认识与接受程度，这些因素也导致了中学教育人员在实施气候变化教育时存在一定的困难。

（4）教学资料的表述缺乏科学性且主观性较强

国外气候变化教育教材存在一些表述与态度倾向问题。首先，大多数国外中学科学教材对于气候变化的系统作用机制表述并不完善，一些关键的易混淆概念问题以及常见的误解（如臭氧层空洞与气候变化、气候变化与气候变暖等）在书中并没有得到科学系统的解答；其次，人类活动对气候变化的重要影响在较多的科学教材中，被表述为"不确定的""并非科学界的普遍共识"，带有一定的政治舆论倾向色彩；再次，气候科学家通过科学研究得出的结论也被教材引述为"科学家认为、相信"等主观立场的语句，缺乏科学性；最后，关于如何减缓与适应气候变化的措施，国外的大部分中学教材也仅关注了一些过去为人所熟知的"低效能"的减缓措施，一些关于生活消费方面等适宜中学生的"更高效能"的措施并没有在书中得到体现。

（5）学生及教师群体等易受社会环境、政治背景等因素误导

社会舆论、政治宗教背景是影响国外学生学习气候变化科学和教育工作者教学实施过程的重要障碍因素。公众获得的大部分气候变化信息是来自非科学的、主观的信息，如互联网、大众媒体和人际沟通。因此，一般民众对气候变化的原因和影响存在相当大的误解。另外，接受家庭教育或上私立宗教学校可能会受到信仰的影响，当私立宗教学校的学生的宗教教学和科学教育不相容时，中学生对于科学的认识会产生偏颇。

拓展阅读～～～～～～～～～～～～～～～～～～～～

其他国家的气候变化教育政策措施

意大利有 100 多项与气候变化有关的法律和法令。2012 年 11 月 16 日第 254 号法令指导小学教育课程的制定。将气候变化列入课程，并鼓励学

生"采取生态上可持续的行为和个人选择"。气候变化在地理和生物课程中被提到，也包括在课程指南的基本原则中。长期以来，教育部和生态转型部之间的合作一直是一个关键因素。2019年10月14日第111号法令改革了意大利的气候法律。它为意大利实现可持续发展目标奠定了基础，并为意大利学校和其他教育机构纳入气候行动奠定了基础。2019年11月，当时的教育部宣布打算将气候变化设为学校的必修课。截至2020年，气候变化教育成为意大利各学校公民教育的必修课。

印尼近年来也通过了越来越多与气候变化有关的法律和法规，并将这一问题纳入其发展计划。此外，一些法律和政策将气候变化纳入教育和传播系统。同样，发展规划也将应对气候变化的各种战略计划联系起来。此外，印尼在2013年更新了国家课程框架，将气候作为核心能力（主要针对小学生），以及学生应该获得的态度、技能和知识的一部分。最后，教育和文化部组织气候变化活动，如定期举办的气候变化教育论坛和博览会，重点关注气候变化教育主题，并为学校和教育工作者提供网络空间。

韩国在其行政协调会的管理方面采取了若干值得注意的做法和倡议。例如，政府在2010年通过了《低碳绿色增长框架法案》，解释了政府在气候变化教育方面的责任。十年后发布了第三次环境教育总体规划（2020年），强烈关注气候变化。此外，该总体规划概述了环境部2021—2025年环境教育项目的总预算，总额为1550万美元，这是确保可预测、稳定和充足资金的基本做法。此外，自2007年以来，国家课程框架将气候变化教育纳入了包括学前教育在内的所有层次。在《国家学前教育课程框架》（2015年）中，气候变化教育是"科学探索"单元的一部分。针对4岁孩子的课程鼓励孩子们对天气和气候变化产生兴趣，而5岁的孩子则学习气候的规律。最后，国家课程框架还植根于《环境教育促进法》，该法案旨在向各级学生灌输预防和解决环境问题（包括气候变化）的知识和能力，从而促进可持续发展。

摘自：

UNESCO. Getting every school climate-ready, how countries are integrating climate change issues in education[M]. Paris: UNESCO, 2021.

气候变化教育

5.2.2 国内发展现状

整体而言，在国家气候变化与可持续发展相关政策制定与实施的推动背景下，我国的气候变化教育获得了良好的发展环境。因此，气候变化内容在国内中学的课程设置、教材编写以及教学实施等方面得到重视并充分体现。但相较于国外而言，国内的中学气候变化教育仍然存在一些问题，如课程具体内容的衔接不当、社区活动实践有待开展等。

5.2.2.1 成就

（1）气候变化成因在基础课程标准与教材中表述清晰明确

我国中学开展气候变化教育的基础课程主要包括初中的地理、科学以及高中的地理科目。在这些科目的课程标准中，包括了标准内容、学业水平以及教学建议等方面。其中标准内容中包含了气候系统的组成结构与作用机制、碳循环等物质循环机制、全球变暖对环境的影响、人类可持续发展与环境问题等基础知识与重要问题。初中阶段的地理与科学的学科衔接连贯，并且从初中到高中阶段课程标准的相关知识覆盖与学业要求具有循序渐进的特征，有利于我国中学生逐步强化气候变化意识，丰富知识储备并培养气候素养。

在课程标准的指导下，我国中学的教材在气候变化科学知识覆盖上较为全面，如高中地理必修的主流四版教材对"日—地作用""地球的能量平衡""温室效应机制"等部分的概念均有覆盖。在气候变化应对措施方面，从国家的绿色经济、可持续发展产业到个人的生活方式改变等方面均有介绍。更重要的是，我国的中学教材对于"人类活动影响气候变化"的事实表述科学，这对于学生重视气候变化意识的正确树立以及相关知识技能的学习十分重要。

（2）结合中国学生核心素养培养气候变化素养的形式多样

以培养中国学生的核心素养为契机，我国基础教育课程改革向纵深维度发展，随着学科核心素养的提出，我国基础教育领域在探讨学科核心素养的培养机制、教学方法、教学策略和模式等方面都取得了显著成就，这为培养学生的气候变化素养奠定了基础。

从落实气候变化素养形式角度来看，我国的中学气候变化教育侧重于课堂教学与课外活动相结合的实施模式。课堂教学包括气候科学概念、过程机制的讲授与小组探究合作学习等形式，并以纪录片、动画片等气候变化视频作为课堂学习的导入；课外活动如气候变化纪录片观后感撰写，碳排放生活调查报告，家庭减排计划制订，搜索分析气候数据资料，分角色扮演汇报等。

（3）结合我国国情中学生气候变化教育实施初见成效

我国中学气候变化教育的实施效果是评价气候变化教育成败的关键。在 2015 年，一项面向全国 11 个省份的关于我国中小学生气候变化及环保意识的问卷调查研究显示，被调查的 80％以上学生意识到个人行为对气候变化的意义，并且愿意通过"节约水电能等日常行为"来应对气候变化，约 59.5％的学生认为气候变化非常重要[①]。这也说明我国青少年普遍对气候变化与个人行动的联系具有一定的认识基础。我国的中学生认同自工业革命后以来气候变化的现状以及人为原因的影响，对于气候变化科学的知识概念具有一定的基础，并且大部分学生对于全球气候变化问题都持有积极正面的情感态度。从我国中学生对气候变化的知识储备、情感态度以及行动能力来看，目前我国的气候变化教育也取得了一定的成效。

5.2.2.2　问题

结合现行课程设置的具体内容、实施形式以及相应的实施结果，相对于起步较早、发展较为完善的国外气候变化教育来看，我国中学气候变化教育仍然存在一些问题。

（1）课程设置以融合形式为主，课程之间衔接不足

尽管初中阶段气候变化内容在地理与科学课程中得到了较好的衔接，但是在高中阶段仅有地理科目对气候变化进行了标准内容与学业要求的制定，缺乏多学科之间的合作与连通性。另外，地理在必修课程内容中重点关注气候系统的组成、人类社会与可持续发展内容，而气候系统之间的相互作用、碳循环、气候变化对环境的影响则被纳入了选择性必修与选修内容之中。这些问题将会对学生培养气候变化素养产生一定的影响。

（2）气候变化教育教材的知识点覆盖不全与学生实践内容缺乏

尽管我国的中学教材在气候变化知识内容覆盖相对全面，但是细化到各知识点以及内容占比上则存在一定不足。另外，有关学生在生活实践中应对气候变化措施的内容较少，并且仅限于一些过去为人熟知的

---

① 翟子豪. 中国青少年气候变化及环保意识调查报告［J］. 教育研究，2015，36（11）：111-116.

气候变化教育

214

"多种树""乘坐公共交通出行"等措施，一些科研前沿的相关成果以及改变学生生活消费方式的有效新措施却较少提及。

（3）社区气候变化教育活动项目有待开展

国外与我国气候变化教育实施较为不同的一点是，国外的气候变化教育在社区广泛开展，而当前我国的中学教育侧重于课堂与课后的结合。社区项目能够帮助中学生群体在课堂以外的社会环境中学习知识、增强气候变化意识，并且还能充分发挥学生的自主性以及与人合作交往的能力。另外，国外还有一些增强中学教师气候变化教育教学能力、提高公众气候变化意识的社区项目，这有利于改善公众舆论环境，提高教师资源储备，为推动我国中学气候变化教育营造更好的氛围。因此，未来我国的中学气候变化教育尤其需要重视社区教育项目的辅助作用。

随堂讨论

结合当前全球中学气候变化教育现状，思考我国与国外气候变化教育问题的不同之处及其原因。

在各国以及国际组织的共同努力下，气候变化教育不断发展并进入了新的阶段。由于中学生群体的知识储备、情感态度以及行动能力都处于形成的关键时期，中学气候变化教育尤其需要得到关注。当前各国的中学气候变化教育均取得了一定的成就，但在具体设置以及实施效果等方面仍然存在显著差异和关键问题。为推进未来气候变化教育在中学的发展，有效解决当前实施过程中存在的具体问题，需要进一步了解中学生的气候素养水平现状，并推动中学气候变化教育教学实施方法不断改进。

本章小结

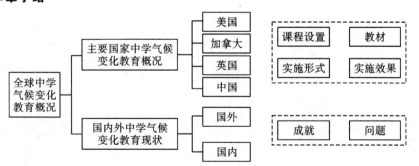

平台链接

联合国可持续发展知识平台 https://sustainabledevelopment.un.org/topics/sustainabledevelopmentgoals

联合国教科文组织与可持续发展目标 http：//en. unesco. org /sdgs

英国文化协会：可持续发展目标资源 https：//schoolsonline. britishcouncil. org /sites /default /files /sdg _ education _ pack _ v3. pdf

Gaia 教育的可持续性电子学习方案设计 http：//www. gaiaeducation. org /index. php /en /online

全球惠施基金会：可持续发展目标集资 https：//www. globalgiving. org /sdg /

开放大学：各类专题自学资料 http：//www. open. edu /openlearn /

可持续性游戏百科：与可持续性有关的游戏数据库 http：//www. games4sustainability. org /gamepedia /

教育促进可持续发展的良好做法：教师教育机构 http：//unesdoc. unesco. org /images /0015 /001524 /152452eo. pdf

世界最大课堂：向青年人介绍可持续发展目标、参与和采取行动有关的一切 http：//worldslargestlesson. globalgoals. org

可持续发展问题青年硕士计划：关于可持续发展的在线课程和学生间的国际交流 http：//www. goymp. org /en /frontpage

第6章 国外中学气候变化教育有效教学策略

本章概要

　　本章主要介绍国外中学气候变化教育的有效教学策略。首先，从教学环境的具身性、教学内容的跨学科性、教学方法的综合性和教学过程的创生性等方面介绍了国外中学气候变化教育的有效教学原则；其次，厘清遵循相关原则下的中学气候变化教育的有效教学方法，分别介绍了符号性、感知性、动作性和交往性活动教学方法；最后，在融合上述教学方法的基础上，提出采取气候变化教育的有效教学措施，如消除气候变化知识误解、开展形式多样的讨论、实施家庭或社区的气候变化教育项目、参与科研或与科学家互动，并分别提出各自蕴含的教育价值及典型案例，供师生参考。

学习目标

　　1. 运用系统方法，阐明气候变化教育应遵循的原则。

　　2. 运用文献法和案例法，说明气候变化教育的有效教学方法。

　　3. 运用案例法和讨论法，探讨国外气候变化教育的有效教学措施及案例。

　　在世界范围内，气候变化教育有效教学策略是值得广大教育工作者探讨的问题。国外气候变化教育起源较早，有一定的理论积累和实践经验。本章主要从建构气候变化教育的有效教学原则，丰富气候变化教育的有效教学方法和采取气候变化教育的有效教学措施等三个方面介绍国外气候变化教育的有效教学策略。

6.1 气候变化教育的有效教学原则

教学原则是在总结教学实践经验的基础上，根据一定的教育目的和教学规律，师生在教学工作中为完成教学任务所必须遵循的行为要求和准则。它是指导教学工作的基本原则，也是教学工作必须遵循的基本要求[①]。气候变化教育在教学目标、教学内容和教学方法等方面都具有一定的特殊性，因此，气候变化教育的有效教学原则是值得研究的问题。

关于气候变化教育的有效教学原则，国外学者对此有过深入的研究，如越智洋子（Yoko Mochizuki）等认为气候变化教学应主要采用综合和跨学科的教学方法、关注当地和全球气候变化之间的关系，并从气候正义角度看待问题[②]。伊恩·D. 克罗斯（Iain D. Cross）等认为气候变化教学应将气候变化问题视作非常重要的问题，教学应该以气候变化解决方案为重点，给学生提供参与气候变化技能的学习支架，侧重以实践为背景的评估方法，并为学生提供有意义的教学方法[③]。综上，气候变化教学强调培养学生以科学的研究方法、道德的处理视角和全球视野来看待气候变化问题，也就是培养学生的气候变化素养，包含气候变化知识、态度和行为。在培养学生核心素养视域下，气候变化教学要寻求各学科发生有效教学的共同机理和方法，研究共通的教学设计样态，齐力实施有效的教学过程。因此，本节内容基于相关文献，将中学气候变化教育的有效教学原则归纳为教学环境的具身性、教学内容的跨学科性、教学方法的综合性和教学过程的创生性。

6.1.1 教学环境的具身性

基于具身认知理论，认知是通过身体结构、活动方式及与环境的互

---

① 时伟. 教育学［M］. 合肥：安徽大学出版社，2020.

② MOCHIZUKI Y, BRYAN A. Climate change education in the context of education for sustainable development：rationale and principles［J］. Journal of Education for Sustainable Development，2015，9（1）：4-26.

③ CROSS I D, CONGREVE A. Teaching（super）wicked problems：authentic learning about climate change［J］. Journal of Geography in Higher Education，2021，45（4）：491-516.

动体验而生成①。学习者所有经验几乎都是通过身体的某种交互方式获得的②。由此,教学环境的具身性即教学环境能够与学生的身体感受和心理体验产生交互作用的特征。气候变化教育的目的是培养学生的气候变化素养,气候变化教育的环境布置能否引起学生的具身体验、促使学生动手实践,无疑是影响气候变化教学效果的重要一环。确保教学内容、教学材料和教学情境的真实性,学习者才可以更有效地学习和解决现实世界中复杂的气候变化问题。因此,教师在设计气候变化教学活动时要设计不同的情境架构,确保学生经历真实和具身的学习过程。例如,气候变化是海滩和沿海环境面临的威胁之一,联合国教科文组织和圣安沃基金会(Sandwatch Foundation)与罗德斯大学(Rhodes University)合作创建了一门课程,使非洲沿海和发展中国家的教育工作者能够在课堂内外教授气候变化要素,课程包括学生对海滩进行实地考察、调查访问,监测和分析海滩环境的过去和未来,并制订可持续的方案来解决问题。这将教学活动转移到海滩这个真实的课外场景中,让学生进行认知和实践、切身体验气候变化带来的影响和改变,以促进学生形成减缓和适应气候变化的意识和行动。当然,在课堂内的教学环境也需要对具身环境的营造进行新的探索,从而达到良好的教学效果。

6.1.2 教学内容的跨学科性

教学内容的跨学科性是指气候变化教学内容超越了单一学科界限,融合了天体物理、地球环境、人类社会文化等领域的内容,将地球环境的气候变化综合性课题和人类社会关心的重大问题以主题的形式整合起来。气候变化科学具有跨越多个学科领域的特征,决定了气候变化教学内容应该从跨学科视角对其开展研究和教学。

2019 年,美国的一次民意测验表明只有不到一半的学前教育至高中教育的教师会与学生谈论气候变化,65%的老师在民意测验中给出的最

---

① 马晓羽,葛鲁嘉. 基于具身认知理论的课堂教学变革 [J]. 黑龙江高教研究,2018 (1):5-9.
② 刘鹏. 基于具身认知理论的教学活动设计研究 [J]. 中国教育技术装备,2015 (14):89-91.

第 6 章 国外中学气候变化教育有效教学策略

主要原因是认为气候变化与自己所教的科目无关①。实际上，气候变化是跨越多个学科领域的科学，如二氧化碳等温室气体的产生和排放涉及生物学、化学，在大气中捕获热量的方式涉及物理学，数据来源的可靠性涉及统计学，气候变化怀疑者的质疑，包括2009年底的"气候战略"丑闻涉及历史和社会学②。另外，应对气候变化的工具和机构可以在地方甚至全球范围内进行，在评估不断变化的气候影响和减轻温室气体排放的战略时，国际关系和经济结构也很重要③。这些不同主题和复杂规模使气候变化教育课程不应作为一个独立的科目领域，关系到不同的时间、空间和组织尺度，需要来自不同学科的专业人士跨界合作。

6.1.3　教学方法的综合性

教学方法的综合性是根据教学内容要求，将多种教学方法融合和优化的教学特征。气候变化教育是一个综合和跨学科的教学内容，需要灵活运用多种教学方法，以达到气候变化教育的目的。在中学气候变化教育中培养学生的气候变化素养是主要任务，而气候变化素养是气候变化知识、态度和行为的集合，因此，气候变化教学需要采取综合性的教学方法。

（1）知识教学

气候变化知识是提高气候变化素养的基础，气候变化知识的习得既能够提高学生的气候变化认知水平，又能够调节学生应对气候变化问题的情感态度和行动意愿。气候变化知识教学一般采用讲解、叙述、讨论、辩论等方式，让学生了解并内化这些气候变化科学知识。

（2）态度教学

怀有怎样的情感态度是决定学生能否正确看待现实，并积极主动解

---

① ANYA K. Most teachers don't teach climate change; 4 In 5 parents wish they did [EB/OL]. (2019-04-22) [2022-01-22]. https://www. npr. org/2019/04/22/714262267/most-teachers-dont-teach-climate-change-4-in-5-parents-wish-they-did.

② MCCRIGHT A M, O'SHEA B W, SWEEDER R D, et al. Promoting interdisciplinarity through climate change education[J]. Nature Climate Change, 2013, 3(8):713-716.

③ EISENACK K. A climate change board game for interdisciplinary communication and education[J]. Simulation & Gaming, 2013, 44(2-3):328-348.

气候变化教育

决气候变化影响的关键因素。有研究表明，学生在学习气候变化可能（或已经）带来的影响时，感到无助、悲伤或恐惧，而亲身面临极端气候事件时，有可能产生生理或心理的长期影响[1]。因此，要让学生的情感在气候变化中发挥激励作用，让学生对未来世界产生希望。气候变化态度教学多采用叙事的方式增加学生的同理心、播放电影或提供图像等感性的方式促进学生感知和使用幽默的教学方式以增加学生的希望等。

（3）行为教学

气候变化问题的迫切性和复杂性要求学生掌握减缓和适应气候变化的行动能力，实施气候变化教育的最终目的就是帮助学生投入应对气候变化的行动中去。在气候变化行动教学中进行游戏、角色扮演、实验模拟、参观等体验式的教学能加强学生的参与感和行动能力。

气候变化素养的教学并不意味着知识、态度和行动三者之间的割裂和分离，而是需要多种教学方法优化整合，通过学生自身的能动活动，掌握气候变化相关的科学知识，形成正确的气候变化价值观念，最终促使学生投入减缓和适应气候变化的行动中。

6.1.4　教学过程的创生性

教学过程的创生性是教师以学生为本，灵活使用教学方法，创造性地使用教材，去激发和促进学生个体创造力的发展过程。

气候变化教育旨在促成学生学习有关气候变化的知识，养成应对气候变化的态度与行为，从而能够更加积极地应对未来可能（或已经）发生的气候变化挑战。因此，气候变化教学为学生提供了一个将课内与课外、校内与校外结合起来的教学平台，注重学生批判性和创造性的思考气候变化的知识体系（气候变化的基本科学、气候变化的社会影响、适应和缓解行动策略）[2]，使他们有足够的灵活性来处理和应对未来气候变化的不确定性影响。例如，道格拉斯·K. 巴兹利（Douglas K. Bardsley）在为伍德克罗夫特学院（Woodcroft College）的学生设计的气

---

① LEICHENKO R, O'BRIEN K. Teaching climate change in the Anthropocene: An integrative approach[J]. Anthropocene, 2020, 30:100241.

② Unesco Course. Climate change education inside and outside the classroom[EB/OL]. (2019-11-03)[2022-03-05]. https://en.unesco.org/sites/default/files/4._ccesd_course_final_30.12.14.pdf.

第6章　国外中学气候变化教育有效教学策略

候变化教学过程中，鼓励学生批判性思考①。学生在研究气候变化对当地沿海生态系统的潜在影响时，发现这种教学方法既具有挑战性，又有吸引力。学习的最后，学生们讨论了可能的个人行为和更广泛的社会反应，以减少未来气候变化的影响，在未来，这种培养学生成为具有创造性的人的教学将是至关重要的。

气候变化教学过程的创生性的构建不是知识的灌输与简单的积累，而是用科学内涵的创造力，去激发学生个体的生命创造力。在教学过程中教师将气候变化知识与经验、理论与实践有机地结合起来，在教师的主导性的作用下，充分调动学生的主体性，让学生提高解决问题的综合能力。

6.2　气候变化教育的有效教学方法

联合国教科文组织主要通过在教育、文化、科学交流领域发起倡议活动来解决气候变化问题，着重强调中小学学生在应对气候变化、降低灾难风险和保护生态环境方面的作用②。中学气候变化教育主要培养学生的气候变化素养，而减缓和适应被认为是培养气候变化素养的关键战略③。面临气候变化教育发展过程中的许多挑战，目前国外教育者对有效的教育方法开展了广泛的研究和尝试。无论是课堂还是课外，中学生气候变化教学主要是以体验式、探究式和建构式为主，让学生了解气候变化的基本过程、原因和后果，以及可能的适应和解决方案，将科学的研究成果转化为学生可以理解的语言进行教学，如采用角色扮演、阅读文章、视觉影像、实验操作等方法。另外，气候变化教育的网络课程资源和发起的相关活动也丰富了学生的学习方式，有助于气候变化素养的落实。

关于气候变化教学方法的探讨，本章借鉴华中师范大学陈佑清教授

---

①　BARDSLEY D K, BARDSLEY A M. A constructivist approach to climate change teaching and learning[J]. Geographical Research,2007,45(4):329-339.

②　张婷婷，董筱婷. 联合国教科文组织积极推行气候变化教育 [J]. 比较教育研究，2013（4）：106.

③　KAHAWA F, SELLBY D. Ready for the storm: education for disaster risk reduction and climate change adaptation and mitigation1[J]. Journal of Education for Sustainable Development,2012,6(2):207-217.

气候变化教育

将学生的学习活动按媒介和对象形态的不同而分类的依据，从符号性活动、感知性活动、动作性活动和交往性活动四种类型[1]归类国外中学气候变化教育的有效教学方法。

6.2.1　符号性活动教学方法

符号是人类认识和理解世界的重要工具，是承载知识的重要载体，对课堂教学有着重要意义。符号性活动教学方法是师生以口头或书面的语言文字符号为媒介和对象，利用听讲、阅读、写作、说话等教学方法进行的教学活动[2]。符号性活动教学方法能够让学生快速接受气候变化相关知识，具体教学方法包括通过教师口头讲授理解气候变化知识、阅读教科书或期刊了解气候变化影响、通过师生交谈加深气候变化的认知和撰写气候变化特定领域的研究论文等。

6.2.1.1　阅读文章

斯坦福大学制定的中学气候变化教育课程含有为期三周的教学内容，该课程的目的是让学生能够区分天气和气候的要素，能够识别气候变化图表中的信息，能够展示对气候变化的证据和观点的理解。第一节课开始时，教师告诉学生即将开始一个气候变化的学习单元：气候变化是新闻媒体上出现的一个大问题，那么为什么它是一个大问题呢？学生要阅读一篇关于气候变化影响的文章。该文章改编自 2007 年 5 月 3 日乔纳森·亚当斯（Jonathan Adams）在《纽约时报》（*New York Times*）上的文章《海平面上升威胁着太平洋小岛屿国家》（*Rising sea levels threaten small Pacific island nations*），学生以小组为单位阅读文章，对问题进行讨论，最后观看幻灯片认识文章中的气候变化关键词汇。

任务一：小组讨论。

    （1）这篇文章是关于什么的？

    （2）主要问题是什么？

    （3）什么时候发生的？文章中还提到了其他重要日期吗？

    （4）问题发生在哪里？

    （5）为什么会发生这个问题？

---

  ① 陈佑清. 教育活动论［M］. 南京：江苏教育出版社，2000.

  ② 陈佑清. 教育活动论［M］. 南京：江苏教育出版社，2000.

任务二：请为这篇文章拟定一个标题。

任务三：认识幻灯片展示的文章中的气候变化词汇。

难民——因安全原因而逃离家园的人

环礁——环绕潟湖的珊瑚岛

侵占——进入或接近

疏散——从危险的地方撤离

全球变暖——地球海洋和大气的平均温度上升

低洼地——海拔比附近地方低的地方

农业——耕作、生产农作物和饲养牲畜的科学

海岸——靠近海岸的土地（在海边，海洋）

侵蚀——随着时间的推移而破坏（消磨）

饮用水——适合饮用

任务四：使用显示海平面上升的谷歌地图，观察海平面上升对湾区的影响。具体方法是找到北美地图并放大所在沿海区，从 0 米的海平面上升开始，选择以递增的方式增加海平面高度，让学生预测需要上升多少才能淹没他们所在学校附近的区域，如图 6-2-1 所示。

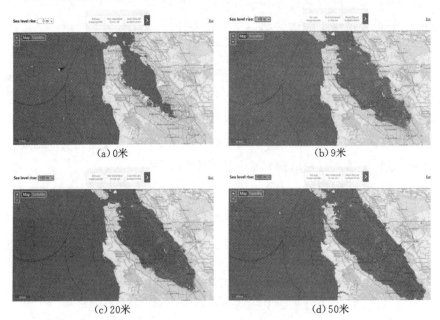

(a) 0 米　　　　　　　　　(b) 9 米

(c) 20 米　　　　　　　　　(d) 50 米

图 6-2-1　海平面分别增加为 0、9、20、50 米时的旧金山湾地区

（来源：洪水地图 http://blog.firetree.net/2007/02/06/flood-maps-on-your-web-site/）

海平面上升威胁着太平洋小岛屿国家

在世界许多地方，可怕的气候变化预测可能看起来像科幻小说。但是对于太平洋上的小国图瓦卢（Tuvalu）来说，危机已经到来。图瓦卢是一个波利尼西亚岛屿（Polynesian island）小国，位于夏威夷（Hawaii）和澳大利亚（Australia）之间，与萨摩亚（Samoa）和斐济（Fiji）为邻。

图瓦卢由九个低洼的环礁组成，总面积只有26平方公里。在过去的几年里，2月份达到高峰的"国王潮"比任何时候都要高。环礁是由珊瑚环绕的潟湖。海浪冲垮了岛上的主要道路，部分椰子树被淹没，小块的农田由于盐水的侵蚀而无法使用。

政府和许多专家已经做出了最坏的打算。在未来50年的某个时候，如果海平面上升的预测被证明是准确的，整个国家11，800人将不得不被疏散。

海洋可能会吞没图瓦卢，使其成为第一个因全球变暖从地图上抹去的国家。

太平洋地区的许多国家可能都有类似的命运。他们依靠低洼的沿海地区提供生活空间、耕地和旅游业。对他们来说，即使是对水位上升的保守估计，也会使岛屿上的生活变得越来越艰难。

这也可能产生环境难民，他们必须逃离他们的岛屿家园以获得安全。

萨摩亚阿皮亚（Apia，Samoa）的太平洋地区环境项目主任阿斯特里奥·塔克西（Asterio Takesy）说："整个太平洋岛屿的消失确实很戏剧化。但是，由于渔业减少、珊瑚礁受损、旅游业受到登革热流行病的影响，以及农业因雨水模式变化而被破坏，导致生计完全丧失，这些问题也是值得我们关注的。"

环保主义者说该地区面临着一系列问题，如海岸侵蚀、盐水侵入农田和旅游景点、饮用水短缺、疾病以及食品进口的依赖等，而这些问题正因气候变化而更加恶化。

随堂讨论

根据"拓展阅读"中的案例，运用了"阅读—讨论—展示—探索"等符号性教学活动方法，探讨此案例运用符号性活动教学方法的优点。

6.2.1.2　讲述气候变化故事

地球上许多生态脆弱的地区受气候变化的影响十分显著，生活在那里的人们的生产、生活因气候变化受到巨大的影响，甚至威胁到自身的生命财产安全。这些发生在气候变化剧烈区域的故事，能够帮助下一代年轻人了解什么是气候变化，气候变化带来的影响甚至威胁，以及他们如何努力应对气候变化，这对人类的未来至关重要。联合国教科文组织、圣安沃基金会（Sandwatch Foundation）与罗德斯大学（Rhodes University）合作创建了一门"课堂内外的气候变化教育课程"，该课程是专门为非洲沿海地区和小岛屿发展中国家的教育工作者开发的[①]。这些地区特别容易受到气候变化的影响，因此，教育工作者被鼓励将气候变化纳入教学设计当中。

案例研讨

气候变化故事

"课堂内外的气候变化教育课程"模块 1 的主要学习内容是让学生理解气候变化和可持续发展教育，其中采用了故事讨论的方式进行教学，将下列三个气候变化故事分配给小组（同一故事将被分配给多个小组，取决于班级人数）。

故事一：在塞舌尔捕鱼

据塞舌尔当地的渔民（见图 6-2-2）说，这些天他们不得不在更深的地方捕鱼，因为海面温度在上升，鱼游向了海洋的更深处。他们出海捕鱼的时间也变得更长，而且比平时更远。由于海温升高，鱼的形状也在发生改变。

图 6-2-2　塞舌尔渔民

① Unesco Course. Climate change education inside and outside the classroom[EB/OL].(2019-11-03)[2022-03-05].https://en.unesco.org/sites/default/files/4._ccesd_course_final_30.12.14.pdf.

此外，他们不得不在食品供应、燃料和捕鱼材料上花费更多的钱。因此，我们需要了解生态系统以及未来气候变化将如何影响它。上述这些影响意味着鱼在当地市场变得更加昂贵，渔业生计越来越难，我们的经济也因此受到影响。

故事二：肯尼亚难民营无处躲避气候变化

杜兰·贾马（Dulane Jama）和家人从他们的家——埃塞俄比亚（Ethiopia）东部的一个偏远角落离开，经过艰苦而危险的跋涉，穿越索马里（Somalia），在四个月前来到了达达布（Dadaab）。这是肯尼亚（Kenya）东北部的一个庞大而拥挤的难民综合体，容纳了近30万名难民，这里大多数是逃离国家动荡的索马里人。

杜兰的情况略有不同——他和他的家人因气候变化导致的不安全感而被迫逃离。越来越多的人也因为类似的原因而逃离家乡，特别是索马里地区的冲突使得管理气候变化的影响更加困难，对水和牧地等珍贵和稀缺资源的需求导致冲突更加剧烈，随后是人民的流离失所、更多的环境退化和更多的冲突。

44岁的杜兰是马瑞汉族（Marehan）的成员，马瑞汉族是索马里的一个部族，其成员生活在该地区的各个角落。他和妻子以及他们的12个孩子在靠近索马里边境的科拉海镇（Korahay）附近饲养牲畜，然而气候变化影响让他们的生活变得越来越艰难。

杜兰苦笑说："过去三年，埃塞俄比亚一直处于干旱状况，原本我有50头骆驼、30头牛、35只绵羊和山羊，但现在它们都死了。"情况很糟糕，所以他们一家人最终来到了达达布。杜兰意识到，天气是导致目前困境出现的根源，但他不知道异常的天气状况是由气候变化造成的。事实上，他也不知道气候变化意味着什么。

在逃离干旱的家乡到达达达布后，他和他的家人现在面临着气候变化的另一个问题——洪水。气象学家担心，厄尔尼诺暴雨（一种由海洋周期性变暖引起的现象）将在2009年和2010年初再次造成非洲东部地区的大面积洪水。

联合国难民事务高级专员办事处（United Nations High Commissioner for Refugees，UNHCR）及其合作伙伴正在为洪水的潜在影响做紧急准备，包括在拥挤的难民营中可能大规模爆发腹泻、水媒疾病和霍乱等。厄尔尼诺暴雨曾在1997年、2003年和2006袭击过达达布，造成了动荡和破坏，并导致人们转移到其他更安全的地区。

　　与此同时，肯尼亚北部大部分地区正在遭受影响杜兰的家乡埃塞俄比亚和索马里中南部部分地区的干旱问题。肯尼亚危机应对中心本月早些时候报告说，由于过去两年缺乏雨水，380 万肯尼亚人正面临饥饿。极端气候事件，如洪水、飙升的高温、风暴和干旱，其发生的频率在非洲正在增加。温度上升及其对农作物生产的影响与过去十年非洲冲突的激增有关。

　　应对极端气候条件及其后果往往超出了人道主义机构的范围和能力，但 UNHCR 及其合作伙伴正在努力减轻达达布等地区面临的短期影响，同时也在实施长期的战略项目。

　　最近在达达布待了两个月的水和气候专家迪内希·施雷斯塔（Dinesh Shrestha）解释说："UNHCR 正在解决应对厄尔尼诺的紧急措施，主要为难民营的重要区域，如自来水站、井眼、医院和卫生站，以及改善关键地点的排水系统。并且正在调查长期战略项目，包括重新造林、集水以及利用沼泽、水坝和浅井的水来满足难民和达达布当地饲养的牲畜的需要。"

故事三：马达加斯加的气候证人贝·曼高卡

　　我的名字叫贝·曼高卡（Be Mangaoka），今年 50 岁，见图 6-2-3。我住在马达加斯加最北部的小村庄安金梅洛卡（Ankingameloka），我们的村庄就在诺西哈拉海洋保护区（Nosy Hara Marine Protected Area）旁边。村里没有电和自来水，也没有学校或医疗中心。

图 6-2-3　贝·曼高卡

　　我是一个渔民，也是一个农民。我收集鱼和海参，卖给曼戈卡（Mangoaka）的商人。我种植水稻和木薯以满足家庭需要，也种植玉米用于销售。我有四个孩子，他们必须找到另外的收入来源，所以我鼓励他们学习。我希望他们学习成绩好，这样他们以后就能帮助我。

1984 年，有一场名为卡米西（Kamisy）的旋风，对海岸线造成了很大的破坏。我们不得不把村子移到内陆，离原来的地方有 100 米远。这场旋风摧毁了我们的红树林。两年来，我们在剩余的红树林里没有发现任何虾。然而过去我们经常能收集到 10 公斤的螃蟹，现在我们每天最多只能收集 3 公斤，可能是由于红树林中的沉积物，它们很难再生。

从 1999 年到 2000 年，我们村经历了一场严重的旱灾，我们的水稻种植出现了问题。不幸的是，这并不是一次性的，随之季节也发生了很大的变化。在过去的 20 年里，雨水越来越少，正常情况下，雨季是从 11 月到 5 月，但现在只从 1 月到 3 月。水稻的种植受到雨水短缺的严重影响，我们不得不寻找其他品种。

瓦拉特拉扎（Varatraza）——马达加斯加北部的风，曾经从 7 月吹到 8 月，现在从 4 月到 11 月都有风。当瓦拉特拉扎刮起时，我们就不能捕鱼了，收入也越来越少。同时，在过去的几年里，渔民的数量增加，特别是来自其他地方的渔民，他们不尊重我们的规则。另外，由于木材的过度开采和丛林火灾，我们必须走很远的路才能找到火柴。而为了找到建筑用的木材，我们必须走得更远。

我不知道是谁或什么原因造成了以上这些变化，但我真的很担心，我们的下一代将无法再获得我们所依赖的自然资源。

摘自：

Unesco Course. Climate change education inside and outside the classroom[EB/OL].（2019-11-03）[2022-03-05].https://en.unesco.org/sites/default/files/4._ccesd_course_final_30.12.14.pdf.

问题研究

1. 故事中体现的生态、科学、经济和社会正义维度是什么？

2. 教育对于应对故事中提出的气候变化挑战方面的作用是什么？

3. 说明气候变化故事这种教学方法的优点，分析其在气候变化教育中的重要意义。

6.2.2　感知性活动教学方法

感知性活动教学是以对实际事物及其模型、形象的感知为特征，包含以观察、参观、调查、访问、旅游等方式进行的教学活动①。现代心理学的相关研究证明，中学生正处于感知性学习发展的高阶阶段，是正向概念性学习过渡的重要时期。这时教师应该注重如何发掘学生更多的感官通道，在已有的学习经验基础上去构建新的气候变化知识。例如，可以采用摄影艺术、电影播放、参观旅游等方式，将气候变化问题与情感产生关联，使气候变化教育超越理性的方程式、图表和数据等抽象资料，更深刻地理解气候变化带来的问题，进而影响自身的气候变化态度和行为，起到事半功倍的效果。

6.2.2.1 播放纪录片

纪录片是讲述气候变化故事的一种非常直观的方式，它通过视觉、听觉和叙事体验，可以与观众产生有力的共鸣，在环境教育问题上可以更广泛地接触和影响公众。例如，纪录片《难以忽视的真相》（*An Inconvenient Truth*）介绍了美国前总统阿尔·戈尔（Al Gore）长期致力于提高公众对全球气候变暖的认识，尽管对影片中介绍的科学知识是否准确存在很多争议，但它为告知公民温室气体对环境的灾难性影响做出了贡献，并被全世界的教育工作者采用②。其续集《难以忽视的真相续集：真相的力量》（*An Inconvenient Sequel：Truth To Power*）与美国国家野生动物联合会和派拉蒙影业公司（Paramount Pictures Corporation）合作，制作了气候变化教育课程资源，目的是帮助学生了解气候变化并激励学生寻找解决方法。它通过电影分享不同观点和基于事实的证据，培养学生批判性思维能力：在完成一系列基础气候科学课程后，学生使用基于科学、经济和健康数据的气候系统模型和角色扮演，以项目式行动在他们的个人生活、学校和社区中解决气候变化问题。有研究表明，在观看影片后，参与者对全球变暖表现出更多的了解和关注，还观察到他们在减少温室气体的意愿和行为方面都有所改变③。

---

① 陈佑清. 教育活动论［M］. 南京：江苏教育出版社，2000.

② LIU S C. Environmental education through documentaries：assessing learning outcomes of a general environmental studies course［J］. Eurasia Journal of Mathematics, Science and Technology Education, 2018, 14(4)：1371-1381.

③ NOLAN J M. "An inconvenient truth" increases knowledge, concern, and willingness to reduce greenhouse gases［J］. Environment and Behavior, 2010, 42(5)：643-658.

还有影片《洪水之前》(*Before the Flood*)也作为课程资源出现在中学气候变化教学中。苏珊·费舍尔(Susan Fisher)是纽约州西奥塞特市南伍兹中学(South Woods High School, Syosset, New York)七年级的科学老师,她向她的学生展示了该片中莱昂纳多·迪卡普里奥(Leonardo DiCaprio)访问五大洲和北极等全球各个地区探索全球变暖的影响的行动,并提出"我们的目的是让我们的学生成为富有责任的地球公民"。《洪水之前》也作为《国家地理》致力于报道气候变化的一部分,在各种平台上被广泛提供[1]。

在气候变化教学中采用纪录片的教学方法对于促进学生的知识学习、态度形成和行为倾向的改变方面有很大潜力,虽然纪录片或电影作为课程资源和教学工具被教师广泛使用于课堂教学,但它们主要是作为教科书的补充材料,并不是课程的重点。在气候变化教育项目中将纪录片作为主要教学媒介,并结合多种教学方法的课程实践,可能会成为提高教学效果的最佳教学模式[2]。图 6-2-4 和图 6-2-5 为影片《难以忽视的真相》和《洪水之前》的海报。

图 6-2-4　《难以忽视的真相》海报

图 6-2-5　《洪水之前》海报

---

①　ECOWatch. Watch Leonardo DiCaprio's climate change doc online for free [EB/OL]. (2016-10-25) [2022-02-08]. https://www.ecowatch.com/leonardo-dicaprio-before-the-flood-2062971522-2062971522.html.

②　LIU S C. Environmental education through documentaries: assessing learning outcomes of a general environmental studies course[J]. Eurasia Journal of Mathematics, Science and Technology Education, 2018, 14(4): 1371-1381.

随堂讨论

1. 根据"播放纪录片"感知性活动教学方法，分析其优点及其在气候变化教育中的意义。

2. 搜索相关资料，找到其他可以作为气候变化教育课程资源的纪录片或电影，并总结其中的教育价值。

拓展阅读

幽默的方式传播气候变化

地球气候的不稳定状态越来越难以忽视。看似不断涌入的坏消息导致了公众焦虑和抑郁，甚至创造了"气候悲伤"和"生态焦虑"等新术语。这些新的压力来源需要新的补救措施，那么我们该如何应对呢？

首先，笑一笑。

研究表明，幽默在对抗气候引起的焦虑方面的作用不是暂时的。

来自科罗拉多大学博尔德分校的一组研究人员发表了几项研究，这些发现揭示了喜剧如何影响我们对气候变化的看法。2019 年 6 月，他们在《喜剧研究》（*Comedy Studies*）杂志上发表了一项研究，研究了"善良的喜剧"——除了讽刺之外——如何帮助人们"积极处理关于全球变暖的负面情绪"和"维持希望"。

该大学 30 名学习环境科学的学生参与了该项研究。为了衡量幽默是否会影响他们对气候变化的感受，研究人员让他们参加了一些与气候变化有关的喜剧研讨会，包括想出自己的短剧。研讨会结束后，90％的学生表示，他们在演习期间对气候变化感到更有希望。重要的是 83％的受访者表示，他们认为自己对气候变化采取行动的承诺更强，而且更有可能持续下去。学生们还表示，将气候变化叙事从厄运和阴郁重新构建为喜剧，不仅让他们对气候行动更有希望，还可以帮助其他人感到更有权力采取有意义的行动。所有的希望似乎都不再消失。

摘自：

NINA P. Study humor helped 90％ of subjects feel more hopeful about climate change[EB/OL]. (2020-01-31) [2022-05-12]. https://www.inverse.com/science/climate-change-is-terrifying-humor-science-can-help.

6.2.2.2　提供视觉图像

视觉图像是对客观对象的生动描述和写真，是具有视觉效果的图像，它包括纸质上的、底片或照片上的、电视、投影仪或计算机屏幕上的多种类型。在教育教学过程中以视觉图像的方式为学生呈现教学内容，可以使他们更加直观地了解客观事物。目前，气候变化现象是人类面临的重要的环境问题之一，但是很多学生了解到的极地冰川融化或海平面上升等气候变化现象距离他们的生活区域比较遥远，而视觉图像可以清晰地记录这些变化，比文字方式的呈现更具震撼性，为我们敲醒警钟，使我们身临其境。为了让青少年学生加深关于气候变化对地球影响的认识，一些科学机构采用了摄影艺术的方式，让学生亲身参与全球环境问题当中，如全球合一项目（Global oneness project）和美国国家海洋、大气管理局（National Oceanic and Atmospheric Administration，NOAA）。

拓展阅读

气候变化摄影主题类别示例

自然：与生物和环境有关的变化

示例可能包括：野火、荒漠化、农作物、花园、动物栖息地和行为

水：与水有关的变化

示例可能包括：干旱、海平面变化、湖泊或河流水位变化、水库、海岸变化、水质、湿地

天气：与天气事件和天气模式相关的变化

示例可能包括：极热或极冷、雨、雪、冰川融化、永久冻土融化、洪水

社会：与人和社会、生活和再创造有关的变化

示例可能包括：空气质量、城市设计或建筑、交通、步行性、能源、成本、生活方式、公园、健康。

摘自：

National Oceanic and Atmospheric Administration. Student photo contest[EB/OL].(2022-04-07)[2022-04-27].http://www.noaa.gov/regional-collaboration-network/regions-western/student-photo-contest.

全球合一项目在 2021 年 11 月 5 日至 2022 年 5 月 5 日期间发起了一

项全世界范围内 8—12 年级的学生摄影比赛，目的是通过拍摄照片或创作原创插图记录气候变化以何种方式影响地球生态环境，以及如何影响人类未来的生活和生存方式。参赛的首要要求是以作家琳达·霍根（Linda Hogan）、普利策奖获得者诗人罗伯特·哈斯（Robert Hass）、环境作家和农民温德尔·贝瑞（Wendell Berry），以及青年自然主义者和环保主义者达拉·麦克阿纳蒂（Dara McAnulty）的文章摘录为启发进行创作。

文章摘录如下：

我们做了多么奇怪的炼金术，让地球转身毁灭自己，用地球自身的元素来缠绕它。

——琳达·霍根 Linda Hogan

这项工作的起点是恢复对地球的古老想象。

——罗伯特·哈斯 Robert Hass

环境在你体内，它通过你，你呼吸它，呼吸它，你和其他所有生物。

——温德尔·贝瑞 Wendell Berry

在一个快节奏和竞争激烈的世界里，我们需要脚踏实地。我们需要感受大地，聆听鸟鸣。我们需要用我们的感官进入这个世界。也许，如果我们将头撞在砖墙上足够长的时间，它就会倒塌。也许瓦砾可以用来重建更好、更美丽的东西，让我们拥有自己的野性。想象一下。

——达拉·麦克纳蒂 Dara McAnulty

同样，2021 年 11 月，NOAA West 在网络上发起了一项摄影比赛①，邀请来自美国各州和地区的公立、私立和家庭学校的所有 5—12 年级学生提交气候变化相关摄影作品。目的是通过摄影的方式表达气候变化对个人、家庭、学校和社区，以及自然环境的影响。每张摄影作品需要从自己的角度描述气候变化带来的影响。参赛作品将根据照片的影响力、创

----

① National Oceanic and Atmospheric Administration. Student photo contest[EB/OL].（2022-04-07）[2022-04-27]. https://www. noaa. gov/regional-collaboration-network/regions-western/student-photo-contest.

造力和与主题的相关性以及书面描述进行评判。图 6-2-6 为部分学生作品。

干涸的溪流　索非亚—10 年级　　　　　海滩日出　朱莉娅—12 年级

图 6-2-6　部分学生作品

随堂讨论

1. 图 6-2-4 的学生作品如何成为体现了地球的"气候变化故事"?
2. 在过去的几年里,你所在地区的生态系统发生了哪些变化?
3. 如果你要参与这个比赛,你的作品将如何记录这些变化?

6.2.3　动作性活动教学方法

动作性学习活动包括操作性和以身体器官动作为对象的学习活动。其中操作性学习活动是以实际事物的操作为学习活动的内容和形式,如实验、实习、制作、劳动、雕塑、绘画、器乐演奏等;以身体器官动作为对象的学习活动是声乐、舞蹈、体育等[①]。气候变化带来的挑战要求我们调动自身知识和态度采取应对气候变化的行动,这也意味着气候变化教育最终要落实到行动上。因此,动作性活动教学在气候变化教育中是必要的。目前,中学气候变化教育采用的动作性教学方法中有参与气候变化实验、开展气候正义活动、学校花园实践等,通过这些教学方式激励学生面向行动,在行动中调整自己的想法。

6.2.3.1　表演气候变化音乐剧

音乐剧表演的形式进行气候变化教育教学是让学生通过参与戏剧,形成具身体验,对气候变化主题有更深的理解,同时可以增强学生的多种能力。《闪耀》(*Shine*)是由科罗拉多大学博尔德分校贝丝·奥斯尼斯

---

① 陈佑清. 教育活动论［M］. 南京:江苏教育出版社,2000.

(Beth Osnes）和希拉·迪克勒（Shira Dickler）编写的一个小型音乐剧①。它将气候科学和艺术表达交织在一起，成为一个有趣而有力的故事。《闪耀》也被设计成可以独立使用的部分，其中第四模块"进取之歌"中，学生通过关于机器和化石燃料如何为城市提供动力的实际体验，了解增加使用化石燃料对气候变化的影响，以及对人类生产生活的影响。

这一模块中，学生们需要把4—9块黑色横幅裁剪成旗帜，在旗帜的两面用彩色记号笔进行绘画装饰，代表他们的城市使用化石燃料的多种方式（如家庭和企业取暖、发电厂、交通、路灯、公共汽车等），并绑在5英尺的木杆上。表演动作是接着第三模块进行的。扮演福斯（代表化石燃料）追随者的学生们举着旗帜，围绕"人类社区"（第三模块最后一幕中学生们用长条布编制"人类社区"，长条布上面绘制了学校、民族、宗教、食物等图）。同时学生用各种动作模拟挖掘化石燃料的过程。一旦"暴风雨"的音乐响起，追随者们就围着"人类社区"旋转，仿佛被暴风雨的风卷起，让旗帜代表强风，同时表演者的动作变得更加飘忽不定。在风暴的最后"哐当"一声，两三个表演者撕开代表社区的织物，将其摧毁。其中一个"织工"受伤，倒在地上，投入福斯的怀抱，此时风暴正好停止。福斯抬头看了看索尔（代表太阳），问道："现在怎么办？"，完成这一幕的最后一个镜头。图6-2-7为音乐剧《闪耀》的剧照。

这段表演给学生或者观众展示了一些值得探讨的气候变化问题，如：

（1）日常生活中使用化石燃料的方式有哪些？人们能从中得到什么好处？

（2）你所在地区内或附近是否有化石燃料被开采？使用了什么开采方法？

（3）你所在地区内什么类型的工业是由化石燃料驱动的？

（4）你能想象你所在的地区如果没有化石燃料，人们生活会是什么样子？

（5）这个行业的碳排放对气候有什么影响？

（6）你所在地区内什么最容易受到气候变化的影响，为什么？

---

① BETH O, SHIRA D S. Mini climate change cusical［EB/OL］.（2020-01-16）［2022-05-04］.https://cleanet.org/resources/56028.html.

图 6-2-7　音乐剧《闪耀》（Shine）剧照

拓展阅读

《闪耀》剧本"进取之歌"部分摘录

索尔：你是对的，人类正在聚集成一个社区。

福斯：他们现在可以这样做了，因为他们想出了如何制造足够的食物来待在一个地方。我想知道他们怎么称呼自己。

索尔：嘿，看起来他们在一起工作。

福斯：这个星球上的一切都发生得如此缓慢，这让我很抓狂。无论他们想做什么，仅仅使用人类的能量就会花费很长时间。可能有更快的方法可以做到这一点。

索尔：这很好。他们正在想办法。看，他们在一起工作，制作一台织布机。他们要用一台人类织布机把他们作为个体的人编织成一个社区。

福斯：这可能是我可以参与进来的地方。我的目的是可以帮助这些机器和城市走得更快，拥有更多的力量！

索尔：小心点！你是一种能量形式。他们只是人类。他们可能无法应对你。你已经拥有我数百万年的太阳能量。

福斯：放松，我只是想帮助他们。

索尔：但你不知道如果你松懈下来将会发生什么。

福斯："进步"就是将要发生的事情，而进步并不是一件坏事。这些人类似乎也希望如此。我就在他们的脚下——煤炭、石油和天然气，看着这些人仅仅为了满足他们温饱的基本需求而必须经历的辛劳和斗争。你已经看到了，他们有那么多的潜力，他们很聪明。想象一下，如果用我的力量来推动他们的想法，他们可以创造出什么？

索尔：慢点！这些人似乎已经找到了一个非常好的平衡点，只是使用太阳能和生物质能。

福斯：是的，但这并不适合所有人，让我们看看他们想要什么。

索尔：有人可能会因此而受伤。

第 6 章　国外中学气候变化教育有效教学策略

（在接下来的音乐节目中，福斯用他的能量使一切都变得越来越快）

福斯：姐姐，你看！这就像一场工业革命！在短短的 150 年里有这么多的增长和变化。都是因为我！

索尔：（索尔拿起一些碳）这也都是因为你。看看你所释放的这些碳。

福斯：是的，但是你说过，当人类在燃烧木材时，这没什么大不了的。

索尔：那是很小的数量，看看这些。

福斯：（听着风暴的背景音乐）嘿，姐姐，那是什么声音？

索尔：我以前见过这个，这个星球上的气候又在变化了。

福斯：什么？为什么？

索尔：碳循环，你破坏了自然的碳循环。

福斯：现在怎么办？

表演者 1：这就是我们人类社会现在的情况。我们对化石燃料能源的使用反过来正在影响着我们，而那些对气候造成影响最小的人或生物却受到了最大的伤害。

表演者 2：面对这些挑战，我们要如何应对？我们想为我们的城市讲述什么故事？我们计划如何从历史的这一时刻走向未来？这一部分的故事将从这一刻开始讲述。

摘自：

BETH O, SHIRA D S. Mini climate change cusical［EB/OL］. (2020-01-16)［2022-05-04］. https://cleanet. org/resources/56028. html.

6.2.3.2　绘制海平面温度曲线图

世界珊瑚礁生态系统正处于困境之中，大约 20% 的珊瑚礁已经消失，在未来 20 到 40 年内，这个数字可能会攀升到 50%，导致这个现象的主要的罪魁祸首是污染、过度捕捞和气候变化。Biointeractive 在线教育资源为让青少年了解气候变暖对珊瑚礁生态系统产生的威胁，提供了"珊瑚礁与全球变暖（Coral Reefs and Global Warming）"这一实践活动课程资源。在这个基于计算机的课程实践活动中，学生下载、绘制和分析世界各地珊瑚礁地点的真实卫星温度数据。在观察和了解数据的全球趋势

气候变化教育

后，学生评估热应力对珊瑚礁的威胁。具体活动过程如下①：

（1）分配位置卡

本次活动包含了 28 个不同珊瑚礁位置的温度数据，教师通过给学生一张"位置卡"为学生分配特定的某个珊瑚礁位置，如图 6-2-8 所示。

图 6-2-8　位置卡

（2）下载数据

从珊瑚温度数据页面（https://www.biointeractive.org/coral-temperature-data）下载自己分配到的指定位置的数据文件，并将数据文件的名称标注在位置卡上。

（3）绘制图表

运用 Excel 或 OpenOffice，打开指定珊瑚礁所在位置的数据文件，选择要绘制的日期和相对应的海平面温度（sea surface temperature，SST），绘制图表，如图 6-2-9 所示。

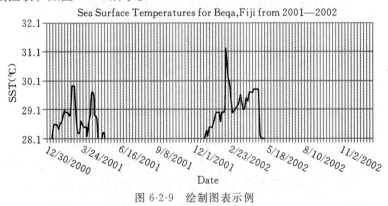

图 6-2-9　绘制图表示例

---

① BIOINTERACTIVE. Coral reefs and global warming [EB/OL]. (2021-09-07) [2022-02-04]. https://www.biointeractive.org/classroom-resources/coral-reefs-and-global-warming.

接下来，学生预估特定年份的受热胁迫周数（degree heating weeks，DHW），方法是计算该年出现在最大月平均数（maximum monthly mean，MMM）上面的每条曲线下阴影覆盖的方框。例如，高于 MMM 1℃ 的 1 周为 1 个 DHW，高于 MMM 2℃ 的 1 周为 2 个 DHW，以此类推，如图 6-2-10 所示。图 6-2-11 是斐济贝卡（Beqa，Fiji）海平面温度图，可以发现，2002 年的累积 DHW 大于 8，所以这个地方的珊瑚很可能经历了严重的白化，甚至死亡。

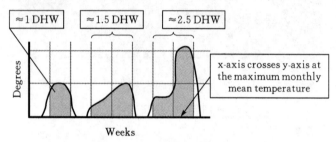

图 6-2-10　计算 DHW 的示意图（阴影区域代表 DHW）

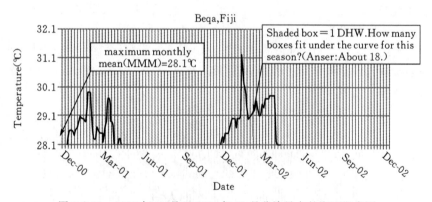

图 6-2-11　2000 年 12 月至 2002 年 12 月斐济贝卡的海面温度图

（4）计算自己指定位置 2002 年、2010 年和 2014 年的 DHW 值

计算 12 周内的所有 DHW（日历日期会因地点不同而不同），填在表 6-2-1 中。提示：如果季节跨越了 1 月 1 日，那么就把它分配给大部分热应力发生的年份。例如，2002 年的热季可能实际上是从 2001 年 12 月开始的。

①2002 年、2010 年和 2014 年的风险等级。如表 6-2-1 所示，当 DHW 大于 8 时，珊瑚可能死亡，可以停止计算 DHW。

表 6-2-1 风险等级表

Location：			
Latitude：			
Longitude：			
Year	Risk Levels			
	No Bleaching (DHW＝0)	Bleaching Possible (0＜DHW＜4)	Bleaching Likely (4≤DHW＜8)	Mortality Likely (DHW≥8)
2002				
2010				
2014				

②在老师提供的世界地图上找到你的位置，按照教师的指示，用贴纸或彩色铅笔标出你所在地区相应年份的风险水平。

随堂讨论

根据世界地图回答下列问题：

1. 在分析了世界地图之后，你注意到不同年份之间有什么规律、差异或相似之处？

2. 你发现了什么地理规律？全球是否有一些地区比其他地区更容易发生珊瑚白化现象？

3. 从 2002 到 2014 年，全球是否有气候变化趋势？

拓展阅读

什么是珊瑚？

虽然它们看起来像植物或岩石，但珊瑚是与水母和海葵有关的动物。珊瑚个体被称为多角体，在许多物种中，形成了相同的克隆体的殖民地。多角体分泌一种坚硬的钙基骨架，形成珊瑚礁的物理结构。造礁的珊瑚自己获取食物和营养的能力有限，所以它们依靠细胞内的共生藻类（共生体）提供糖分和通过光合作用产生的氧气。

什么是珊瑚白化？

温度升高会破坏共生体的光合作用系统，导致它们产生活性氧分子，从而破坏珊瑚细胞。珊瑚的反应是弹出共生体，没有共生体，珊瑚虫就没有颜色，珊瑚礁就呈现白色，这称为白化，对珊瑚礁的健康是一个严重的威胁。珊瑚可以在没有共生体的情况下短期生存，当热应力减弱时可

第 6 章 国外中学气候变化教育有效教学策略

以重新获得共生体。然而，如果白化现象持续时间长，珊瑚可能会死亡。

什么时候出现珊瑚白化？

热应力容易使珊瑚发生白化。笼统地说珊瑚能承受多少热应力是很复杂的，因为它们适应当地的环境，在一定程度上能适应变化的环境。确定珊瑚是否有白化的风险的一个方法是，当温度上升到超过特定地点的正常最高温度1℃或更多时，对其进行记录。为了跟踪珊瑚的健康状况，正常温度是由1985年至1993年的月平均温度决定的。最温暖的正常温度是平均温度最高的月份，称为最大月平均温度。温度由卫星用红外辐射传感器测量，代表海面温度。只使用夜间的数据，避免高估由于太阳对海面薄层的加热而产生的热量。

摘自：

BIOINTERACTIVE. Coral reefs and global warming［EB/OL］. (2021-09-07)［2022-02-04］. https://www. biointeractive. org/classroom-resources/coral-reefs-and-global-warming.

6.2.4 交往性活动教学方法

交往性学习活动以他人为对象，包含与他人对话、交流、讨论等形式[①]。与他人互动交流有利于加深、拓展自身的思考，并重建自己的认知。有研究表明，气候变化教育往往被认为是不完整的或狭隘的，与当前年轻人的沟通方式缺乏联系[②]，并且气候变化问题很难通过传统的信息提供和教育方法来解决，因此气候变化游戏的发展成了气候变化教育和与决策者沟通的另一种新的方法。

气候变化游戏通过游戏的形式为大家传授知识，了解气候变化问题，让玩家意识到气候变化带来的影响，并且鼓励玩家自主制订解决气候变化的方案。气候变化游戏的主要形式有角色扮演、管理游戏、网络游戏、视频游戏和棋盘游戏等。它们依赖于虚拟现实、增强现实或现实生活的应用。近年来，角色扮演和管理游戏占据气候变化游戏的最大比例，在线游戏或以在线内容为主的游戏是第二大类，而且，几乎所有的游戏都

① 陈佑清. 教育活动论［M］. 南京：江苏教育出版社，2000.
② AGUADED I. Children and young people：the new interactive generations［J］. Revista Comunicar，2011，18(36)：7-8.

气候变化教育

是以多种混合模式进行①。尽管与标准的教学方法相比，开展游戏不利于陈述性知识的教学，但是，游戏形式有助于提高学生的学习兴趣和动机，让学生及同伴之间对于气候变化的话题更易进行，有利于学生对气候变化的理解和关注。另外，对于不同学科背景的学生来说，游戏是一个非常好的共同基础。然而，关于模拟游戏教学的文献强调，游戏练习的效果关键取决于随后的汇报②。

6.2.4.1 棋盘游戏

保持冷静（KEEP COOL）是第一个整合多个全球和地方问题的商业气候变化棋盘游戏③，如图 6-2-12 所示。它由波茨坦气候影响研究所的两位科学家克劳斯·艾森纳克（Klaus Eisenack）和格哈德·佩特谢尔·赫尔德（Gerhard Petschel Held）开发，涵盖并整合了关于气候变化的生物、物理、经济和政治等多方面问题。通过使用棋盘游戏，学生可以接触来自不同科学家们的观点。因此，这款游戏有助于为科学家、学生和公众之间，甚至包含家庭、记者、政治家和游戏爱好者提供一个跨学科、跨领域的交流工具。因游戏内含新奇和创造性的想法，以及易于理解的游戏语言作为沟通的切入点，使得打开"气候变化"这个严肃的话题不再困难。图 6-2-13 是德国联邦环境部展览会上关于 KEEP COOL 的游戏介绍和游戏环节。

图 6-2-12 棋盘游戏 KEEP COOL   图 6-2-13 德国联邦环境部展览会上关于 KEEP COOL 的游戏介绍和游戏环节

---

① EISENACK K. A climate change board game for interdisciplinary communication and education [J]. Simulation & Gaming, 2013, 44 (2-3): 328-348.

② LEDERMAN L C. Debriefing: toward a systematic assessment of theory and practice [J]. Simulation & gaming, 1992, 23 (2): 145-160.

③ RECKIEN D, EISENACK K. Climate change gaming on board and screen: a review [J]. Simulation & Gaming, 2013, 44 (2-3): 253-271.

KEEP COOL 游戏设置了一个有趣的方式向学生和广大公众传达可持续发展问题的复杂性，并且整合了经济、环境和政治目标。基于这些想法，游戏模拟了一个由国家、区域或组织组成的国际舞台，其中谈判、知识和资金转移起到了核心作用。

玩家：3—6 名 12 岁以上的玩家。

目标：玩家实现各自的经济目标、环境目标和政治目标。

游戏规则：

每位玩家代表一个国家、区域或组织，如美国、欧洲、石油输出国组织（Organization of the Petroleum Exporting Countries，OPEC）等。游戏过程中，玩家可以在黑色增长（高排放工厂、高污染、低成本）和绿色增长（低排放工厂、低污染、高成本）之间做出选择，同时必须接受相应的不可避免的气候影响，如干旱或洪水。随着全球平均温度的上升，这些影响将越来越严重。并且，全球黑色工厂的数量越多，气候变化速度越快，灾难发生的频率越高，造成的潜在的损失就越昂贵。最终能够阻止气候变化的方法是建立更多的绿色工厂，但此类工厂的建设成本则高得多。因而，在游戏中及时地向一些无法负担的贫穷国家借贷或捐赠资金意义重大。

每个回合，玩家的收入等于所在组织或者国家的工厂数量，玩家可以把收入用于建立更多的工厂，或者用于减少气候破坏的保护措施，或者用于别的降低工厂成本的研究上。工厂排放情况会导致平均温度上升，造成严重的气候影响，因此游戏会全程跟踪全球平均温度。在每个回合之前都会显示一张"灾难卡"，该卡可以确定世界某处发生的气候灾难。玩家最好留一笔现金以支付灾难造成的潜在损失，这使得几组国家之间的合作变得更为重要。

每个玩家除了追求经济目标外，还追求一个秘密的政治目标。这些目标可能与其他玩家的目标有很大区别，并且是玩家真正的利益所在。这与每个玩家可以独自实现的经济目标相比，政治目标只能通过与他人谈判、合作、制裁或温和的说服来实现。由于每场游戏政治目标的不断改变，每一场游戏都是不同的，需要不同的策略。

游戏结束时，最终的赢家是最有效地调和气候变化和获得特定利益的参与者。如果某些玩家过于注重自身利益，破坏气候变化和特定利益的平衡，那么所有玩家都会失败。

KEEP COOL 棋盘游戏将不同科学活动（如气候学、经济学和政治学）的结果综合联系起来，通过游戏的基本运行机制，不同玩家的选择（忽略、缓解或适应气候变化）和机构的运行（保险、排放交易或技术转让）可以被不同的方式测试、讨论甚至发明。尽管 KEEP COOL 提供的游戏选项很复杂，但由于所有选项都建立在相同的规则基础之上，因此很容易开始一个游戏会话。

对初次接触 KEEP COOL 的学生来说，仅仅需要 10—20 分钟的指导，就可以开始进行游戏。学生在游戏过程中有机会接触到广泛的陈述性知识，将原本零散的知识整合起来，在游戏结束后还需要更多的时间进入汇报阶段，这样才可以有效讨论复杂的跨领域问题，促进深入理解，或者多次进行游戏以探索其他可能性。

6.2.4.2　角色扮演

顾名思义，角色扮演是在以某种主题为中心讨论的活动中，每个（组）学生扮演不同的角色，并从自己的角色视角阐述该主题对自己或他人的影响。在气候变化教育中角色扮演是一种经典的有效教学手段，通过角色扮演模拟气候变化背景下的自然环境与社会现状，能够帮助学生以及公众培养气候变化素养，增强应对气候变化的适应能力以及合作能力，理解不同领域的不同观点。

明尼苏达州圣保罗市圣托马斯大学（University of St. Thomas）的副教授凯文·泰森（Kevin Theissen）设计了一项关于温室气体减排的角色扮演课程，主要为学生介绍气候变化科学和气候变化决策之间的关系①。其目的是让学生通过角色扮演练习探索气候变化问题的复杂性和微妙性，消除对该问题的"黑白"思维，培养学生主动沟通、解决问题和协作的技能。同时他建议，在学生结束有关气候变化的单元学习，并具备一定的气候变化背景知识之后开展此项活动。凯文·泰森在以实验室练习形式与较小的学生群体（15—30 人）一起进行此练习时取得了较大的成功。同样，该活动也可在较大的群体中完成。

在全球范围内减少温室气体排放的行动得到了国际上的共识，2009

---

① THEISSEN K M. Greenhouse emissions reduction role-play exercise[EB/OL].（2010-04-08）［2022-04-12］. https://serc. carleton. edu/sp/library/roleplaying/examples/34147. html.

第 6 章　国外中学气候变化教育有效教学策略

年底在哥本哈根举行的联合国气候大会上，国际上认识到了防止气候变暖的必要性，美国也确实承诺到 2020 年将温室气体排放量减少到 2005 年水平的 17%。但是气候专家认为，即便是这样也不足以阻止全球变暖的最坏影响，出于这个原因，美国气候变化专门委员会被要求制订一个更加合理的减排目标。因此该角色扮演课程是模拟即将召开的美国气候变化大会上，各个角色代表团对"到 2020 年，美国的温室气体排放量将比 2005 年的水平减少 25%"提议相关的法案进行投票，以提交国会。课程将敦促学生仔细考虑通过这项立法后的经济影响，以及若不采取行动将会增加的潜在成本。

在角色扮演课程中，学生将被分配作为下列八个代表团之一对该法案进行表决。投票结果取决于 5/8 代表团的选择，选项有接受、修改或拒绝该法案。

8 个代表团如下：
(1) 美国国会气候变化问题小组委员会。
(2) 关心气候的科学家联盟。
(3) 美国化石燃料促进会。
(4) 绿色商业组织。
(5) REALGREEN 环境集团。
(6) 美国公民意识倡导者协会。
(7) 濒危岛国与海岸联合会。
(8) 国际商业组织。

首先，学生必须阅读哥本哈根诊断（Copenhagen Diagnosis）和斯特恩审查（Stern Report）摘要中关于气候变化与经济学的相关内容。在此基础上，小组组员进行讨论，提出在角色扮演会议中的立场（接受、修改或拒绝法案），立场声明至少需要三种形式的已发表的数据支撑。然后，每个小组用 5 分钟的陈述解释自己的立场声明。最后，回应来自其他小组的问题和挑战。在整个过程中，教师对每个小组的表现进行评分。

拓展阅读

其他气候变化游戏

1. 《二氧化碳问题场景生成的游戏框架（A game framework for scenario generation for the CO$_2$ ISSUE）》：第一个关于气候变化问题游戏，是以纸质形式出版的出版物，列出了一个可能在气候变化游戏中考

气候变化教育

虑的问题框架。

2. 欧洲的电力（STROM FÜR EUROPA）：该游戏将欧盟层面视为地方和全球决策的中间环节，将玩家置于欧洲决策者的角色中。作为欧洲议会的成员和部长，他们必须决定减少二氧化碳的排放，增加可再生能源的份额，以及如何改善欧洲的总体气候政策。通过这些，他们了解了负责制定气候变化政策的欧洲机构的运作模式。

3. 致未来的情书（LOVE LETTERS TO THE FUTURE）：它是一个创新的在线游戏，该网站包含了用户生成的关于我们星球未来的信件，旨在提高人们对迅速扩大的全球变暖危险的认识。它是在2009年12月哥本哈根联合国气候变化会议之前推出的。它被提名为SXSW网络奖的最佳行动主义类别，并赢得了两项韦伯奖。

4. 世界的命运（FATE OF THE WORLD）：第一个商业计算机游戏。这个PC战略游戏模拟了未来200年全球气候变化对社会和环境带来的影响。它的重点是全球治理，目标包括改善非洲的生活条件，防止灾难性的气候变化或使其恶化。它是围绕着一个基于真实世界数据的全球人口、经济生产和温室气体排放的复杂模型。

摘自：

RECKIEN D, EISENACK K. Climate change gaming on board and screen：a review[J]. Simulation & Gaming, 2013, 44(2-3)：253-271.

6.3 气候变化教育的有效教学措施

教学措施是实现教学目标的方法和手段的融合。随着教学目标要求、教学内容发展和教学对象特点的变化，所使用的教学方法也随之改变。对于气候变化这种综合性课题，需要融合多种形式的有效教学方法，形成有效教学措施以达到教学目的。通过文献梳理，总结出国外中学气候变化教育采取了以下四种有效教学措施：第一，由于公众或学生对气候变化存在很多误解，需要对误解进行消除，以便新经验的构建和融入；第二，结合讨论的方式，借助同伴的力量，接触多方面有关气候变化观念；第三，家庭或社区是除了学校以外的重要教育场所，具有重要价值，因此有必要合理利用；第四，科学性的指导对气候变化知识、态度和行动的形成至关重要，学生参与科研或与科学家互动是进行气候变化教育

第6章 国外中学气候变化教育有效教学策略

的关键途径。

6.3.1 消除气候变化知识的误解

6.3.1.1 教学中存在的气候变化知识误解

气候变化教育的主要目标之一是帮助学生形成对地球气候系统的科学理解，但由于当前学生对气候变化方面的认识还停留在意识层面，加上媒体引发的争议也可能使他们对气候变化持怀疑态度，大多数人获得的关于气候变化的信息是通过口头或书面的信息梗概，尤其是媒体报道。误解或缺乏相关的先验概念会阻碍学生对科学概念的理解[①]。

许多气候变化教育研究人员研究了学生和教师对气候变化的概念理解以及各种教学策略对气候变化概念教学的有效性。例如，崔淑英（Soyoung Choi）等人通过文献综述，梳理了学生关于气候变化的常见误解，从中也确定了与常见误解相对应的科学概念，如表6-3-1所示，发现学生对气候变化的基本概念、原因、效果以及解决或缓解等方面的理解存在很大差异[②]。

表6-3-1　中学生对气候变化的常见误解

类别		学生误解
基本概念	对温室效应所涉及的辐射种类和来源的困惑	• 一般太阳射线。 • 太阳发出的热量或热射线。 • 地球表面反射的紫外线辐射。 • 臭氧层消耗导致入射紫外线或总太阳辐射增加。
	紫外线和红外线辐射与表面温度之间的混淆	• 紫外线是"热的"。 • 紫外线和红外线辐射之间以及热量和表面温度之间没有区别。

---

① DUIT R. Students' conceptual frameworks：consequences for learning science [J]. The psychology of learning science，1991，75（6）：649-672.

② CHOI S, NIYOGI D, SHEPARDSON D P, et al. Do earth and environmental science textbooks promote middle and high school students' conceptual development about climate change?[J]. Bulletin of the American Meteorological Society,2010,91(7)：889-898.

气候变化教育

类别		学生误解
基本概念	对温室气体种类的困惑	· 将空气污染物视为温室气体。 · 不将地面臭氧或自然排放臭氧视为温室气体。 · 不将二氧化碳视为温室气体。 · 不将水蒸气视为温室气体。
	涉及将热量困在内部的气体或尘埃层的概念	· 温室气体在地球周围形成一层薄薄的圈层，并将热量困在内部。 · 温室效应发生在太阳光线被臭氧层困住的地方。 · 热量被困在由污染产生的灰尘层下。 · 大气中的气体形成一道屏障，将地球的热量反弹回来。
	对温室效应定义的困惑	· 不知道定义。 · 温室效应与气候变化之间的混淆。 · 将温室效应视为环境问题。
	天气和气候的混淆	· 能够感知温度升高作为气候变化的指标。
原因	一般的环境有害行为与气候变化没有密切关系	· 乱扔垃圾会导致气候变化。 · 使用对环境不利的产品会导致气候变化。
	污染	· 气候变化由以下因素引起：酸雨、核废料、汽车尾气产生的热量、空气污染或一般污染物。
	臭氧洞	· 臭氧洞让更多的太阳能进入地球，导致全球变暖。 · 臭氧洞让较冷的空气逸出地球，提高了全球平均温度。 · 臭氧层耗尽。
	太阳辐射的变化	· 进入地球的太阳能量增加。 · 地球越来越靠近太阳。 · 太阳光线照射到地球的更多区域。
效果	我的一生中将没有变化	· 在我的一生中什么都不会发生。
	气候变化的说法被夸大	· 高估全球温度变化的程度。
	导致皮肤癌	· 全球变暖导致皮肤癌。
	不了解气候变化的不同反馈	· 预期的气候变化仅限于总体变暖。
	消耗臭氧层	· 温室气体导致臭氧层消耗。 · 温室效应导致空气污染物上升到更高的高度并攻击臭氧层。

第6章 国外中学气候变化教育有效教学策略

	类别	学生误解
效果	空气污染增加	• 温室气体是空气污染物，温室气体浓度增加会导致空气污染。
解决/缓解	提出一般的环保行动	• 提出与气候变化没有密切相关的环保行动作为解决方案（例如，保护稀有物种、减少全球核武器、使用无铅气体、减少污染、将废物放入垃圾桶、清洁街道）。
	不知道控制二氧化碳排放的困难	• 不了解人们对化石燃料的依赖以及二氧化碳控制的复杂性。
	对气候变化采取消极态度	• 人们对气候变化无能为力。 • 人们不愿意改变自己的生活方式。

6.3.1.2　消除气候变化知识误解的策略

知识误解往往对教学产生很大的阻力。其原因在于学生一般不知道他们所掌握的知识是错误的，这种错误观念可能在学生的思维中根深蒂固，若通过这些错误理解来解释新的经验，就对正确掌握新信息的能力造成干扰。因此，首先要消除学生思维中的知识误解，这对教师来说是一个非常具有挑战性的事情。一般来说，普通的教学形式，如讲座、实验室、发现学习或简单地阅读课文，在消除学生的错误概念方面并不十分成功。然而，有几种教学策略已被证明可以有效地实现概念的转变，帮助学生抛弃他们的先前误解，学习正确的概念或理论，如表 6-3-2 所示。

表 6-3-2　消除学生知识误解的教学策略

分类		策略
改变误解的教学策略	评估和建立先入为主	• 要求学生写下对所学内容的概念理解，使教师能够更准确地捕捉学生认知中潜在的误解。 • 评估学生的误解是否有可能对他们的学习过程产生先入为主的概念。
	意识到误解的元认知	• 使用"预测—观察—解释"策略：教师提出一个与学生存在的误解有关的例子，由学生进行解释。学生们先预测将会发生什么；然后教师进行演示或解释示例，学生观察；在演示完成之后，学生解释为什么他们的观察与预测相冲突。

气候变化教育

分类		策略
改变误解的教学策略	形成认知冲突	• 向学生展示与他们错误观念不一致的数据。 • 通过提供对比性信息明确反驳错误概念的文本。 • 向学生展示相关理论。 • 进行概念改变的讨论。
	发展学生对学习和知识的思考	• 把知识看作是复杂的、不确定的和不断发展的。 • 把学习看作是一个渐进缓慢的过程和一种可塑的能力，就会促进对于概念的转变。
	参与辩论获得正确知识	• 帮助学生"自我修复"他们的错误观念。 • 若学生参与一种"自我解释"的过程，那么概念的改变就更有可能。学生克服了他们的替代性概念（错误概念）之后，参与辩论以加强他们新获得的正确知识（表征）。
学习新概念的教学策略	提出新的概念或理论	• 以学生认为可信的、高质量的、可理解的和可生成的方式介绍所教授的新概念或理论。
	基于模型的推理	• 使用基于模型的推理，可以促进学生识别表面上不同现象之间的深层类比，帮助学生构建与他们的直觉理论不同的新表征。
	多样化的教学	• 使用多样化的教学。
	交互式概念教学	• 使用互动的方法，包括持续的师生对话，重点是发展概念的理解。 • 教师使用基于研究的工具（问卷、评估、清单），对学生在某一学科领域的知识进行快速和详细的形成性评估。 • 教师对该学科领域的概念地图进行详细规划，包括对该学科的典型信息、学生的误解和这两者之间的表述（理解）的了解。
	案例教学	• 使用案例研究作为教学工具。 • 进一步巩固对新材料的理解，减少学生的错误观念。

上述消除学生认知范围的错误概念或误解的教学策略同样适用于气候变化教育中消除气候变化知识误解的教学。例如，在关于克服气候变化误解的几项研究中，最普遍的误解是将气候变化和臭氧洞混为一谈，露西娅·梅森（Lucia Mason）等通过注重引导学生讨论建构主义方法，

第6章 国外中学气候变化教育有效教学策略

成功消除了知识误解①。凯·尼伯特（Kai Niebert）等在一群 18 岁的德国学生中探讨了类似的困惑，教师通过二氧化碳热捕获特性的实验，帮助学习者直观地了解错误的推理思路，成功改变了学生的看法②。需要注意的是，消除气候变化知识误解的方法不能仅仅依靠讲课、实验、演示或阅读等单一的方法，需灵活使用多种教学方法来解释教学内容，才能获得有效的教学成果。在消除学生的气候变化误解的教学过程中，教师作为信息传递者起到决定性作用。教师如果没有正确理解这些概念，就不能成为有效的指导者③。

6.3.1.3　案例：美国科罗拉多大学"消除高中生全球变暖知识误解"教学策略

全球气候变化是一个具有挑战性的教学话题。随着气候变化科学的迅速发展，教师需要了解最新的相关教学材料，更重要的是要认识到学生对全球变暖存在的某些会对新知识的构建产生负面影响的误解。因此，教师应通过了解这些误解，更好地制定教学策略。科罗拉多大学博尔德分校大气和空间物理学实验室为 3—12 年级建设了"气候变化汇编"课程资源，其中关于 9—12 年级的"全球变暖是什么？我们为什么要关注它？"这一节中，介绍了关于全球变暖的科学基础知识、相关常见的错误概念，以及评估和消除这些知识误解的策略④。首先，学生们将参加一个预先测试，以体现他们对气候变化的了解程度，并讨论全球变暖的基本原则。然后，他们将利用媒体资源寻找涉及气候变化主题的新闻事件，以便与同伴进行辩论和讨论。

---

① MASON L, SANTI M. Discussing the greenhouse effect: children's collaborative discourse reasoning and conceptual change[J]. Environmental Education Research, 1998, 4(1):67-85.

② NIEBERT K, GROPENGIESSER H. Understanding and communicating climate change in metaphors[J]. Environmental Education Research, 2013, 19(3):282-302.

③ PAPADIMITRIOU V. Prospective primary teachers' understanding of climate change, greenhouse effect, and ozone layer depletion[J]. Journal of Science Education and Technology, 2004, 13(2):299-307.

④ University of Colorado Bourder Laboratory for Atmospheric and Space Physics. Climate change compendium[EB/OL]. (2016-02-14)[2022-05-03]. https://lasp.colorado.edu/home/education/k-12/climate-change-compendium/.

（1）教学目标：

①提高学生对全球变暖的认识；

②建立对围绕气候变化主题相关争议的理解；

③培养学生的批判性思维。

（2）教学时间：

1课时（45—60分钟），在课外花更多时间搜索有关全球变暖的相关报道资料。

（3）教学过程：

①问卷调查：让学生完成关于气候变化的问卷，这将有助于识别关于该主题的任何先入之见或误解，如6-3-1所示。

关于全球变暖的调查问卷

姓名：　　　　　　日期：

1. 当你想到全球变暖时，你会想到什么观点或主张？

2. 什么是全球变暖？

3. 全球变暖的原因是什么？

4. 除了温度之外，全球变暖还可能导致哪些方面的气候变化？

5. 全球变暖可能影响你的家乡的三种形式是什么？

6. 全球变暖对你个人的影响有哪些方面？

7. 你认为针对全球变暖可以采取什么措施？

8. 你自己能为全球变暖做些什么？

9. 你认为现在是否应该采取行动来减缓全球变暖的速度和程度？

图 6-3-1　关于全球变暖的调查问卷

高中生中常见的误解有：

a. 平流层的臭氧消耗（"臭氧洞"）是导致全球变暖的一个直接原因。

b. 所有类型的污染（气溶胶、酸雨等）都会导致全球变暖。

c. 天气和气候是一样的（全球变暖是关于天气）。

②搜集和整理资料：要求学生研究当前和过去关于全球变暖的新闻报道（比如过去一年）。列出涉及的主题（新的科学发现、国家和国际政治发展、对气候变化影响的讨论等）、接受采访的人，以及他们持有的一般立场等。

③课堂讨论：首先，学生以小组为单位，挑选感兴趣的全球变暖新闻在课堂上进行讨论，并在黑板上按类别列出新闻所涉及的主题。然后，进行总结，如全球变暖的新闻是关于什么问题的？有什么利害关系？这个问题是否在新闻中引起波澜，如果是，为什么？新闻报道的基调是什么？（幸灾乐祸、投机取巧、真诚关切、警钟长鸣、呼唤行动）新闻报道随着时间的推移有什么变化？气候问题是如何被介绍的？（侧重于已知的或不确定）什么是科学上的不确定因素，为什么它们在新闻报道中如此突出？新的发现是如何修正我们先有知识的？谁是参与辩论的不同利益集团，他们的利益是什么？最后，要求学生谈谈对这个问题的看法，如是否关心这场辩论或气候变化？为什么关心或为什么不关心？这样可以帮助学生确定什么对他们有利，也帮助学生了解为什么不同的利益集团会有如此对立的观点。在课堂的最后，讨论以何种态度对待关于气候变化的信息（谨慎、批判等）。

④评估：学生在完成课程内容学习后，与之前回答的问卷答案进行比较，以评估他们的知识和态度是否发生了变化。

6.3.2 开展形式多样的讨论活动

6.3.2.1 开展讨论活动的意义

在国外气候变化教育课堂中，讨论是一种常见的教学手段。研究人员认为，与具有积极影响的同龄人互动将巩固有利的行为规范，教师可以通过课堂小组讨论或允许学生进行非正式学习活动来加深这种积极的同伴影响，从个人对气候变化的关注，到通过同学互动而形成的团体的关注[1]。

教师通常设置讨论环节让学生探讨一些气候变化争论问题或气候变化应对措施。在一项关于温室效应和全球变暖的单元教学中，露西娅·梅森（Lucia Mason）等观察了五年级学生小组讨论气候概念前后的变化，发现许多学生认识到自己在理解上的错误，消除了关于臭氧层影响

① STEVENSON K T, PETERSON M N, BONDELL H D. The influence of personal beliefs, friends, and family in building climate change concern among adolescents [J]. Environmental Education Research, 2019, 25(6): 832-845.

气候变化的错误观念①。

当然，讨论活动也有自己的局限性，如讨论活动需要学生遵循更多的组织规则、需要教师精心选择有价值且适合的讨论内容，并时刻观察每个学生的参与度。另外，要注意讨论小组的组间同质性和组内异质性，以确保讨论学习的有效性。在一个为期10周的气候变化项目中，对学生进行的讨论活动进行观察研究，发现一群同质化的学生可能无法反映出替代性看法或少数人的观点，他们不愿意正面解决意识形态上的分歧，相反，更倾向于达成共识，不太可能提出不同意见或对他人的观点提出反驳②。

气候变化教育有效的教学策略可以通过组织多种形式讨论，提高学生的科学理解，并使学习者接触多种视角③，学生在解释自己的观点时可以批判性地思考、捍卫和扩展他们的观点，这通常会使他们更好地理解气候变化科学观点的多样性，并对他们所知道的知识有更大的信心和清晰的认知。

6.3.2.2 开展讨论活动的类型

对于开展讨论活动的过程，国外学者很重视讨论活动的组织策略，主要从设计、实施和评价三个阶段来开展：设计阶段注重讨论任务、目标、内容、座位形式等的安排，以此为学生创造一个充满挑战、信任而积极的讨论环节；在实施阶段，教师要确保给学生充分思考的空间，在讨论进行时，师生要积极倾听他人发言，与发言者进行积极的眼神交流，也可以用轮流发言等形式促进平等的参与机会；评价阶段教师应引导学生对自己的观点进行自评和互评，对学生的发言应该给予积极的回应，

① MASON L, SANTI M. Discussing the greenhouse effect: children's collaborative discourse reasoning and conceptual change[J]. Environmental Education Research, 1998, 4(1):67-85.

② ÖHMAN J, ÖHMAN M. Participatory approach in practice: an analysis of student discussions about climate change [J]. Environmental Education Research, 2013, 19 (3): 324-341.

③ MCNEAL K S, LIBARKIN J C, LEDLEY T S, et al. The role of research in online curriculum development: the case of EarthLabs climate change and Earth system modules [J]. Journal of Geoscience Education, 2014, 62 (4): 560-577.

指出学生的不正确陈述，让他有机会对自己的元认知进行自我纠正①。

国外的小组讨论活动主要分为以下类型②：

（1）"头脑风暴"小组活动

"头脑风暴"是指在一定时间内让学生毫无拘束地对某个主题进行想象和思考，其价值在于能够激发学生的高层次的创造意念，帮助学生将零散的、不成逻辑的思想火花整理成有价值的行动计划或解决问题的方法。

（2）"同伴互助"小组活动

"同伴互助"小组活动是学生之间特有的交流和答疑方式，使未能在教师的讲解中完全掌握知识和技巧的学生能够掌握相关内容，另外，这种小组活动能够增加学生复习和操练的机会。

（3）"角色扮演"小组活动

"角色扮演"小组活动是一种情景教学方法，通过参与扮演，学生从所承担的角度和立场去学习、理解和表达。因为数位学生扮演不同的角色，所以学生能够从不同的角度感受所学内容的不同面，有助于学生全面地理解和把握知识。

（4）"仿真课题"小组活动

"仿真课题"小组活动过程是教师给小组布置研究课题，并且附有必要的说明和资料，然后由学生研究问题和制订解决方案，与"头脑风暴"相比更为完整，包含解决难题。

（5）小组辩论活动

辩论是在对立面之间进行的，对培养学生的批判思维能力和语言驾驭能力具有非常重要的作用。

气候变化相关问题是复杂且多维的，其讨论活动相较于常规的讨论学习更应注意根据讨论者的不同，精心设计讨论内容、讨论目标、讨论方式、讨论评价等环节。

① 姚利民，杨莉. 课堂讨论国外研究述评 [J]. 外国中小学教育，2015（7）：60-65.

② 明轩. 国外课堂教学技巧研究之二小组讨论活动的组织技巧 [J]. 外国中小学教育，1999（5）：27-31.

6.3.2.3 案例：美国佛罗里达大学"探索全球变暖的社会政治层面"讨论

美国佛罗里达大学教育学院特洛伊·D. 萨德勒（Troy D. Sadler）等设计了题为"探索全球变暖的社会政治层面"的讨论，并在高中化学课上实施了这个活动①。该活动基于"拼图"的形式，把学生们划分到五个不同的虚构组织的立场中，这些组织在气候变化中代表着不同的利益，通过对全球变暖问题的不同观点的探索，帮助高中生将全球变暖的社会政治复杂性概念化，进而培养学生的科学素养。

（1）讨论背景

全球变暖无疑是一个科学问题，因为它涉及地球的物理、化学和生物系统等多科学领域，但它也是一个社会政治问题。因为，与全球变暖有关的争论点，如与人为过程的关联程度以及应不应该采取应对措施等，都受到社会、政治和经济因素的影响。

与全球变暖相关的科学，如大气成分、二氧化碳及其他气体对辐射的吸收等内容，非常符合传统的科学教育标准。然而，全球变暖的社会政治层面并不是科学课堂的典型内容。有些人甚至认为，这个问题的社会政治层面应该被主动排除在科学教育课程之外。与之相反，一群新兴的科学教育家专门对社会科学问题（如全球变暖）感兴趣，他们认为，如果试图将基础科学与这些社会政治问题隔离开可能会阻碍教育的进程。

（2）讨论目的

通过对全球变暖问题的不同观点的探索，帮助高中生将全球变暖的社会政治复杂性问题概念化，促进气候变化素养的形成。

在这项活动中，学生分别为五个虚构组织制定立场声明，这些组织在全球变暖问题上代表着不同的利益。虽然这些组织是虚构的，但所提出的论点与实际团体的立场和宣传相一致。商业倡导者、全球经济观察组织、行星十字军、科学家、联合汽车消费者协会对他们的简要描述如表 6-3-3 所示。

----

① SADLER T D, KLOSTERMAN M L. Exploring the sociopolitical dimensions of global warming[J]. Science Activities, 2009, 45(4):9-13.

表 6-3-3　对于虚构组织的描述

虚拟组织	描述	代表的利益
商业倡导者	由美国商业领袖组成	强烈主张维护国家的经济繁荣，努力保护美国工业在全球市场的竞争力。
全球经济观察组织	由经济学家、相关公民和行业代表组成的团体	特别关注美国经济在世界上的地位以及美国与全球邻国之间的关系。
行星十字军	由关注地球未来的公民、科学家和教育工作者组成的团体	致力于保护地球免受人类活动的影响。
科学家	关注政策制定者和政治家如何使用（或不使用）科学数据的科学家团体	促进高质量的科学数据在政策决策中的应用。
联合汽车消费者协会	消费者维权团体	保护美国消费者的权益，特别是汽车消费者。

（3）讨论过程

该活动基于一个"拼图"策略，即五名学生组成的小组成员各自阅读不同的材料（材料见 http：//education. ufl. edu /Faculty /tsadler），然后与小组其他成员分享他们的观点。这里要求每个小组的学生扮演负责为美国全球变暖政策立法的参议员。参议员们可以自由地倡导他们选择的任何政策（如大幅减少温室气体排放的法规、认可现行政策、对具体行动的国家奖励等）。下面概述了活动的四个阶段：

①把学生分成参议员小组，并介绍任务（即为美国的全球变暖政策立法）。

②将参议员小组中的学生分散到五个不同的虚构组织。在虚构组织中，参议员们阅读关于全球变暖的不同观点的材料，并与虚构组织成员进行讨论交流。最后参议员提炼所提出的主要观点，并确定用于支持该立场的证据及其优势和劣势。

③参议员们重新组成他们的小组，分享他们在虚构组织中探讨的观点。

④参议员们合作制定法案，以建立美国的全球变暖政策。这一阶段的目的是让参议员们仔细思考各种观点和建议，然后提出他们自己的行动方案。

（4）讨论结果

活动的录制视频中显示，大多数学生都积极参与并分享了不同的观点，为小组讨论做出贡献。从学生的表现看来，他们始终保持开放的心态，因为学生并不是被迫采取立场，而是基于自己的考量和选择。随着该活动的进行，学生们学到了至关重要的关于全球变暖的基本科学概念，如大气特性、气体的微粒性质和燃烧反应等，并理解了这些科学概念所处的社会政治背景。

6.3.3 实施家庭或社区的气候变化教育项目

6.3.3.1 实施家庭或社区的气候变化教育项目的意义

青少年除了在学校学习之外，大部分时间处于家庭或社区等非正式教育环境中，因此家庭或社区也是制订和实施解决气候变化和可持续发展计划的关键场所。与脱离实际生活相比，家庭或社区能让学生把本地生活经验作为学习基础，将在学校中获得的气候变化科学知识与对应经验能力相结合，更容易促进学生的亲环境行为，让学生自觉承担起保护环境的责任。

社区项目是国外实施气候变化教育的一个特色，通过实践以及与当地居民的密切交流，能够切身体会到气候变化对当地环境和居民生活的影响，掌握一些减缓与适应气候变化的技能方法，综合提高学生的气候意识与素养。另外，有研究表明，在孩子的价值观和世界观的形成过程当中，父母保护环境的行为可以通过榜样的方式塑造孩子关于气候变化的观念①。因此，父母可以考虑如何就气候变化问题与孩子进行沟通，并在气候变化缓解（采取行动减少气候变化的严重性）和适应气候变化（为气候变化的影响做准备）方面有所行动。玛丽·德莫克（Mary DeMocker）是俄勒冈州尤金市（Eugene，Oregon）的一名活动家和艺术家，她在其著作《气候革命父母指南》(*The Parents' Guide to Climate Revolution*)中重点介绍了家庭可以采取的、简单的应对气候变化的行动。

①　STEVENSON K T, PETERSON M N, BONDELL H D. The influence of personal beliefs, friends, and family in building climate change concern among adolescents [J]. Environmental Education Research, 2019, 25(6): 832-845.

第 6 章　国外中学气候变化教育有效教学策略

家庭或社区的教育作用不可忽视，学校应与其建立联系，共同为孩子们可持续发展生活形成合力。

6.3.3.2 家庭可实施的气候变化教育策略

气候变化对儿童和青少年有三种类型的影响：首先，由于生理上的不成熟和依赖性，孩子非常容易受到气候变化的影响，尤其是对于脆弱环境中的孩子来说，这种影响会大大增加；其次，儿童和青少年普遍对气候变化感到担忧，他们比成年人更需要适应或消除这些焦虑；再次，因为世界过渡到低碳经济，人类的生活方式将会发生巨大的改变①。对于世界各地越来越多的家庭来说，气候变化已经出现在他们的眼前，这是不可避免的，父母作为孩子身边最具影响力的人，有责任通过多种方式帮助孩子们应对气候变化带来的影响，具体方法可以参考如下：

（1）承认感受

人们也正在努力应对接连不断的关于环境问题的新闻，气候变化最先带来的影响之一就是情感障碍。极端天气、气候灾害、生物多样性损失和海平面上升等气候变化带来的影响无疑会让孩子们对环境问题产生愤怒、沮丧、悲伤、无助或绝望的情绪。苏茜·伯克（Susie Burke）是澳大利亚心理学会的高级环境心理学家，专门研究一个新兴领域——气候心理学。她提出对于像气候变化这样的巨大压力源，要采取以情感和问题为中心的应对方法。在气候变化事件发生之前，父母帮助孩子了解即将发生的事情，管理他们的恐惧情绪，并参与准备工作中；在事件发生时，父母要倾听孩子的感受，纠正错误的看法，让他们相信自己是安全的，重新建立日常的生活习惯，以及寻找方法去帮助灾难受害者。

（2）寻找希望

家庭中父母要引领孩子思考问题，以使他们能够继续心存希望，而不是陷入愤世嫉俗、冷漠或绝望。帮助孩子们了解对环境产生积极影响的实例，如在减少温室气体方面，转变为素食饮食的效率是降低室温1℃的十倍，将每周吃七天肉改为六天（每周一天素食），比将室温降低2℃更为有效；帮助他们利用各种渠道去参与地方、国家和国际层面的相关活动。父母还需要与学校接触，鼓励教师为学生提供机会，让他们表达

气候变化教育

---

① SANSON A V，BURKE S E L，Van Hoorn J. Climate change：implications for parents and parenting[J]. Parenting，2018，18(3)：200-217.

和分享对未来的担忧，并参与缓解气候变化的活动。

（3）找出解决问题的途径

父母对孩子开展的气候变化教育最后要落实到行动上，要鼓励孩子们找到有意义的具体措施，让他们爱上自然，而不是直接谈论气候变化。儿童和青少年需要时间和机会去户外探索自然，学会深入了解当地的自然环境，这些都可以培养他们对环境变化的态度和行动，落实到个人力所能及的行为上，如种植树木、种植蔬菜、回收和再利用资源等都是有效的行为。父母应帮助他们建立公民技能，支持他们与有影响力的人沟通，并教授他们解决冲突的技能，如写信或参加当地抗议或志愿活动。

6.3.3.3 案例：英国伦敦金斯顿大学学生"气候海关"工作室

在英国伦敦金斯顿大学的学生在当地设计的"气候海关"工作室案例中，学生抓住气候变化的全球影响，通过模拟海关通关的过程设计了多项体验活动，并在活动中结合他人的意见不断反思，修正设计以提高自己对气候变化知识的认识过程[①]。

活动时间为一天。所有活动内容都与旅游有关，包括气候海关工作人员和游客的角色扮演（由学生担当）。游客经历三个阶段——抵达、停留和启程，每个阶段都有相关的活动项目。活动旨在强调气候变化对全球的影响，捕捉公众对气候变化和可持续发展的反应，提出公众参与保护气候环境的方法。三个不同阶段用到的活动工具包括：

抵达期间：气候海关申报卡、气候海关护照。

停留期间：气候变化明信片、气候海关违禁品。

启程期间：气候海关路线地图。

为了尽量减少对环境的影响，上面提到的工作室活动道具所用的材料几乎都是通过废物利用、借用或捐赠的方式获取的。具体活动环节如下：

（1）活动一：申报气候海关物品

抵达国际目的地后，游客需要填写一张海关申报卡，申报自己随身携带物品和自己的一些行为习惯（曾经做过或未来将做的事情，如淋浴时是否节约用水），以尽量减少他们可能造成的气候变化影响。填写完毕

---

① MICKLETHWAITE P, KNIFTON R. Climate change. Design teaching for a new reality[J]. The Design Journal, 2017, 20(sup1):S1636-S1650.

第
6
章
国外中学气候变化教育有效教学策略

的卡片被印上有肯定或否定的印章判断，如图 6-3-2 所示，并附在一面集体声明墙上，如图 6-3-3 所示。这项活动的重点是强调有利或不利于气候变化的做法。

图 6-3-2　气候报关卡　　　　　　图 6-3-3　声明之墙

（2）活动二：亮出气候海关护照

在海关必须出示有效护照才能入境。工作室为游客配发了一本气候海关护照，代表一群受到气候变化影响的虚构人物。这些游客在活动中使用特定的海关护照，并且需要从其特定角色的角度考虑气候变化。根据联合国儿童基金会（United Nations International Children's Emergency Fund，UNICEF）、气候中心（Climate Central）和世界自然基金会（World Wide Fund for Nature or World Wildlife Fund，WWF）的数据，提供了 8 位分别来自苏丹、肯尼亚、印度尼西亚、图瓦卢、美国、蒙古、荷兰和英国的人物，如图 6-3-4 所示。

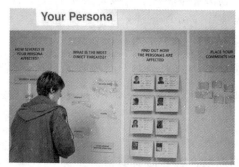

图 6-3-4　气候海关护照活动

（3）活动三：制作气候变化明信片

游客给亲人寄明信片。由于当前和未来气候变化的影响，游客将无法抵达目的地，或者已经抵达却因为气候变化而无法返回，在这种情况下，游客可以写一张气候变化明信片寄给自己的亲人们。在这项活动中，

气候变化教育

262

游客从一套气候变化明信片中挑选一张代表由气候变化导致海平面上升而受影响的地点，将其粘贴到世界地图上。

(4) **活动四：处理气候违禁品**

很多用来解决气候变化问题的设计和发明产品代表了工业生产的经济模式，在很大程度上对气候变化问题的解决并无益处。因此这类产品在气候海关中被视为违禁品，如图 6-3-5 所示，扣押这些产品意味着放弃技术修复办法，转而采取以改变价值观、态度和行为为重点的应对气候变化办法。气候违禁品在摄影棚展出，供游客检查和处理。每件展示的物品都附有一张标签，在背面有一个更可持续的替代选择或考虑，如违禁品是碳捕获网，其替代选择是"保护森林"。

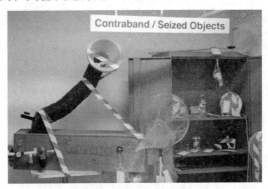

图 6-3-5　气候违禁品

(5) **活动五：支持海关地图的可持续发展**

在离开气候海关时，游客们会得到一张打印地图，显示前往附近交通枢纽的路线。这张地图还展示了当地的特色和景点（真实和虚构结合）。海关要求游客支持可持续发展的观点，就这张地图暴露的发展问题发表自己的见解，并提出问题的解决措施。

6.3.4　参与科研或与科学家互动

6.3.4.1　参与科研或与科学家互动的价值

大多数学生对气候变化的理解来自互联网、媒体和广告，这些信息往往仅对气候变化进行了简单的描述，有时甚至是不准确的①。例如，马

---

① 　FORTNER R W. Climate change in school：where does it fit and how ready are we？[J]. Canadian Journal of Environmental Education，2001，6(1)：18-31.

克斯韦尔·T. 博伊科夫 （Maxwell T. Boykoff）等证明了科学界的论述和美国新闻报道（特别是 1998 年至 2002 年期间的《纽约时报》《华盛顿邮报》《洛杉矶时报》和《华尔街日报》）之间关于人类活动对气候变化的影响的显著差异①。学生缺乏正确的理解，再加上教师对气候变化知识的了解普遍不足，即使对事实的理解是正确的，最终对气候变化相关概念的界定仍是混乱的②。

　　而让学生参与气候变化科研活动，与气候科学家进行互动，是能够帮助学生了解气候变化科学前沿研究内容、切身感受气候变化对生活环境的实际影响、巩固学生气候变化科学基础知识、增强学生应对气候变化问题的意识与能力的有效教学方式。首先，对于学生而言，与科研人员互动可以激发学生的学习兴趣，特别是参观科学实验室有助于激发学生对科学的兴趣；其次，互动过程中大量真实可靠的科学信息和科学家的研究方法支持了学生的探究学习；再次，学生通过与科学家正式或非正式的互动增加了对科学家的了解，改变了原本对科学家的刻板印象，科学家系统严密的思考习惯、锲而不舍的科研精神都给予学生榜样的力量；最后，对于教师而言，与科研团队合作开发气候变化教育项目，能确保科学得到准确和有益的传播，同时作为项目开发合作者的教师因为能得到相关科研人员的指导，在促进学生探索科学本质方面也能获得信心③。

6.3.4.2　学生参与科研或与科学家互动的途径

　　美国东北部的一项调查问卷询问了学生们对于通过多种渠道（如教师、父母、朋友、教材或网络等）所获信息的真实性、准确性的看法，发现学生在很大程度上信任教育专业人士和教科书。并且，学生们的课堂讨论主要集中在教师、文本和信息来源（科学家）的关系上，这也表

---

　　①　BOYKOFF M T,BOYKOFF J M. Balance as bias:global warming and the US prestige press[J]. Global environmental change,2004,14(2):125-136.

　　②　GROVES F H, Pugh A F. Elementary pre-service teacher perceptions of the greenhouse effect[J]. Journal of Science Education and Technology,1999,8(1):75-81.

　　③　WOODS-TOWNSEND K, CHRISTODOULOU A, RIETDIJK W, et al. Meet the scientist: the value of short interactions between scientists and students [J]. International Journal of Science Education, Part B, 2016,6(1):89-113.

明科学家代表了科学知识的最高权威①。

参与科研或与科学家互动的途径多种多样，但最关键的是帮助学生在气候变化的学习过程中增强科学意识，形成勇于探索的科学态度，增加科学研究的知识技能，并为气候变化教育的开展建立长期稳定的科研支持关系。学生参与科研或与科学家互动主要有三种途径：第一，学校与专业科研人员合作，让科研人员对学校的科学教育进行指导。目前，科学教育者和科学传播者在跨学科背景下的互动也越来越频繁。第二，使用在线数据和技术参与学术会议和科学研讨活动②。目前互联网上有各种机构提供的气候变化课程资源，教师可为自己的科学课堂引入更具权威和代表性的经典教学案例，如绿色和平组织（Greenpeace）目前重点关注气候变化，在其官方网站上可以获取气候变化的知识，了解到世界各国对于气候变化的政策以及减缓气候变化的有效方法，同时该组织也积极与科研团体合作，进行考察和研究，并致力于宣传气候变化影响以唤起公众及政府对气候变化的关注③。第三，学生可以根据自己的兴趣爱好，自由搜索网上课程资源，参与各方官网发起的气候变化相关活动。

6.3.4.3 案例：美国科罗拉多州"在高海拔环境中对学生进行全球气候变化教育"

为了帮助学生加强有关气候和天气的重要科学知识，美国科罗拉多州风暴峰实验室的科研人员为5—6年级学生开发了一个实践课程：高海拔环境下的全球气候变化教育教学课程——"改变（CHANGE）"④。CHANGE 始于 2006 年，每年至少有两所中学参加，由大气科学家授课。该项目说明了气候和天气之间的关系，并向学生介绍关于气候变化的重

① JORDAN R, SORENSEN A E, SHWOM R, et al. Using authentic science in climate change education[J]. Applied Environmental Education & Communication, 2019, 18(4):350-381.

② MONROE M C, PLATE R R, OXARART A, et al. Identifying effective climate change education strategies: a systematic review of the research [J]. Environmental Education Research, 2019, 25(6):791-812.

③ 葛全胜. 公民行动：气候变化中的人类自觉 [M]. 北京：学苑出版社，2010.

④ HALLAR A G, MCCUBBIN I B, WRIGHT J M. CHANGE: a place-based curriculum for understanding climate change at storm peak laboratory, colorado [J]. Bulletin of the American Meteorological Society, 2011, 92(7):909-918.

要词汇和概念。CHANGE 为每个学校提供为期 3 天的项目。下面以一则教学案例说明学生参与科研活动和与科学家的互动过程。

（1）第一天：科学家在学校为学生上课

首先，来自风暴峰实验室的科学家们为学生上 2 个小时的课程。课中涉及的关键概念包括大气的化学成分和圈层（即对流层和平流层）。这些概念以适合学生的年龄的方式呈现，如以一个被切成片的披萨，代表大气中的不同气体。在这节课中，学生们还将学习如何使用科学设备，包括袖珍气象仪、粒子计数器和风速计。学生们还将了解风暴峰实验室的科学使命：促进对气溶胶、云和污染相互作用领域的理解和发现。该阶段的驱动问题是："当我们登上高山时，天气和粒子浓度将如何变化？为什么？"

（2）第二天：学生到实验室进行实地体验

学生们在前往山上的风暴峰实验室的过程中，在五个特定的地点停下来，测量并记录温度、压力、相对湿度、风速和粒子浓度的数据。这五个地点分别是位于海拔 2100 米、2750 米、2950 米、3150 米和 3200 米的滑雪场的建筑设施。学生四人一组，每个学生负责一个单独的数据卡，并独立参与。在实验室，学生们与科学家会面，参观设施，讨论实验室研究项目，并探索这些活动在课程中的应用，如图 6-3-6 所示。

图 6-3-6　学生在风暴峰实验室外参观

（3）第三天：实地考察之后科学家再次为学生上课

风暴峰实验室的科学家再次回到教室为学生上 2 小时的课程，帮助学生探索概念，以图形形式展示他们收集的数据，回答学生在活动中产生的问题，并评估学生的学习情况。

科学家在课程前后对学生进行知识测验和态度调查，以评估学生改变的有效性。此外，在课程结束后，学生们还会收到一份问卷，由此调查他们在课程期间的自我效能感和态度。评估结构由"个人技能的态度（即数据收集和绘图）""对科学的态度"和"对环境过程的理解"三部分组成。

国外中学气候变化教育教学发展起源较早，积累了很多优秀的经验。在气候变化有效教学的原则的指导下，提出了多种气候变化有效教学方法，并且整合多种教学方法付诸教学实践，在培养学生气候变化素养方面取得了一定的成就，可以为我国中学气候变化教育教学提供借鉴。

本章小结

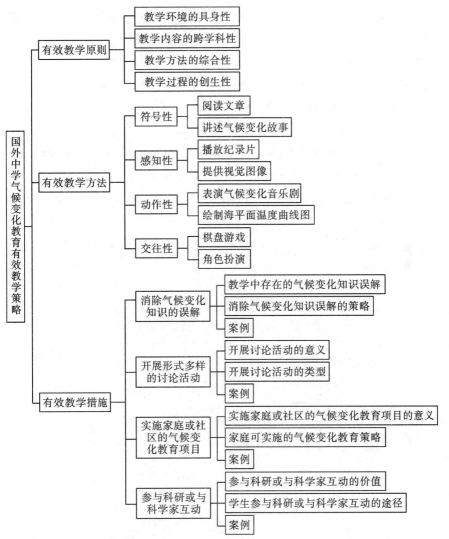

国外中学气候变化教育有效教学策略

├─ 有效教学原则
│   ├─ 教学环境的具身性
│   ├─ 教学内容的跨学科性
│   ├─ 教学方法的综合性
│   └─ 教学过程的创生性
├─ 有效教学方法
│   ├─ 符号性
│   │   ├─ 阅读文章
│   │   └─ 讲述气候变化故事
│   ├─ 感知性
│   │   ├─ 播放纪录片
│   │   └─ 提供视觉图像
│   ├─ 动作性
│   │   ├─ 表演气候变化音乐剧
│   │   └─ 绘制海平面温度曲线图
│   └─ 交往性
│   ├─ 棋盘游戏
│   └─ 角色扮演
└─ 有效教学措施
    ├─ 消除气候变化知识的误解
    │   ├─ 教学中存在的气候变化知识误解
    │   ├─ 消除气候变化知识误解的策略
    │   └─ 案例
    ├─ 开展形式多样的讨论活动
    │   ├─ 开展讨论活动的意义
    │   ├─ 开展讨论活动的类型
    │   └─ 案例
    ├─ 实施家庭或社区的气候变化教育项目
    │   ├─ 实施家庭或社区的气候变化教育项目的意义
    │   ├─ 家庭可实施的气候变化教育策略
    │   └─ 案例
    └─ 参与科研或与科学家互动
        ├─ 参与科研或与科学家互动的价值
        ├─ 学生参与科研或与科学家互动的途径
        └─ 案例

第6章 国外中学气候变化教育有效教学策略

267

平台链接

气候故事实验室 https://climatestorylabs.org/

应对气候紧急情况的行动 https://acespace.org/

我们的气候我们的未来 www.ourclimateourfuture.org

教孩子们关于气候变化的电影 https://www.commonsensemedia.org/lists/movies-that-teach-kids-about-climate-change

洪水之前 https://www.beforetheflood.com/act/

我们是气候的一代 https://www.climategen.org/

全球合一项目 https://www.globalonenessproject.org/lessons/vanishing-island

国家科学教育中心 https://ncse.ngo/supporting-teachers

全国科学教师协会 https://www.nsta.org/topics/climate-change

在线教育资源 https://www.biointeractive.org/classroom-resources?search=&f%5B0%5D=topics%3A73

CLEAN(Climate Literacy and Energy Awareness Network) https://cleanet.org/clean/educational_resources/index.html

莫宁赛德社会责任教学中心 https://www.morningsidecenter.org/climate-change

津恩教育项目 https://www.zinnedproject.org/campaigns/teach-climate-justice

第7章　中学生气候变化素养测评

本章概要

　　本章介绍了气候变化素养测评的基本概念、发展过程及进行气候变化素养测评的重要性；阐述了气候变化素养测评的内容构成，系统分析了知识、态度、行为等气候变化测评指标；介绍了在中学进行气候变化素养测评的方法及质量指标。本章还选取了八个具有代表性的气候变化素养测评问卷，介绍各问卷的基本信息、内容构成及简要结果，并从问卷出发剖析了气候变化知识问卷、态度问卷和综合问卷。

学习目标

　　1. 运用文献法，阐述气候变化素养测评的基本概念、发展过程及重要性。

　　2. 运用文献法和系统方法，举例说明气候变化素养测评的内容及指标体系。

　　3. 运用案例法，阐述中学气候变化素养测评的方法，介绍修改问卷的质量指标。

　　4. 运用案例法，说明气候变化素养测评问卷的内容架构和使用方法。

　　气候变化素养测评能够通过定量的方法评估中学生的气候变化素养，帮助教师了解中学生的气候变化素养现状，从而因材施教地进行气候变化教育。因此，对气候变化素养测评的概念、方法及内容构成进行系统整理有助于开展中学气候变化教育。本章总结了国际上关于气候变化素养测评的内容，明确指出气候变化素养测评的概念，通过分析国外主流气候变化素养测评问卷，整合出气候变化素养测评的知识、态度与行为指标。

7.1 中学生气候变化素养测评概述

中学气候变化教育的核心任务是培养学生的气候变化素养。明确学生的气候变化素养现状是因材施教进行气候变化教育的前提，气候变化素养测评是了解中学生气候变化素养现状的重要方法。本节介绍了中学生气候变化素养测评的基本概念、发展过程及进行气候变化素养测评的重要性。气候变化素养测评是指通过标准化的测评框架衡量中学生关于气候变化知识、态度和行为的水平，明确中学生气候变化素养的现状。中学生气候变化素养测评的发展经历了概念考查阶段和态度考查阶段，未来的发展趋势是构建气候变化素养综合测评框架。

7.1.1 基本概念

气候变化素养测评是一种定量评估受访者的气候变化素养的方式。本书借鉴了教育评价和教育测量的理论，更清晰地描述了气候变化素养测评的概念。教育评价即教育系统中的评价活动，从根本上来说，教育评价是人们对于教育现象、教育机构和教育内容的内省和反思[1]。教育测量是教育评价中获取信息的一种方法，是根据测量学的原理和方法对教育现象及其属性进行数量化研究的过程，也就是对学生的认知能力、心理倾向和技能水平进行量化的过程[2]。简单来说，教育测量就是对教育客体的某一属性进行量化的描述。

气候变化是影响全世界的重大环境问题。从广义上来讲，气候变化素养测评面向对象的是全体人类。本书中的气候变化素养测评是针对中学生的气候变化素养进行定量化的描述。面对气候变化带来的威胁，如何提高学生的气候变化知识、态度和行为能力水平是气候变化教育需要关注的地方。气候变化素养是气候变化知识、态度、行为的集合。对学生的气候变化素养进行测评，首先需要测评什么样的气候变化知识能够

---

① 杨向东. 教育测量在教育评价中的角色 [J]. 全球教育展望，2007 (11)：15-25.

② 袁建林，刘红云. 核心素养测量：理论依据与实践指向 [J]. 教育研究，2017，38 (7)：21-28.

气候变化教育

270

支撑学生建立气候变化概念框架；其次需要测评学生是否知道有关气候友好行为的知识；最后，要测评什么样的态度能够诱发学生采取气候友好行为①。

根据上述内容，可以归纳中学生气候变化素养测评的基本概念，即根据测量学的理论和方法，通过标准化的测评框架衡量中学生的气候变化知识、态度和行为的水平，了解其气候变化素养的现状，从而因材施教地进行气候变化教育，并以测评结果为根据来评估气候变化教育的有效性。

案例研讨

教育测量概念与功能

狭义的教育测量主要指对学生学业成绩和知识水平的测量，此时，教育测量可以纳入心理测量的范畴，即对人心理特征的测量。但是，广义上的教育测量不仅包括对学生学业成绩和知识水平的测量，而且包括对教育领域中其他教育现象的测量，如对教师教学水平的测量、对学校办学质量的测量、对学校管理水平的测量等。此时，教育测量当属于社会测量的范畴，即对社会现象的测量。

教育测量的功能有理论研究功能和实际应用功能两大方面，理论功能包括收集研究资料、建立和检验理论假设和实验分组等，应用功能包括人才选拔、人员安置、心理诊断、描述评价、心理咨询等。

摘自：

戴海琦，张锋. 心理与教育测量：第 4 版 [M]. 广州：暨南大学出版社，2018.

问题研究

气候变化素养测评属于教育测量在某一领域的具体应用，你认为气候变化素养测评的结果能为教师提供什么样的帮助？

7.1.2 发展过程

早在 20 世纪 50 年代，人们就意识到，学生对气候变化概念的理解差

---

① MESSICK S. The interplay of evidence and consequences in the validation of performance assessments[J]. Educational researcher, 1994, 23(2):13-23.

异会导致认知结果和行为倾向的不同。为了定量研究这种差异的程度，早期的气候变化素养测评研究集中考查学生对气候变化相关概念的看法，进而从学生对于概念的理解情况延伸到对气候变化行动的看法。也就是说，气候变化素养测评的早期研究内容是从知识方面来评估学生的气候变化素养。随着研究的推进，学者们又试图从不同的角度来探究学生群体的气候变化认知、情感和行为倾向，开发气候变化态度量表，从态度方面来测评学生的气候变化素养。在气候变化知识和态度测评中都包含行动的成分，利用知识中的行动知识与态度中的行为成分来描述气候变化行动。

7.1.2.1 起步阶段：考查气候变化相关概念

早期的气候变化素养研究集中在对气候变化知识的调查，将研究重点放在学生对于气候变化概念的掌握程度上。对地球气候系统的理解是学生学习气候变化的前提与基础。温室效应是气候变化知识的重要组成部分，有研究通过封闭式测评问卷（即问卷中的问题为封闭式问题，已事先设计好答案）调查中学生对温室效应和气候变暖定义、原因及影响的看法①。研究结果发现，学生很容易将各种环境结果混淆，如将全球变暖与臭氧层空洞混淆，认为臭氧层空洞会使更多来自太阳的能量进入地球大气层，进而导致全球变暖。学生对于气候变化各种概念之间的关系也存在一定的误解。例如，学生会将某个现象的原因与其他现象的原因混淆，或将一个问题的影响与其他问题的影响混淆。也就是说，学生无法将特定的气候变化原因与后果联系起来，甚至会因此认为所有的环境友好行为都能有助于解决气候变化问题。学生知道气候变化正在发生，但是不能确定导致气候变化的原因是什么，或者将气候变化的原因归因于臭氧层空洞。这种科学上的错误观点使他们无法正确地采取气候友好行为。气候变化教育的课程要帮助学生改正在气候变化概念上存在的普遍误解，并且关注学生的行动如何对环境产生影响。学生个人做出的明智和负责任的气候变化行动，不仅会影响自身，还会影响到整个社会环

① BOYES E, CHUCKRAN D, STANISSTREET M. How do high school students perceive global climatic change: what are its manifestations? what are its origins? what corrective action can be taken? [J]. Journal of Science Education and Technology, 1993,2(4):541-557.

境。因此，早期的气候变化素养测评主要体现在对概念等知识成分的考查上。

7.1.2.2 发展阶段：考查气候变化态度

在推进气候变化知识测评的同时，有学者开始将态度作为气候变化素养测评指标的一部分来进行研究。学习相关知识是正确认识气候变化的前提，而对待气候变化问题的态度在一定程度上可以影响学生的气候友好行为。当学生能正确认识气候变化并持有积极态度时，最有可能采取气候友好行为。学生群体在兴趣爱好、文化背景和价值观上都存在着差异，因此应对气候变化的态度也容易存在不同。部分研究者以态度为主线，通过各种不同的态度成分来构建气候变化态度量表。气候变化态度量表能通过设置题目，来区分对气候变化持有不同态度的群体。气候变化态度测评通常从认知、情感和行为倾向出发，但不同的研究设定的研究要素会存在一定程度的不同。研究者对德国和奥地利的青少年从气候变化的兴趣与责任、气候变化的关注程度、气候变化的认知、气候变化的推动行为和气候友好行为五个方面出发，来确定青少年的不同群体及各个群体在气候变化意识方面的差异性和需求[①]。针对包括学生群体在内的美国公民对全球变暖的看法及其参与程度的研究，通过对气候变化问题的思考程度和态度确定性的考查，区分了六类对气候变化持有不同态度的美国人[②]。该项目涵盖了受访者对全球变暖风险的认知、担忧、预期对后代的危害以及个人对这个问题的重要性等内容，能够快速衡量受访者所持有的气候观点。

7.1.2.3 继续发展阶段：综合评价学生的气候变化素养

气候变化是影响全人类的重大环境问题，在全球范围内都得到了重视。作为应对气候变化的重要举措之一，气候变化教育的重要性也得到了广泛认可。气候变化问题的最终解决依赖于气候友好行为，培养中学生气候变化素养的重点要落实在促使学生采取气候友好行为上。目前关于行为的研究集中在气候友好行为的发生原理上，缺乏关于气候友好行

---

① KUTHE A,KELLER L,KöRFGEN A, et al. How many young generations are there?-a typology of teenagers' climate change awareness in Germany and Austria[J]. The Journal of Environmental Education,2019,50(3):172-182.

② CHRYST B,MARLON J,VAN DER LINDEN S,et al. Global warming's "Six Americas Short Survey": audience segmentation of climate change views using a four question instrument[J]. Environmental Communication,2018,12(8):1109-1122.

为的系统测评框架。据前文所述，环境友好行为的影响因素包括人口因素（如性别、受教育程度）、外部因素（如政治、经济、社会和文化）和内部因素（如环境态度、情感参与、知识）等多种因素，环境友好行为也是一个相对复杂的过程。由此来看，如何全面系统地测评中学生的气候变化素养也必将成为一个复杂的问题。未来气候变化素养测评的发展也必然会向全面综合的测评框架前进。

7.1.3　重要性

气候变化素养测评能够通过定量的方法评估中学生的气候变化素养，帮助教师了解中学生的气候变化素养的基本特征，因材施教地进行气候变化教育。同时丰富气候变化教育的教学方法，能够提高气候变化教育教学水平。

7.1.3.1　了解中学生气候变化素养基本特征，因材施教进行教育实践

学生群体作为未来气候变化的参与者与决策者，需要应对气候变化带来的环境和社会后果。气候变化素养测评，能够获得一手资料用来分析气候变化素养的基本特征，了解中学生的气候变化教育现状，为教师调整和改进教学方法提供充足的反馈信息。测评结果不仅能挖掘目前气候变化教育的特征和存在的问题，能为学校组织气候变化教育提供一定的学情依据，同时还有利于开展针对性的气候变化教育实践，在课堂中加深学生对气候变化问题的理解，更好地培养学生的气候变化素养。气候变化素养测评能找出学生对气候变化产生错误认知的原因，查明学习困难的症结所在，从而帮助教师在气候变化教育中采取适当的措施。

7.1.3.2　丰富气候变化教育教学方法，提高气候变化教育教学水平

教育测量的研究是教育研究的重要组成部分，测量理论的丰富和方法的更新必然会促进教育研究方法的发展和充实。气候变化危机在很大程度上取决于人们的思维和行为模式，而人们的思维和行为模式常通过教育进行调整。因此，创造新的课堂环境能够鼓励学生发展更多的环境友好思维和行为。目前我国气候变化教育的教学方法较为单一，主要是以知识为中心的习得式教学，缺乏多样化的自主学习形式[①]。学生在知识

---

①　张晓姣，李玉轩. 新建构主义下对地理核心素养培养暨教学模式的创新思考[J]. 中学地理教学参考，2020（14）：29-33.

教学的环境中能更加高效地学习，但离形成气候变化素养这一目标仍有较大的差距。根据气候变化素养测评的结果，我们可以构建一种行为导向的干预措施，通过创设新的课堂模式，使用科学、可行的教学方法，在课堂中提高学生对气候变化的认识[①]。通过创建真实的环境情境，体验式学习可以促进学生形成与气候变化有关的积极态度和友好行为，更好地培养学生的气候变化素养。

教育教学的最后一个环节就是对成果的检验。气候变化素养测评能够对学生在气候变化知识、态度、行为等方面的优势和劣势做出描述性评价，帮助学生扬长避短，更好地进行学习。同时，在教育教学的过程中，我们也需要随时了解教育教学情况，诊断学生在学习中存在的问题，相应地整改教学方法，从而提高教育教学的水平。气候变化素养测评结果不仅能够用于评价学生，也能够用于评价教师；不仅能够评价个人，也能用来评价群体，通过对多个方面的综合性评价，为优质教育提供条件。

随堂讨论

根据上述内容，你认为对中学生进行气候变化素养测评能从哪些方面帮助教师更好地推进气候变化教育？请举一个具体的例子。

7.2 气候变化素养测评内容构成

本节主要介绍了中学生气候变化素养测评的内容构成。气候变化素养测评有知识、态度和行为三个测评指标。其中，气候变化知识是学生形成气候变化素养的基础，学生对气候变化的态度影响采取气候友好行为的意愿，而知识和态度共同促进气候友好行为。气候变化知识测评将分为系统知识和行动知识两部分，态度测评则分为认知成分、情感成分、意志成分和行为成分。在气候变化素养测评问卷中，知识和态度的测评指标都能直观地体现在问卷中，而行为较难被直接测评出来，因此利用知识测评中的行动知识和态度测评中的行为成分进行间接测评。本节利用案例法来讲述每个测评指标的考查方法。

---

① 于雷，段玉山，马倩怡. 国际气候变化教育研究进展及对我国气候变化教育的启示 [J]. 地理教学，2022（2）：41-46.

7.2.1 气候变化素养测评指标

我国将学生发展核心素养定义为"学生应具备的、能够适应终身发展和社会发展所需要的必备品格和关键能力"[①]。基于 21 世纪技能框架与模型解构每种学生发展核心素养，我们发现每种核心素养都包括"知识""技能"和"态度、价值与伦理"三个维度。也就是说，核心素养是知识、技能等多种元素的集合。教师实施教学时，需要深入分析核心素养的内涵、维度、结构，定义每种素养所包含知识、态度、行为的外在表现，建立可操作的测评框架。在此基础之上设计与建构测评体系，才能确保核心素养测评的科学实施[②]。

气候变化教育的核心任务是培养学生的气候变化素养。在中学气候变化教育中，学生要充分认识气候变化问题，形成应对气候变化的积极态度，实践气候友好行为，培养气候变化素养。根据核心素养测评框架和气候变化素养基本内容，本书将气候变化素养测评的指标确定为气候变化知识、气候变化态度与气候友好行为。气候变化素养最终要落脚到气候友好行为上，气候变化素养测评指标中的行为部分，在知识和态度指标的测量中皆有提及。

7.2.1.1 气候变化知识是学生形成气候变化素养的基础

知识通常被认作是一个人行为的必要前提。最早的环保行动是建立在对环境信息了解的基础上的，对学生进行环境教育能帮助学生形成环境意识从而实施行动。多项研究证明，增加个人的环境知识会对环境诱发更积极的态度和更负责任的环境行为[③]。气候变化是一个复杂的问题，为了有效地解决这个问题，对其有足够的了解是必要的。气候变化知识是对气候变化现象及其衍生出的相关内容的认知与理解。本书将气候变

---

① 核心素养研究课题组. 中国学生发展核心素养 [J]. 中国教育学刊，2016 (10)：1-3.

② 袁建林，刘红云. 核心素养测量：理论依据与实践指向 [J]. 教育研究，2017，38 (7)：21-28.

③ KOLLMUSS A, AGYEMAN J. Mind the Gap：why do people act environmentally and what are the barriers to pro-environmental behavior? [J]. Environmental Education Research，2002，8(3)：239-260.

化素养测评中的知识指标划分为系统知识与行动知识①。系统知识包括对气候系统运作和气候变化问题的认知，也就是有关气候变化的成因与影响等方面的知识。为了使知识测评中的行动知识及态度测评中的行为成分与实际进行的气候友好行为区分开，行动知识被定义为学生所了解的采取气候友好行为的方式与方法。

科学素养和公众对气候变化等环境问题的理解可以为社会科学问题的知情决策打下坚实的基础②。学生需要对气候变化状况和问题有基本的认识和理解。全面了解地球气候需要许多领域的基础知识，但这些知识很有可能与学生现有的心理表征相反。有研究表明，学生对于气候变化概念的理解存在着巨大的差异，对气候变化相关概念的误解可能会成为学习气候变化的障碍。通过气候变化素养测评掌握学生现有的知识水平，能够帮助教师发现气候变化教育中的薄弱点，从而有针对性地实施教学。

7.2.1.2 气候变化态度影响采取气候友好行为的意愿

态度是对给定对象做出有利或不利反应的一种倾向。态度不能被直接观察到，但可以从可观察到的反应中推断出来。态度可以被定义为一个人对态度对象的积极或消极的评价性反应。社会心理学家认为，态度包含三个维度，即情感、行为倾向和认知③。在气候变化素养测评中，态度是学生在气候变化相关问题上参与决策和解决问题的认知、情感和行为倾向。态度中的认知成分即学生对气候变化现象和不同群体应对气候变化措施的评价；情感成分指学生对气候变化产生的兴趣、信任或担忧以及抱有希望的情绪；行为成分指学生主动采取气候友好行为的意愿，或在生活中对其家人与朋友传播气候变化的行为。考虑到应对认知成分与情感成分对气候变化行为的预测力可能存在不足，本书在气候变化态度测评中增加了意志的成分，通过意志力对气候友好行为进行调节，从

① BOFFERDING L, KLOSER M. Middle and high school students' conceptions of climate change mitigation and adaptation strategies [J]. Environmental Education Research, 2015, 21(2): 275-294.

② PRUDENTE M, AGUJA S, ANITO J, JR. Exploring climate change conceptions and attitudes: drawing implications for a framework on environmental literacy[J]. Advanced Science Letters, 2015, 21: 2413-2418.

③ 迈尔斯. 社会心理学：第 11 版 [M]. 侯玉波，乐国安，张智勇，等译. 北京：人民邮电出版社，2016.

而将情感成分与行为成分连接起来。对待气候变化问题的态度在很大程度上影响公民的气候行为：当人们相信气候变化且对其抱有积极态度时，最有可能采取气候友好行为；当人们对气候变化持有悲伤、绝望等消极态度时，会阻碍其参与气候友好行为。气候变化素养测评能够帮助教师客观地掌握学生对气候变化的态度情况，帮助学生培养应对气候变化的积极态度。

7.2.1.3　知识态度共同促进气候友好行为

气候友好行为取决于一系列因素，包括知识、态度、环境因素和行为习惯等。气候变化知识、态度、行为是一个有机的综合体，知识是态度与行为的先决条件，态度影响人们进行气候变化行动的意愿，知识与态度在一定的条件作用下共同促进气候友好行为的发生。"负责任的环境行为模型"认为，虽然学生对于气候变化的认知不能直接决定应对气候变化的态度和促使气候友好行为产生，但在解决气候变化带来的问题之前，人们必须掌握和理解气候变化产生的原因等内在机理。对环境了解更多的学生有更积极的态度，并有可能采取对环境负责任的行为方式[1]。对气候变化行为的研究集中在行为机制的探究上，反映在气候变化素养测评中即知识中的行动知识和态度中的行为成分上。科学知识、与科学有关的态度和亲环境行为是以复杂的方式相互关联的[2]。

我们较难直接测评中学生的气候变化行为，因此可以通过调查学生的行动知识储备与行动意愿来间接反应行为的测评指标。同时，目前的研究也缺少关于气候变化行为的系统测评框架，而是糅合在知识和态度的调查问卷中。知识问卷中有行动知识，态度问卷中有行为成分，行动知识与行为成分共同反映气候变化素养测评中的行为指标。本节内容主要分为气候变化知识测评和气候变化态度测评。气候变化素养测评指标如图 7-2-1 所示，气候变化知识测评包含系统知识和行动知识，气候变化态度测评则包括认知成分、情感成分、意志成分和行为成分。本节将对

気
候
变
化
教
育

①　KUHLEMEIER H, VAN DEN BERGH H, LAGERWEIJ N. Environmental knowledge, attitudes, and behavior in dutch secondary education [J]. The Journal of Environmental Education, 1999, 30(2):4-14.

②　DIJKSTRA E M, GOEDHART M J. Development and validation of the ACSI: measuring students' science attitudes, pro-environmental behaviour, climate change attitudes and knowledge [J]. Environmental Education Research, 2012, 18(6):733-749.

每一个测评指标进行讲解，并引用已在测评问卷中出现的具体问题来进行示范。问卷的主要信息如表 7-2-1 所示。

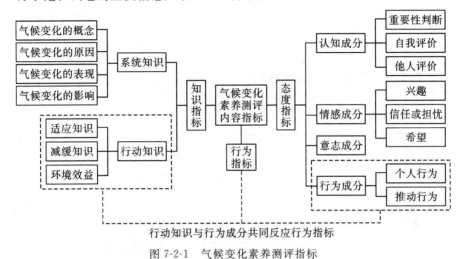

图 7-2-1　气候变化素养测评指标

表 7-2-1　气候变化素养测评问卷的主要信息

问卷名称	英文名称	年份	类型
人为气候变化知识调查问卷	Human-induced Climate Change Instrument（HICCK）	2013	知识问卷
气候科学知识评估问卷	Climate Science Knowledge Assessment Instrument（CSKAI）	2016	知识问卷
气候变化概念问卷	Climate Change Concept Inventory（CCCI）	2019	知识问卷
气候变化希望量表	Climate Change Hope Survey（CCHS）	2017	态度问卷
六类态度的美国公民调查	Six Americas Short Survey（SASSY）	2018	态度问卷
德国和奥地利青少年气候变化意识类型问卷	Climate Change Awareness in Germany and Austria（GACCA）	2019	态度问卷
美国青少年气候变化调查问卷	American Teens' Knowledge of Climate Change（AKCC）	2011	综合问卷
气候变化科学态度调查问卷	Attitudes towards Climate Change and Science Instrument（ACSI）	2012	综合问卷

随堂讨论

气候变化素养测评指标包括学生的气候变化知识水平、应对气候变化的态度和行为等，你认为测评结果会受到哪些因素的影响？（可从教师、学生、教育环境等方面展开论述）

7.2.2　气候变化知识测评

7.2.2.1　系统知识测评

系统知识是指关于气候系统运作和气候变化问题的认知，根据政府间气候变化专门委员会（IPCC）对气候变化内涵的解释及现有的气候变化素养知识测评问卷，可将系统知识分为以下四个部分，如图 7-2-2 所示。

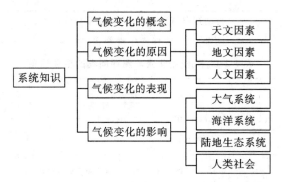

图 7-2-2　气候变化素养测评中系统知识分类

（1）气候变化的概念

认识气候变化的概念是学习气候变化相关理论的前提。气候变化知识中的一个典型误区是，学生会将气候变化等同于全球气候变暖。事实上，气温的变化是气候变化对大气系统影响的一部分。在早期的气候变化素养测评问卷中，全球变暖又是一个重要的议题。随着人们对气候变化认识的加深，测评问卷会考查学生能否准确地认识全球变暖与气候变化，并区别二者在概念上的差异。例如，ACSI 知识测评第三题考查"气候变化仅被定义为地球表面温度的上升"，要求学生回答"正确""错误"或"不知道"。

（2）气候变化的原因

中学生经常会错误地理解气候变化的成因。IPCC 指出，改变地球能量收支是气候变化的物理驱动因子。辐射强迫量化了由这些驱动因子引

气候变化教育

起的进入地球系统的能量扰动。辐射强迫正值导致近地表变暖，而辐射强迫负值导致近地表变冷。

在影响气候变化的因素中，天文因素与地文因素引起的辐射强迫归属于自然过程。太阳是地球的主要能源，在气候变化素养知识测评中，已有测评问卷开始考查太阳辐射和地球能量平衡等方面的内容。例如，CCCI 第七题"如果地球散失的能量少于从太阳那里接收到的能量，随着时间的推移将会产生什么现象？"和 CCCI 第二十八题"地球大气中的分子吸收来自太阳的能量"，考查了太阳辐射和地球能量平衡方面的知识。

人文因素对气候系统的影响非常显著。1850 年之后的全球温室气体浓度明显增加，人为温室气体的排放已达到了历史最高值，对气候变化起到了极大的推动作用。温室气体排放浓度上升的主要原因是经济和人口增长，进而导致了大气中二氧化碳、甲烷和一氧化二氮的浓度增加到了过去 80 万年以来前所未有的水平。在整个气候系统中都已经探测到了这类影响以及其他人为驱动因素的影响，而且这些影响极有可能是全球变暖的主要原因。对气候变化原因的考查是气候变化素养知识测评问卷的重中之重。例如，CSKAI 第五题"证据表明，现在大气中的二氧化碳比过去几百年还要多。二氧化碳增加最可能的原因是什么？"，答案选项包括"A. 在海洋和河流中有更多的有毒化学物质；B. 植物正在释放更多的二氧化碳；C. 火山正在产生更多的火山灰和气体；D. 人类正在使用更多的化石燃料"，这道题设计的目的是考查学生是否知道人类燃烧化石燃料是大气中二氧化碳含量增加的首要原因。CSKAI 第八题"科学家认为全球气温上升的主要原因是？"，答案选项包括"A. 农药和喷雾剂等有毒化学物质使用的增加；B. 燃烧化石燃料造成的二氧化碳含量增加；C. 臭氧层空洞使更多的太阳辐射进入大气层；D. 核电厂产生的能量中散发出的多余热量"，这道题是希望学生知道温室效应的机理。AKCC 第九题还考查了温室效应的定义。整体而言，气候变化的成因及影响因素是气候变化知识测评问卷考查最多的部分。

（3）气候变化的表现

学生需要从不同的时空尺度认识气候变化的表现。气候变化的表现与影响在概念上存在一定的区别。气候变化的表现在 CSKAI 第十一题中进行了考查，"科学家在哪里可以看到气候变化的证据？"，答案选项包括"A. 只有在经历干旱的地区才能看到证据；B. 只有在南极这样的极地地区才能看到证据；C. 只能在沿海地区的海岸上看到证据；D. 以上都可以"。这道题考查学生是否明白气候变化已在全球大尺度范围内表现出来，而不是仅仅在少部分地区。

（4）气候变化的影响

最近几十年来，气候变化已经对所有大陆和海洋的自然系统和人类系统造成了影响。在气候变化素养知识测评中，可以从大气系统、海洋系统、陆地生态系统和人类社会四个方面来解释气候变化产生的影响。大气和海洋温度升高，积雪和海冰的总量减少，海平面上升都是已经观测到的气候系统的变化。过去三个十年的地表温度依次升高，比 1850 年以来的任何一个十年都偏暖。海洋变暖主导了气候系统储能的增加部分，占 1971—2010 年间累积能量的 90％以上。学生们能在各种报道中看到大气温度变化的直接证据，而忽视海水变暖和海平面上升可能承担了更多气候变化带来的后果。冰冻圈也受到了气候变化的显著影响。过去 20 年以来，格陵兰和南极冰盖一直在损失冰量，几乎全球范围内的冰川都在继续退缩，北半球春季积雪面积继续缩小。气候变化造成的大气变暖和降水变化也会对陆地生态系统和人类社会造成影响。变暖使得全球森林带向高纬移动，动物群也随之向高纬迁移。气候变得更暖还会使虫害增加，树木死亡率升高。降水的变化会影响土壤水分，进而影响森林的密度。森林等陆地生态系统的变化会影响人类社会的农业格局，全球气候变化造成的极端天气事件增多，也会对人类社会造成极大的影响。气候变化素养测评问卷中关于气候变化影响的考查，如 CSKAI 第六题考查气候变化的可能结果，学生们会面对诸如"北极地区的冰盖将变得更大""全球气温将同等上升""海平面将上升，影响住在海岸的人们""地球的大气层将变薄，特别是在南半球"等选项。还有 AKCC 第三十三题考查海平面上升的原因，AKCC 第四十题考查海洋酸化的原因，ACSI 知识测评第六题考查气候变化的后果，CSKAI 第二题考查全球变化带来的可能后果。

随堂讨论

1. 除了已经给出的案例外，你还能设计什么题目来帮助学生正确认识气候变化的概念？

2. 理解气候变化的原因是学习气候变化相关知识的重要部分，你还能设计什么题目来帮助学生正确认识气候变化的原因？

气候变化教育

3. 在气候变化素养测评中，气候变化的表现与影响在概念阐述和问卷表达形式上有何不同？

7.2.2.2　行动知识测评

对中学生而言，学习系统知识也就是认识气候系统的运作和气候变化问题的过程，那么学习行动知识就是学习如何应对气候变化并且知道如何才能获得最大的环境效益。例如，学生们知道二氧化碳会导致全球气候变暖，但或许不知道可以采取什么行动来减少二氧化碳的排放。现代知识观将知识分为陈述性知识和程序性知识。陈述性知识用来说明事物的性质、特征和状态，用于区别和辨别事物。程序性知识也叫操作性知识，是个体难以清楚陈述，只能借助于某种作业形式间接推测其存在的知识，用来解决做什么和怎么做的问题。此处的行动知识便属于程序性知识，是可以被语言化的行动信息。行动知识比系统知识更能预测学生采取气候友好行为的倾向①。

IPCC 将应对气候变化的行动分为适应措施和减缓措施。减缓措施是通过减少温室气体的排放等措施来限制未来的气候变化，把升温控制在相对于工业化前水平 2℃ 以内。而适应措施主要是为了降低气候变化带来的风险，如建设海岸堤坝等间接性措施，需要更长的时间来验证效果。本书在适应和减缓措施的基础上，增加了关于环境效益的知识。增加环境效益知识这种形式后，与行动有关知识的重点已从仅仅知道如何应对气候变化扩展为知道如何获得最大的环境效益。本书中的气候变化素养测评主要面对中学生，但 IPCC 中的适应与减缓措施糅合了个人、企业和国家等多个行为主体，难以落实到个人层面。中学生不仅要知道气候变化在宏观层面上的应对措施，也要理解适应与减缓措施中个人层面可以采取的具体行动。

（1）适应措施的知识

适应气候变化的措施在广义上包括适应水资源短缺、适应气候变化带来的健康风险以及适应自然灾害带来的威胁等方面，落实到个人层面即关于节约用水、急救、地震火灾逃生方式等知识。值得注意的是，由

① FRICK J, KAISER F, WILSON M. Environmental knowledge and conservation behavior: exploring prevalence and structure in a representative sample [J]. Personality and Individual Differences, 2004, 37: 1597-1613.

于减缓措施所实现的效果需要长期的验证，学生难以在短时间内看到直观的结果，所以现阶段已有的气候变化素养知识测评问卷中较少提及关于适应措施的知识，如 ACSI 环保行为问卷考查了与保护环境有关的题目。

（2）减缓措施的知识

减缓气候变化的措施在行动知识中考查较多。在本质上，减缓措施考查学生是否了解降低温室气体排放的措施。个人行为可分为节能行为、消费行为和创新行为，即减少能源在日常生活中的浪费、选择节能的商品和在进行创造性工作时考虑气候变化。在气候变化素养知识测评问卷中，减缓措施的知识有以下考查实例：ACSI 环保行为问卷第五题考查"在离开房间时，我会主动把灯关上"；HICCK 第二十二题考查"未来的气候变化可以通过减少温室气体排放来减缓"；CSKAI 第七题的考查难度更高，题目为"你认为以下哪一种方法是减少气候变化对沿海地区未来损害的最有效策略？"答案选项包括"A. 减少使用房屋和建筑物的隔热层；B. 工业生产从使用核能转向化石燃料；C. 保护河流及海岸线湿地；D. 什么都不做，因为没有可行的办法，气候变化不在人类的控制范围之内"。

（3）环境效益的知识

环境效益也可以称为环境比较效益，本意指在工业生产过程中，由污染物的排放或环境治理等行为引起环境系统结构和功能上的相应变化，从而对人的生活和生产环境造成影响的效应。如果占用和耗费同样的自然资源，能更好地维护生态平衡，使企业及周边居民的生产和生活环境得到改善，其环境效益就好；如果占用和耗费同样的自然资源，对环境及生态平衡起到破坏作用，其环境效益就差。此处的环境效益知识是指学生能够明白哪种行为能在更大程度上降低气候变化带来的危害，如"驾驶一辆新的节能汽车比驾驶一辆旧的燃油车更能减少二氧化碳排放"。虽然并未被直接定义，但环境效益知识已经出现在气候变化素养测评问卷中了，如 AKCC 第四十一题考查"以下行为将在多大程度上减少全球变暖？（多项选择题，每道选项可回答'很多''一些''很少''没有''不知道'中的一个）"，选项包括"A. 从化石燃料转向可再生能源（风能、太阳能、地热能）；B. 植树造林；C. 减少热带森林砍伐；D. 减少有毒废物排放；E. 从开燃油汽车转向电动汽车；F. 少开车；G. 增加

气候变化教育

公共交通使用频率；H. 不使用白炽灯，而使用节能灯；I. 建造绝缘建筑；J. 工业生产从化石燃料转向核能；K. 禁止使用喷雾罐；L. 停止用火箭，防止出现臭氧层空洞；M. 对所有使用化石燃料的产业征收重税；N. 每个家庭最多有 2 个孩子；O. 给海洋施肥使藻类生长得更快；P. 停止吃牛肉；Q. 用飞机将扬尘撒向高空"。

拓展阅读

公民个体的责任

我们呼吁中欧公民行动起来，努力减少生产和生活中的能源消耗和碳足迹，并积极配合政府为建立低碳、可持续发展社会所采取的措施的落实。

我们呼吁对世界公民责任宣言进行国际讨论，并以此作为国际法的基础。当国际人物和领导人的行为对社会和这个地球造成负面影响时，国际法可以此对他们进行制裁。

我们呼吁每个家庭和公民贯彻低碳的生活方式，培养"绿色行为"。作为中欧社会的行动者，我们必须加强这一领域的广泛交流与宣传，使绿色行为渗透到每个公民的生活中。

我们呼吁青少年积极参与全球气候政策的制定中，成为全球治理的积极行动者。同时，我们呼吁中国和欧洲国家让青年人参与有关气候变化政策的制定。

摘自：

中欧社会论坛，《共识文本》。

问题研究

1. 《共识文本》提出了可以从公民层面采取行动，你认为在气候变化素养测评中，还应考查哪些个人层面的行动知识？

2. IPCC 报告中提出了许多应对气候变化的措施，但多是从国家或社会层面出发。你认为气候变化素养测评中，该如何平衡宏观层面和个人层面的行动知识考查情况？

随堂讨论

1. IPCC 报告仅提到应对气候变化适应和减缓的措施，你认为学习环境效益知识是否有助于帮助学生理解气候变化？

2. 你能否从概念和考查内容方面，总结一下适应知识、减缓知识和

第 7 章　中学生气候变化素养测评

环境效益知识的区别？

7.2.3 气候变化态度测评

学生群体是未来气候变化的当事人及决策者，对他们进行气候变化教育，培养他们对气候变化的积极态度非常重要。态度有积极与消极之分，积极的态度不仅要求学生对气候变化有正确的认知，还要对应对气候变化抱有希望，并能在意志的调控下产生采取气候友好行为的意向。态度不能直接观察到，但能从可观察到的反应中推断出来[①]。在德育与心理学理论中，"知、情、意"指的是人类心理活动的几个步骤，而"行"则是三者的实施过程。公认的态度成分包含认知成分、情感成分和行为成分，经研究发现还需在态度中融入意志的成分。在欧洲，学生对科学研究缺乏兴趣的现状促使在态度领域有了大量的研究。值得注意的是，虽然本书将态度测评拆分为知情意行四个部分进行讲解，但实际上认知过程、情感过程与意志过程并不是相互独立的，它们是相互联系、相互渗透的。

7.2.3.1 认知成分测评

认知是人获得知识、应用知识或信息加工的过程，是人最基本的心理过程[②]。为了与基础知识的掌握区分开，此处态度层面的认知是指对气候变化具有评价意义的观点和信念。依据中学生对气候变化产生评价性认知的心理过程，本书将认知成分划分为重要性判断、自我评价和他人评价。后文中的认知即指气候变化态度测评中的认知成分。对气候变化的认知性评价是形成应对气候变化积极态度的基础，对预测气候友好行为起到了奠基性的作用。

（1）重要性判断

重要性判断即学生能否将气候变化看作一个重要的全球性环境问题。重要性判断是认知成分中的首要因素，中学生只有认识到气候变化的重要性，才能进而形成应对气候变化的积极态度。重要性判断考查的案例有 SASSY 第二题"全球变暖问题对你个人来说有多重要？"和 AKCC 第

① DIJKSTRA E M, GOEDHART M J. Development and validation of the ACSI: measuring students' science attitudes, pro-environmental behaviour, climate change attitudes and knowledge[J]. Environmental Education Research, 2012, 18(6): 733-749.

② 彭聃龄. 普通心理学 [M]. 北京：北京师范大学出版社，2019.

二题"你有多确定全球变暖正在发生？"。

（2）自我评价

自我评价即学生对于自己能否为应对气候变化问题作出贡献及作出多大贡献的判断。自我效能理论（Self-Efficacy Theory）相信一个人有能力找到并执行行动的路线，且对行动的结果抱有期望，这有助于培养面对逆境和解决问题时的冷静和乐观的性格[1]。例如，GACCA 中有考查个人能为应对气候变化做出贡献的程度的问题。

（3）他人评价

他人评价与自我评价相对应。学生能正确判断自己应对气候变化的贡献后，也能从其他社会群体的角度来进行认知判断。他人评价包括换位思考评估与指导意见评估，分别从代入视角和应对措施两个方面对其他社会群体进行判断。换位思考即学生能否从其他社会群体的角度看待全球气候变化。考查案例有 CCHS 中的"以下这些类型的人能在多大程度上帮助解决气候变化问题？（多项选择题，每道选项可回答'很多''一些''很少''没有''不知道'中的一个）"，选项包括"A. 初高中学生；B. 农民；C. 森林所有者；D. 科学家"。指导意见评估即学生能否评价其他社会群体应对气候变化问题的方法是否正确。考查案例有 CCHS 中的"你是否同意以下观点？森林所有者能通过制定更好的森林管理政策来应对气候变化"。

7.2.3.2　情感成分测评

态度测评中的情感成分为感情、情绪等，可以有正面的、积极的情感，也会有负面的、消极的情感。通常认为，对事物的积极情感建立需要经历三个阶段。在进行气候变化的学习时，首先基于对气候变化的兴趣，学生群体会有意识地关注相关信息，并在逐步了解中思考解决问题的办法，从而信任（或担忧）自己或社会应对气候变化的能力，或表达个人对气候变化议题的信任（或不信任），建立希望的积极情感或对问题产生逃避的消极情感，最后产生应对气候变化的希望[2]。由于气候变化教

①　BANDURA A. Self-efficacy: the exercise of control[M]. New York, NY, US: W H Freeman/Times Books/ Henry Holt & Co,1997.

②　KUTHE A, KELLER L, KöRFGEN A, et al. How many young generations are there?-a typology of teenagers' climate change awareness in Germany and Austria[J]. The Journal of Environmental Education,2019,50(3):172-182.

育更期望培养学生对于气候变化的积极情感，所以本书在此分为兴趣、信任、希望三个部分，对情感成分测评进行讲解。

（1）兴趣

兴趣是生活中常见的一种心理现象，兴趣测评就是对兴趣的测量与评价。教育中的兴趣测评是通过对学生兴趣状况的测评，来有针对性地改进教学目标，提升教育教学水平。兴趣测评在气候变化素养测评中占据重要的地位。气候变化素养测评中的兴趣测评，就是通过测评问卷中的题目，来定量化地评估学生对气候变化的兴趣程度，如 GACCA 中"你对'气候变化'这个话题有多感兴趣?"这道题需要学生回答感兴趣的程度，共分为六个等级。中学生对气候变化的感兴趣的程度是划分不同类型群体的重要判断依据。

（2）信任（或担忧）

如果人们意识到可以采取一些有用的行动去应对气候变化，他们就更有可能抱有希望。信任（或担忧）测评就是考查中学生是否对气候变化应对措施有信心。CCHS 考查"你是否同意以下观点? 我相信有很多种解决气候变化问题的方法"。

（3）希望

心理学家发现并确定希望是促使人们解决问题的一个重要因素。希望不仅是一种愉快的感觉，也是一种激励力量[1]。希望是建立在假定人是以目标为导向的基础上的，它包含了一种整体的认知，也就是目标可以被实现。有更大希望的人更有可能实现他们的目标，更积极地参与解决问题，并体验到更多积极的结果。考查案例为 CCHS 中的"你是否同意以下观点? 由于有很多种解决问题的方法，所以应对气候变化有很大的希望"。

7.2.3.3 意志成分测评

意志指学生在学习过程中形成的固定的观念与心理状态，是一种思维模式。马克思主义哲学认为，意志是人类意识能动性的集中表现。意志的本质是对自身行为的反映，也就是在思维中计划如何进行行动。态

---

① KUTHE A, KELLER L, KöRFGEN A, et al. How many young generations are there?-a typology of teenagers' climate change awareness in Germany and Austria[J]. The Journal of Environmental Education, 2019, 50(3):172-182.

气候变化教育

度测评中的意志成分更加关注个体在有确定的目标后，付出行动前的自我控制和自我调适。学生群体基于自己的情感体验从而决定是否产生行为意向。但是行为意向与行为可能性的预测关系较弱，并不是说有行为意向的学生就一定会采取气候友好行为，故在意志层面还需要有意志力加以调节。意志成分的测评能够在一定程度上弥补气候变化积极的情感对学生气候友好行为预测力不足的问题。在意志力的调节下，学生的行为意向越强烈，越有可能采取气候友好行为①。图 7-2-3 为意志的导向作用简要示意图。在现有的问卷中，直接考查意志成分的题目较少，未来的气候变化素养测评问卷应该加强对这方面的关注。GACCA 中"我有责任采取气候友好行为"这道题目，在一定程度上考查了有关意志成分的内容。意志是不断变化的，也是能够被锻炼出来的，如何在气候变化形势日益严峻的今天培养学生对气候友好行为的坚强意志，是教师和研究者们需要关注的问题。气候变化素养测评也更应注重对气候变化意志的考查。

气候变化积极情感 ——————→ 行为意向 ——意志力—→ 气候友好行为

图 7-2-3　意志的导向作用

7.2.3.4　行为成分测评

行为背后有"知、情、意"在进行支撑，学生没有采取气候友好行为，可能是对气候变化认知不足，也可能是在情感上没有应对气候变化的积极心态，也有可能是意志力不够坚强，不足以支撑学生进行气候友好行为。前文提到，气候变化教育最终需要落脚在气候友好行为上。气候变化态度测评的最终目的也是通过各种成分反映学生进行气候友好行为的意向。气候变化知识测评中的行为知识是指中学生知道该怎么做并且知道如何才能获得最大的环境效益。态度测评中的行为成分是指学生们采取气候变化行动的可能性。态度测评中的行为成分主要是从学生个体出发，所以这部分内容将分为气候变化个人行为和推动行为两部分。

（1）个人行为

个人行为是指学生为应对气候变化而从自身的角度做出的努力，如

---

①　LI C J, MONROE M C. Exploring the essential psychological factors in fostering hope concerning climate change[J]. Environmental Education Research, 2019, 25(6):936-954.

AKCC 第五十一题考查"你会通过哪个途径去了解更多关于气候变化的信息?"答案选项包括"A. 网络;B. 电视节目;C. 书籍或杂志;D. 政府机构的网站发布的官方信息;E. 环保组织;F. 报纸;G. 当地天气预报;H. 家人或朋友;I. 博物馆、动物园或水族馆;J. 广播节目;K. 学校;L. 电影"。

（2）推动行为

学生群体可以成为气候变化的推动者,他们会告诉家人关于气候变化的信息,在业余活动中会与朋友们讨论有关气候变化的问题。一项研究表明,青少年将在很大程度上影响父母和朋友们的气候变化意识[①]。例如,GACCA 中考查个人对气候变化的推动行为(和朋友们讨论气候变化问题、和家人讨论气候变化问题、试图影响我的朋友们采取气候友好行为、试图影响我的家人采取气候友好行为)的频率。

拓展阅读 ～～～～～～～～～～～～～～～～～～～～～～～～～～～

环境关心量表与中国版环境关心量表

气候变化也属于环境问题的一种,环境关心量表(New Environmental/Ecological Paradigm,NEP)是目前全球范围内使用最广泛的环境关心测量工具。基于中国的现实情况,洪大用等提出了中国版环境关心量表(CNEP)。表 7-2-2 展示了环境关心量表与中国版环境关心量表中的题目,并列出了二者的不同。右侧两列的序号代表该题目在各自量表中的序号。

表 7-2-2　环境关心量表与中国版环境关心量表中的题目

序号	题目	NEP	CNEP
1	目前的人口总量正在接近地球能够承受的极限	NEP1	CNEP1
2	为满足自身的需要,人类有权改变自然环境	NEP2	
3	人类对于自然的破坏常常导致灾难性后果	NEP3	CNEP2
4	人类的智慧完全可以改善地球的环境状况	NEP4	
5	目前人类正在滥用和破坏环境	NEP5	CNEP3
6	只要我们知道如何开发,地球上的自然资源是很充足的	NEP6	

① KUTHE A, KELLER L, KöRFGEN A, et al. How many young generations are there?-a typology of teenagers' climate change awareness in Germany and Austria[J]. The Journal of Environmental Education,2019,50(3):172-182.

气候变化教育

序号	题目	NEP	CNEP
7	动、植物与人类有着一样的生存权	NEP7	CNEP4
8	自然界的自我平衡能力足够强，完全可以应对现代工业化的冲击	NEP8	CNEP5
9	尽管人类有着特殊能力，但是仍然受自然规律的支配	NEP9	CNEP6
10	所谓人类正在面临"环境危机"，是一种过分夸大的说法	NEP10	CNEP7
11	地球就像宇宙飞船，只有很有限的空间和资源	NEP11	CNEP8
12	人类生来就是自然界的主人，注定要统治自然界	NEP12	
13	自然界的平衡是很脆弱的，很容易被打乱	NEP13	CNEP9
14	人类终将知道更多的自然规律，从而有能力控制自然	NEP14	
15	按照目前的情况继续下去，我们很快将遭受严重的环境灾难	NEP15	CNEP10

摘自：

周林焱，李凤亭，单习章. 基于四个独立样本的中国版环境关心量表（CNEP）的检验［J］. 干旱区资源与环境，2022，36（2）：78-83.

随堂讨论

1. 请设计几道气候变化素养测评问卷的题目，来探究学生是否具有采取气候友好行为的意向。

2. 本书将气候变化态度测评的指标设计为认知成分、情感成分、意志成分和行为成分，也有研究将态度部分的指标设计为气候变化重要程度、影响程度和担忧程度等三方面。你认为哪种划分方式更为合理？请谈谈你的看法与原因。

7.3 气候变化素养测评方法与质量指标

本节介绍了气候变化素养测评的三个方法及质量指标。气候变化素养测评主要有试题检测、访谈和问卷三种方法，其中测评问卷是最常用的方法。气候变化素养测评有四个质量指标，分别为信度、效度、难度和区分度。信度和效度是针对整个测评而言的，而难度和区分度主要针对测量的项目。通过文献分析法和逻辑演绎等方法生成的气候变化素养测评问卷在最初通常具有很大的主观性，需要通过质量检验，对问卷进

第7章 中学生气候变化素养测评

行修改与调整，才能进行实际的使用。

7.3.1 测评方法

在教育学与心理学的理论中，分类标准不同，测验分类系统也不同。根据测验内容可分为智力测验、能力倾向测验、成就测验和人格测验；根据测验对象可分为个别测验和团体测验；根据测验内容表达和反应形式可分为文字（纸笔）测验和非文字（操作）测验。

由于气候变化素养测评发展时间较短，本书总结国内外相关的研究，发现气候变化素养测评的方法主要有试题检测、访谈和问卷三种，其中问卷是最主要的方法。

7.3.1.1 试题检测

试题检测是较为正规的闭卷检测，是中学教育测量的主要形式，如单元检测、期中考试、期末考试等。为了评价学生在某一阶段的学习情况，学校一般采用试题检测的形式来评估学生对知识体系的掌握程度。在气候变化教育中，试题检测的结果能反映出学生对气候变化知识的掌握情况，但如果仅基于试题检测的范式来测量学生的气候变化素养，难以全面诱发该素养在知识层面、能力层面、态度与价值观层面的反应[1]。中学中常用的纸笔考试，更是难以获得学生的内在感情、态度等心理品质的变化过程，因而试题检测的形式在气候变化素养测评中较少出现。

7.3.1.2 访谈

访谈是一种研究人员"提问"，学生自主回答或讨论的测评方法，通过问题诱发学生对认知内容的反应，获得学生的反应结果，基于反应结果对潜在能力进行推论。在访谈中，学生能够在较为轻松自在的情况下发表自己的看法。访谈的内容主要有气候变化科学知识、相关情感态度以及气候变化行动等方面。在进行访谈前，研究人员需要精心设计访谈询问提纲，在访谈中需要根据访谈提纲设计的顺序，引导学生完成访谈内容。在分析访谈内容时，还需要对学生回答的内容进行编码，进而获取测评结果。通过访谈得到的学生气候变化素养测评结果更加详细，但由于访谈需要研究人员的引领，不适合在学校这种受访者数量较多的场

---

① 袁建林，刘红云. 核心素养测量：理论依据与实践指向 [J]. 教育研究，2017，38（7）：21-28.

景中大范围推广。

7.3.1.3 问卷

在教育测量中常用问卷的形式对学生的能力进行调查①。中学气候变化素养的测评问卷需要依据测评指标进行建构，并要以丰富、严谨的理论依据和客观、真实的实践依据为基础。相较于试题检测，问卷的测评形式更加灵活多样，而且气候变化相关科学知识在测评问卷中能够以更加严谨且富有逻辑的形式展示出来。相较于访谈这种需要专业人员进行引导的测评形式，问卷在保有一定的覆盖度的情况下，更容易进行大范围的推广测试，并且问卷结果的分析比访谈更容易。但问卷测评仍存在应用瓶颈，即在传统的教育测验范式中，学生有可能选择有利于测评结果的反应，难以确保测评的客观性。因此，针对中学生气候变化素养测评的研究，大多数是在较为轻松的环境下以问卷的形式进行的。

本章中的气候变化素养测评的内容构成，是在国内外主流气候变化素养测评问卷的研究基础上进行分析的。明确构建气候变化素养测评问卷的测评指标和质量指标是进行测评的前提和基础。针对中学生的气候变化素养测评问卷的建构离不开地理科学、气候变化科学、教育学等学科支持，需要符合基本的学科规律，在设计和应用时应当保证问卷的科学性、系统性和可操作性。

7.3.2 质量指标

衡量气候变化素养测评质量的指标，主要有信度、效度、难度和区分度四个质量指标②。任何测评框架与问卷都不是一蹴而就的，需要进行反复修改，只有根据质量指标对气候变化素养测评问卷进行调整与修改后，才能进行大范围的推广。

7.3.2.1 信度

信度是指测评结果的可靠性，即测评结果是否能客观地反映学生的真实水平。一般来说，测评得到的结果不会与真实情况完全一致，对同

① 贾留战. 教育测量中问卷信效度的概念与检验方法的演变 [J]. 当代教育实践与教学研究，2020，（12）：68-70.
② 戴海琦，张锋. 心理与教育测量：第 4 版 [M]. 广州：暨南大学出版社，2018.

第 7 章 中学生气候变化素养测评

一对象进行两次重复测评后，两次测评结果之间的相关系数越高，信度就越高。

信度的检验主要有三种方法，分别是重测信度、复本信度与分半信度。重测信度又叫再测信度，指同一个量表对同一组对象所得结果的一致性程度，大小等于两次测评结果所得分数的相关系数，可以用皮尔逊相关系数进行计算。复本信度是指在题目性质、难度、题型、题目数量、题目难度等多方面都一致的两次或多次测评中，所得结果的一致性程度，大小等于在多个复本测评上所得分数的相关系数。但编制多个完全相同的测评是非常困难的，性质不同的复本测验会降低信度。分半信度又叫折半信度，就是将测评的试题分为两半，被试者在每一半题目上所得分数的相关系数。分半信度测试时，要将试题按照内容、形式、题数、难度及分布形态等相等的原则进行排列，再将试题分为两半，才能保证信度的可靠性。

提高信度的常用方法包括以下几种：

①适当增加测评的题目数量。

②控制题目的难度。

③提高题目的区分度。

④明确测评的目的，选择合适的被测群体。

⑤制定严格的测评程序，减少无关因素的影响。

7.3.2.2　效度

效度是测评结果的有效性和准确性的程度，即测评是否达到了预期的目的。测评的效度是一个相对的概念，是相对于测评目的或结果而言的。

效度包括内容效度、结构效度和实证效度三类。内容效度就是测评内容的代表性程度。也就是说，测评的内容范围和材料是否与所要测量的内容和教育目标相符合；试题中所引起的行为是否是所要测量的属性的明确反应；测评所得到的结果是否是一个有代表性的行为样本。结构效度是一个测评实际上测出的理论结构和特质的程度。气候变化素养测评中，应对气候变化的态度的测评可以用结构效度来衡量。结构效度的大小取决于事先假定的心理特质理论，实测资料有可能无法证明理论假设，这就导致了结构效度的获取较为困难。实证效度是以测评分数和效标之间的相关系数来表示的。效标是衡量一个测评是否有效的外在标准，可以独立于测评并从实践中获得。例如，在测评高中学生的气候变化素养时，可以用大学生测评分数作为效标，求高中生与大学生分数之间的相关。

提高效度的常用方法包括以下几种：

①控制测评的系统误差，避免出现题目偏向。

②控制随机误差，减少无关因素的影响。

③选择正确的效标，妥善处理效度与效标之间的关系。

7.3.2.3 难度

难度就是试题的难易程度。在一个测评项目中，如果大部分的题目能被答对，该项目的难度就较小；大部分的题目被答错，则该项目的难度就较大。题目的难度大小，除了与内容的难易程度有关，还与测评试题的编制技术和被试者的知识经验有关。测评的难度具有相对性，在正式投入使用前，必须让试题通过实践检验。一般来说，难度的控制方法包括以下几种：

①合理编制题目，控制难度水平。

②构建时需掌握正确的命题技巧。

③正确评估学生的能力。

7.3.2.4 区分度

区分度指测评的题目对学生实际水平的区分程度或鉴别能力。具有良好区分度的项目，能将不同水平的受访者区分开。例如，做同一道题，学业水平、实际能力较高的学生都做对了，而学业水平、实际能力较低的都做错了，则可认为该题目有较高的区分度。区分度的分析主要以效能为依据，考查学生在每道题目上放入反应与其在效标上的表现之间的相关程度。提高区分度的方法主要有以下几种：

①使题目总体难度适中。

②掌握区分度的评价标准。

随堂讨论

1. 在一份气候变化素养测评问卷搭建完成后，你认为可以从哪些方面对其进行调整与修改？

2. 假设某位教师构建了一份气候变化素养测评问卷，并运用于课堂中。但该问卷并未进行质量检验，你认为测评结果可能会存在什么问题？

7.4　中学生气候变化素养测评示例

问卷法是中学生气候变化素养测评最常用的方法。本书剖析了八个气候变化素养测评问卷，根据问卷的内容维度，统计各问卷中涉及相应测评维度的题目数量，如表 7-4-1 所示。值得注意的是，每个问卷仅统计了与测评内容维度相关的题目的数量，在问卷中有些题目涉及了其他方面的内容，并未统计在内。

表 7-4-1　气候变化素养测评问卷中的题目数量

	HICCK	CSKAI	CCCI	CCHS	SASSY	GACCA	AKCC	ACSI
系统知识	20	13	36				35	11
行动知识	2	3	0				2	0
认知成分				8	3	11	12	24
情感成分				3	1	1	1	6
意志成分				0	0	1	0	0
行为成分				4	0	11	3	8
总计	22	16	36	15	4	24	53	49

在气候变化素养测评问卷中，HICCK、CSKAI、CCCI 主要考查气候变化知识。HICCK 侧重于考查学生是否了解人类活动对气候变化的影响，问卷中的题目更偏向对系统知识中气候变化原因的考查；CSKAI 对知识的考查相对全面，但也更侧重于对系统知识的考查；CCCI 主要考查学生对气候变化相关概念的理解，题目仅涉及系统知识，未曾考查行动知识。CCHS、SASSY、GACCA 是对气候变化态度进行考查的问卷。CCHS 通过各种问题，探究学生是否对气候变化抱有希望；SASSY 用四道题目区分对气候变化持有不同态度的群体；GACCA 考查得更加全面，题目还涉及了在其他问卷中很少出现的意志成分。AKCC 与 ACSI 是综合性的气候变化素养测评问卷，题目数量较多且涵盖了知识与态度的成分，并通过行动知识与行为成分间接反映了气候变化的行为指标。

7.4.1　知识问卷

7.4.1.1　人为气候变化知识调查问卷（HICCK）

HICCK 测评的受访者是来自美国西南部一个大城市的中学生，共计

169名。参与测评的所有学生都曾上过相关的课程，对基础的地球科学有一定的了解。该研究设置实验组和对照组，实验组在气候变化课程中会加强引起气候变化的各种原因的对比性学习，对照组的学生使用气候变化教育的常规课程材料。

HICCK中不仅有考查气候变化基础知识的题目，还单独设置了六个题目来直接考查有关当前气候变化原因的知识，以及对这些原因的理解发生概念转变的可能性。其中一个题目考查学生是否明白人类活动对气候变化产生了举足轻重的影响，其他五个题目着眼于关于气候变化原因的不同观点，分别为：（1）太阳辐射量增加；（2）臭氧层空洞；（3）地球绕太阳轨道变化；（4）火山爆发；（5）大气中灰尘增加。

如图7-4-1所示，实验组在第一项中得分为正，其他五项得分为负，表明实验组学生的错误概念在学习后被纠正。实验组的学生形成了正确的科学概念（目前的气候变化是由人类造成的），并减少了对气候变化原因存在的误解。实验组学生经历了正确的观念转变，将错误的观点转向正确的观点。对照组的学生并没有在学习中准确认识到人类活动对气候变化的影响，但他们不再认为"地球轨道变化"是气候变化的原因。研究结果表明，在经历了对比学习后，实验组学生对气候变化原因的认知和对人类引起的气候变化的认识发生了显著变化。

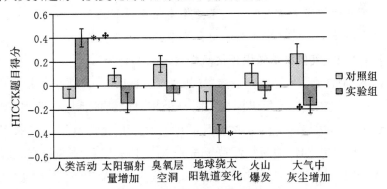

图7-4-1　HICCK中学生对气候变化原因的理解情况[1]

在HICCK的研究中，问卷被用作探究教学作用的工具，探究学生对

---

①　LOMBARDI D, SINATRA G M, NUSSBAUM E M. Plausibility reappraisals and shifts in middle school students' climate change conceptions [J]. Learning and Instruction, 2013, 27: 50-62.

第7章　中学生气候变化素养测评

于导致气候变化的人为原因的理解与概念转变情况。HICCK 将考查重点放在气候变化的原因上，问卷没有涉及气候变化的其他知识，这也为我们提供了新的思路，即气候变化素养测评不仅能综合地评价学生的气候变化素养，也能根据某一具体的目的来进行调整。

拓展阅读

与气候变化的原因相关的误解

①将气候变化归因于太阳辐照度的增加，即大气层顶部接收到的太阳能增加，导致温度上升；

②臭氧层空洞导致到达地球表面的能量增加，使更多的能量逃逸到太空；

③地球大气层顶部的颗粒物增加，产生了类似温室的玻璃屋顶；

④某些形式的污染（除温室效应以外）导致了全球气候变化。

摘自：

LOMBARDI D, SINATRA G M, NUSSBAUM E M. Plausibility reappraisals and shifts in middle school students' climate change conceptions[J]. Learning and Instruction, 2013(27):50-62.

问题研究

学生从新闻媒体、教科书、课堂等途径获得的关于气候变化的信息，有哪些存在歧义，使学生对气候变化的原因产生了误解？

7.4.1.2　气候科学知识评估问卷 (CSKAI)

CSKAI 的受访者是美国东海岸郊区社区的初中一年级学生，共计 39 名。气候变化在学校的科学课程中是一个相对较新的话题，但许多学生已经通过参与学校内外的各种社区活动，对气候变化有了一定的了解。学生的气候变化知识理解情况受到先验知识和先验思维的影响。因此，在正式开展气候变化的课堂教育之前，通过 CSKAI 了解学生现有的情况，能让教师更灵活、更有针对性地开展教学[①]。

研究人员从气候变化机制、后果、人类活动的作用以及气候变化减

气候变化教育

---

①　HESTNESS E, MCGINNIS J R, BRESLYN W. Examining the relationship between middle school students' sociocultural participation and their ideas about climate change[J]. Environmental Education Research, 2016,25(6):912-924.

缓与适应方面分析了研究结果。在气候变化机制方面，学生们普遍意识到大气的作用是保持热量使地球变暖，化石燃料的燃烧增加了大气内二氧化碳的含量。然而，他们对全球变暖发生的机制持有不同的意见，一些学生认为导致全球变暖的原因是臭氧层空洞和大气层变厚。学生们能意识到来自化石燃料的污染物在气候变化中发挥了重要的作用，并因此推断人类活动是气候变化的原因之一。CSKAI 结果显示，大多数学生认为大气中二氧化碳的增加是人类大量使用化石燃料产生的后果。总的来说，学生们将最近全球气温的上升归因于人类活动污染了大气，尽管他们对这些活动如何导致气温升高的看法各不相同。在气候变化知识的所有维度中，学生对气候变化造成的后果最为关注。多数学生表示，全球气候变暖将对人类和地球生态系统产生影响，海平面上升将对生活在沿海地区的人们产生影响。

该研究结果表明，学生是带着关于气候变化的先验知识进入课堂的。学生参与的社区活动为接受气候变化信息奠定了基础。因此，对教师而言，在课堂进行气候变化教育需要考虑学生对气候变化是否有一定的了解，并根据学生的气候变化素养现状来选择适合的教学方法。

7.4.1.3 气候变化概念问卷 (CCCI)

CCCI 的研究对象为 229 名年龄在 13—16 岁的学生。学生对于气候变化基本概念的误解可能会进一步导致学生对气候变化整体的认识不准确。因此，教师必须先了解学生如何概念化气候变化，再来设计适当的课程教学方法。CCCI 的研究旨在确定学习者对气候变化背后的关键科学概念的看法。研究人员制订了气候变化概念问卷，并进行了半结构化的小组访谈。该研究的问题如下：

①学生们需要理解哪些科学概念，才能理解气候变化的机制？

②学生如何理解这些潜在的科学概念？[1]

要理解气候变化的机制，需要应用并整合碳循环、太阳和地球的能量释放、电磁波谱与地球大气的相互作用等概念领域。CCCI 架构的第一阶段确定了理解气候变化所必需的概念，结合文献综述和专家研究的结果，生成了含有十个概念领域的排名列表，依次为碳循环和化石燃料、

---

① JARRETT L, TAKACS G. Secondary students' ideas about scientific concepts underlying climate change[J]. Environmental Education Research, 2019, 26(3):400-420.

第 7 章 中学生气候变化素养测评

电磁波谱、温室气体间的相互作用、过去的自然气候变化以及与二氧化碳浓度水平的关系、天气与气候的区别、温室气体和非温室气体在大气中的比例、辐射强迫、反馈、能量消耗和能量平衡。初版的 CCCI 包含 36 道题目，经过测试后删去了过去的自然气候变化以及与二氧化碳浓度水平的关系、天气与气候的区别、辐射强迫三个概念领域的题目，删减后的 CCCI 为含有 27 道多项选择题的评估问卷。本书统计了初版 CCCI 的题目考查情况，该问卷中包含了大量对系统知识考查的问题，但未包括行动知识的部分。

根据 CCCI 的调查结果，研究人员发现多数学生仅能简单地理解气候变化的相关概念，对其背后的内在机理知之甚少。但是，学生必须对生物、化学等基础学科有一定的了解才能理解全球碳循环，从而理解气候变化发生的机制①。同时，学生对气候变化各组分之间的相互作用也存在一定的误解，但这些概念的理解又是学习气候变化的核心。因此，研究人员建议有关气候变化的学习活动应该借鉴学生在其他学科中学到的知识，并为他们提供一个基础的学习框架，帮助他们在气候变化日益严峻的新环境中应用气候变化知识。

案例研讨

气候科学知识评估问卷（CSKAI）

1. 下列哪一项会导致全球平均气温上升？
   A. 季节长度的变化
   B. 地球大气层厚度的变化
   C. 大气层中气体数量的变化
   D. 地球熔融核热量的变化

2. 全球气候变暖将影响：
   A. 地球中心的温度
   B. 地球绕太阳运动轨道的形状
   C. 化石燃料可用的数量
   D. 人类和地球生态系统

气候变化教育

---

① SIBLEY D F, ANDERSON C W, HEIDEMANN M, et al. Box diagrams to assess students' systems thinking about the rock, water and carbon cycles[J]. Journal of Geoscience Education, 2007, 55(2): 138-146.

3. 在过去的几十年里，全球变暖的速度比任何时期都要快。什么能最好地解释这种增长？

　　A. 太阳正在释放更多的热能

　　B. 火山活动增加

　　C. 人类向大气中排放更多的二氧化碳

　　D. 地球绕太阳运动的轨道正在改变

4. 如果人类继续以目前的速度向大气中排放二氧化碳，生态系统可能会遭到更严重的破坏。下列哪项行动可以减少人类排放的二氧化碳？

　　A. 减少核能发电

　　B. 少开车

　　C. 多使用化石燃料

　　D. 避免产生垃圾

5. 证据表明，现在大气中二氧化碳比过去几百年还要多。二氧化碳含量增加最可能的原因是什么？

　　A. 在海洋和河流中有更多的有毒化学物质

　　B. 植物正在释放更多的二氧化碳

　　C. 火山正在产生更多的火山灰和气体

　　D. 人类正在使用更多的化石燃料

6. 气候变化的可能结果是：

　　A. 北极地区的冰盖将变得更大

　　B. 全球气温将同等上升

　　C. 海平面将上升，影响住在沿海地区的人们

　　D. 地球的大气层将变薄，特别是在南半球

7. 你认为以下哪一种方法是减少气候变化对沿海地区未来损害的最有效策略？

　　A. 减少使用房屋和建筑物的隔热层

　　B. 工业生产从使用核能转向化石燃料

　　C. 保护河流及海岸线湿地

　　D. 什么都不做，因为没有可行的办法，气候变化不在人类的控制范围之内

8. 科学家认为全球气温上升的主要原因是：

　　A. 农药和喷雾剂等有毒化学物质使用的增加

B. 燃烧化石燃料产生二氧化碳含量增加

C. 臭氧层空洞使更多的太阳辐射进入大气层

D. 核电厂产生的能量中散发出的多余热量

9. 并不是人类采取的每一个行动都会导致气候变化。下列哪一项人类活动会导致气候变化？

   A. 更多地使用破坏臭氧层的化学物质

   B. 驾驶汽车的人数增加

   C. 砍伐森林的速度加快

   D. 使用清洁能源发电

10. 二氧化碳是如何从大气中去除的？

    A. 人为收集二氧化碳用于工业生产

    B. 二氧化碳自然分解

    C. 二氧化碳逃逸到太空

    D. 植物吸收二氧化碳

11. 科学家在哪里可以看到气候变化的证据？

    A. 只有在经历干旱的地区才能看到证据

    B. 只有在南极这样的极地地区才能看到证据

    C. 只能在沿海地区的海岸上看到证据

    D. 以上都可以

12. 能源可以从不同的来源获得。下列哪一种能源生产方式向大气中释放的二氧化碳含量最多？

    A. 核能发电

    B. 风车

    C. 石油和煤炭

    D. 太阳能

13. 科学家收集的数据表明，全球平均气温正在上升，并将在可预见的未来继续上升。你认为人们可以采取什么行动来减少气候变化的负面影响？

    A. 购买有机农产品

    B. 阻止垃圾和污染物进入河流和海洋

    C. 植树造林或减少被砍伐的树的数量

    D. 禁止使用破坏地球臭氧层的化学物质

气候变化教育

14. 温度和地球大气层之间的关系是什么？地球的大气层：

    A. 挡住太阳的光使地球更冷

    B. 保存来自太阳的热能，使地球变暖

    C. 没有影响，所以地球的温度不会改变

    D. 增加热能以增加地球温度

15. 人类技术水平正在飞速发展，能够在一定程度上减缓全球气候变化的速度。改变人类行为和使用技术减少全球气候变化影响的直接好处是什么？

    A. 沿海地区发生洪水的可能性降低

    B. 社会将变得更加依赖化石燃料

    C. 濒危物种将得到更好的保护

    D. 人类患皮肤癌的病例将会减少

16. 人类产生温室气体的速度与大自然清除温室气体的速度有什么关系？

    A. 人类生产的温室气体与自然吸收的一样多

    B. 人类生产的温室气体比自然吸收的要多

    C. 人类生产的温室气体比自然吸收的要少

    D. 没有足够的证据来比较

17. 以下哪项活动会导致未来的强烈风暴？

    A. 臭氧层损耗

    B. 地轴倾斜的变化

    C. 太阳释放的能量变化

    D. 温室气体的增加

18. 对未来的气候变化的预测是：

    A. 根据现有数据，可以完全准确地预测未来的温度

    B. 根据现有数据，实际的温度可能比估计的低或高

    C. 不确定，因为它们是基于科学家的观点，而科学家的观点可能是错误的

    D. 没有用处，因为不可能预测未来会发生什么

问题研究

1. 气候科学知识评估问卷考查了哪些类型的气候变化知识？

2. 根据前文划分的气候变化知识体系，你认为哪些知识在气候科学知识评估问卷中未被考查？请设计一些题目对其进行补充。

第 7 章　中学生气候变化素养测评

7.4.2 态度问卷

7.4.2.1 气候变化希望量表 (CCHS)

CCHS 的受访者是来自美国东南部 6 个州 18 所学校的高中生，共计 728 名。希望是帮助人们参与和解决问题的重要组成部分。气候变化是人类面临的最具挑战性的环境问题之一。当人们充满希望时，更有可能去解决气候变化带来的环境问题。青少年如果对气候变化充满悲观和无助，就很难在适应和减缓气候变化的行动中发挥作用。因此，面对青少年的气候变化教育项目需要更多地关注希望感的建立，以及促进青少年对这一问题的理解，因为满怀希望的青少年更有可能积极地参与减缓和适应气候变化的行动中[①]。

CCHS 中调查的问题主要包括以下几个方面，即学生关于气候变化的认知、学生对采取气候友好行为的信念、学生对气候友好行为的看法、学生对气候变化解决方案的希望和对气候变化的关注。

CCHS 的研究发现，对气候变化的关注与希望之间的关系呈现正相关，并且受到多种因素的间接影响。强烈关注气候变化的青少年可能会抱有更高程度的希望，从而有更高的意愿去寻找有效的气候变化应对策略。如果气候变化教育能提高学生对气候变化的关注水平和应对气候变化的能力，那么对气候变化的希望就更有可能增加。个人和社会能够在应对气候变化方面发挥作用的有效性信念给应对气候变化带来了希望。因此，气候变化教育要为学生提供机会，让他们看到个人和社会能够解决气候变化引起的问题的成功实践，从而对应对气候变化树立信心。

7.4.2.2 六类态度的美国公民调查 (SASSY)

要在全球范围内减少温室气体的排放，就需要公众支持气候和能源政策。受众细分（即在人口中确定一致群体的过程）可用于提高公众参与气候变化活动的有效性。自 2008 年以来，耶鲁大学气候变化交流项目和乔治梅森大学气候变化交流中心联合开展了著名的美国公民全球变暖观点调查，将美国人划分为六种类型，每种类型划分的依据为受访者在

① LI C J, MONROE M C. Exploring the essential psychological factors in fostering hope concerning climate change[J]. Environmental Education Research, 2019, 25(6):936-954.

气候变化的信念、态度、问题参与、行为和政策偏好方面的差异①。

初始问卷有 36 道题目，用于对六种类型的美国公民进行测试，且包括三大类变量：对全球变暖的看法、应对行为和政策偏好。其中对全球变暖的看法类别包括对全球变暖的信念和参与该问题的程度。初始问卷需要作答的时间超过 50 分钟，许多参与者没有耐心完成整份问卷。SASSY 结合了 14 个国家的样本和机器学习算法，从最初的 36 道题目中选择了 4 道题目，来进行最终的调查。改进的 4 道题目涵盖了受访者对全球变暖风险的认知、担忧、预期对后代的危害以及个人对这个问题的重要性，分别为：

· 你认为全球变暖会给后代带来多大的伤害？

· 全球变暖问题对你个人来说有多重要？

· 你对全球变暖有多担心？

· 你认为全球变暖会对你个人造成多大的伤害？

该研究划分了六类对气候变化持有不同态度的公民群体。"警惕者（Alarmed）"是最关注气候变化的人群。他们非常确信气候变化是人为造成的，气候变化是一个严重而紧迫的威胁，并在积极地采取气候友好行为。"关注者（Concerned）"也相信气候变化是一个严重的问题，但他们较少参与这个问题。"谨慎者（Cautious）"认为全球变暖是一个问题，但他们不认为气候变化是对个人的威胁，也没有通过个人或社会行动来解决问题的紧迫感。"脱离气候变化者（Disengaged）"没有过多地考虑气候变化这个问题。"怀疑者（Doubtful）"中有认为全球变暖正在发生的人，也有认为没有发生的人，也有不知道的人。这个群体中的许多人认为，如果全球变暖真的发生了，那么它是由环境的自然变化引起的，即使会对人类造成伤害，也不会在未来几十年内对人类造成伤害。最后，"不屑一顾者（Dismissive）"和"警惕者"一样，能够参与全球气候变化这一问题中来，但他们的立场是相反的。这一群体的绝大多数人相信全球变暖并没有发生，对人类或自然环境都没有威胁，也不是一个需要个人或社会解决的问题。图 7-4-2 展示了 SASSY 划分的六类群体的情况。

① MAIBACH E W, LEISEROWITZ A, ROSER-RENOUF C, et al. Identifying like-minded audiences for global warming public engagement campaigns: an audience segmentation analysis and tool development[J]. PLoS One, 2011, 6(3): e17571.

| 7% | 11% | 12% | 19% | 33% | 18% |

不屑一顾者　　怀疑者　　脱离气候变化者　　谨慎者　　　关注者　　　警惕者
(Dismissive) (Doubtful) (Disengaged) (Cautious) (Concerned) (Alarmed)

对应对气候变化缺少信心　　　　　　　　　　　　对应对气候变化更有信心
低积极性　　　　　　　　　　　　　　　　　　　高积极性
低关注度　　　　　　　　　　　　　　　　　　　高关注度

图 7-4-2　2011 年 SASSY 群体分类结果

7.4.2.3　德国和奥地利青少年气候变化意识类型问卷（GACCA）

GACCA 的受访者是来自德国和奥地利的 13—16 岁的青少年，共计 760 名。青少年在社会文化背景、价值观、兴趣等方面都存在着一定的差异。假设他们的气候变化意识也存在这些方面的差异，那么这些差异就应该在气候变化教育中加以考虑。该研究使用"气候变化意识（climate change awareness）"来概括青少年参与创建气候友好社会的多项因素，用认知、情感、意志、行为等方面的内容来解释气候意识。该研究旨在确定青少年应对气候变化的不同群体及其在气候变化意识方面的差异和需求[①]。该研究所运用的理论框架主要基于 2012 年提出的环境素养要素的假设模型，该模型包括五个因素：知识、态度、关注、责任和活动，所有因素都相互影响[②]。

德国和奥地利青少年气候变化意识类型问卷是一份在线问卷，主要由封闭式问题（打分问题）和少量开放式问题组成。问卷主要包括以下五个方面：①对气候变化的兴趣与责任；②对气候变化的关注程度；③对气候变化的认知；④对气候变化的推动行为；⑤气候友好行为。

该研究通过聚类分析，根据气候变化意识水平，将青少年分为四个群体。从低到高依次为积极关注群体（Concerned Activists）、适当关注群体（Charitables）、懈怠群体（Paralyzed）和脱离气候变化群体

---

①　KUTHE A, KELLER L, KöRFGEN A, et al. How many young generations are there?-a typology of teenagers' climate change awareness in Germany and Austria[J]. The Journal of Environmental Education, 2019, 50(3): 172-182.

②　TEKSOZ G, SAHIN E, TEKKAYA-OZTEKIN C. Modeling environmental literacy of university students[J]. Journal of Science Education and Technology, 2011, 21 (1): 157-166.

气候变化教育

(Disengaged)。如图 7-4-3 所示，在比较不同群体的青少年的意识水平时，可以很明显地看出，各个群体在气候变化意识水平上有很大的差异，其中有两个群体的意识水平更接近平均值。意识水平最高的一组为"积极关注群体"，因为他们除了认知水平外，在所有量表中得分最高。"适当关注群体"的青少年意识水平次之，而"懈怠群体"的得分略低于"适当关注群体"。"脱离气候变化群体"是气候变化意识水平最低的群体。

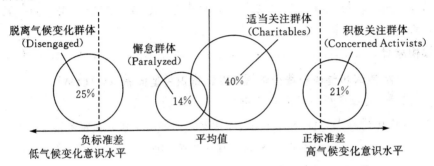

图 7-4-3　GACCA 中四种青少年群体的气候变化意识水平[①]

该研究通过提供不同群体青少年关于气候变化意识的情况，以及如何在这方面解决他们的问题，对气候变化教育项目作出了巨大的贡献。每个群体都有其环境教育需要满足的需求和前提条件。

"积极关注群体"的青少年已经意识到气候变化的重要性并愿意采取气候友好行为。但该群体的气候变化认知水平不高，通过提供基于科学事实的可靠信息来建立他们对这个问题的认识是有帮助的，这样能使他们积极地采取气候友好行为并做出明智的决定。

人数最多的群体是"适当关注群体"，虽然他们在日常生活中不是很关心气候变化，但他们很愿意采取气候友好行为。对于这一群体来说，可能会特别关注气候变化中某些具体的方面，比如对日常或未来生活的影响。因此，可以将这些影响与青少年的经历联系起来，以减少与气候变化的心理距离。

最小的群体"懈怠群体"也关注气候变化，但不愿采取气候友好行

①　KUTHE A,KELLER L,KöRFGEN A,et al. How many young generations are there?-a typology of teenagers' climate change awareness in Germany and Austria[J]. The Journal of Environmental Education,2019,50(3):172-182.

为，因为他们质疑自己产生影响的能力。也就是说，这类青少年进行气候友好行为的意志力不足。教育者可以通过强调他们的影响范围，让他们意识到日常生活中的相关具体行动也会对降低气候变化带来的负面影响有所帮助。

"脱离气候变化群体"的青少年并不是对气候变化持怀疑态度，而是不在意气候变化的严重性。在脱离气候变化群体的日常生活中，有些问题比如找工作或其他全球问题可能比气候变化更加紧迫。面对这种情况，教育者可以将气候变化与日常生活中的其他问题联系起来，或是通过同伴教育来影响他们。

案例研讨

德国和奥地利青少年气候变化意识类型问卷（GACCA）

1. 对气候变化的兴趣与责任：

（请按同意程度打分，1—6分，1分代表最低，6分代表最高）

（1）你对"气候变化"这个话题有多感兴趣？

（2）我有责任采取气候友好行为。

（3）我能够为应对气候变化做出贡献。

（4）如果国际社会合作，全球升温的幅度可以被控制在2—4℃以内。

（5）我有意愿减少个人行为产生的碳排放。

2. 对气候变化的关注程度：在你看来，以下领域在多大程度上受到气候变化的影响？

（请按关注程度打分，1—6分，1分代表最低，6分代表最高）

（1）我自己的生活。

（2）我的家庭生活。

（3）生活在这个大洲的人们。

3. 对气候变化的认知：在你看来，以下的陈述是对的还是错的？

（请按正确程度打分，1—6分，1分代表最低，6分代表最高）

（1）由于气候变化，世界所有地区的气温将同等上升。

（2）如果全球二氧化碳排放停止，冰川融化将立即停止。

（3）雪山冰原等地的冬季旅游没有受到气候变化的影响。

（4）气候变化主要是人类活动引起的。

4. 对气候变化的推动行为：你进行以下行为的频率如何？

（请按频率打分，1—6分，1分代表未做过，6分代表经常做）

气候变化教育

（1）我和朋友们讨论气候变化问题。

（2）我和家人讨论气候变化问题。

（3）我试图影响我的朋友们采取气候友好行为。

（4）我试图影响我的家人采取气候友好行为。

5. 气候友好行为：你进行以下行为的频率如何？

（请按频率打分，1—6分，1分代表未做过，6分代表经常做）

（1）不在家的时候，我会关闭空调。

（2）我在买新东西之前，会将已有的东西先修理一下。

（3）我在买东西之前，我会仔细考虑我是否需要它。

（4）我喜欢买包装小的东西。

（5）当我不需要电子设备时，我会关掉它们。

（6）洗澡时，我会尽量节约用水。

（7）我会对垃圾进行分类，促进物质资源的可持续再利用。

（8）当我不需要的时候，我就将灯关闭。

问题研究

1. 你认为德国和奥地利青少年气候变化意识类型问卷根据哪些态度指标测评了学生的气候变化素养？

2. 在德国和奥地利青少年气候变化意识类型问卷的基础上，你还能设计哪些题目来测评学生的气候变化态度？

7.4.3 综合性问卷

7.4.3.1 美国青少年气候变化调查问卷（AKCC）

这项研究是在耶鲁大学气候变化交流项目中进行的，由美国国家科学基金会资助，是与科学协会合作的气候变化交流计划的一部分。AKCC是针对美国 13—17 岁的青少年和成年人的全国性调查。该研究调查了美国初中和高中青少年对气候系统如何运作，全球变暖的原因、影响和潜在解决方案的理解。

2011 年 AKCC 面向成人和青少年的气候变化调查问卷共包含 53 道题目。关于气候变化的内容可以分为以下几个类别：关于气候系统如何工作的知识；关于全球变暖的原因、后果和潜在解决方案的知识；从历史和地理角度对人类造成的全球变暖进行背景知识分析；个人与集体应对气候变化行动的知识。这项研究还包括了与这些关键内容相关的知识，如公众对更多信息的渴望、对不同信息来源的信任、气候变化风险感知、气候变化政策偏好和行为等。

这份报告评估了美国青少年和成年人在气候变化知识上的差异。该研究采用直接评分法，结果显示，25％的青少年获得及格，而美国成年人及格的比例为30％。相较于成年人，青少年对气候系统如何运作以及气候变化的原因、后果和解决方案的了解更少，青少年在气候变化知识储备方面存在许多不足。这项研究还发现了青少年对气候变化产生了一些严重的误解，这些误解导致许多青少年不明白气候变化的真正原因，因此对气候变化的解决方案产生了误解。例如，相当一部分的青少年认为臭氧层空洞是全球变暖的首要原因。

AKCC基于耶鲁大学气候变化交流项目进行，是一项持续时间长、面向对象广的调查。研究团队于2014年、2017年和2019年进行了大范围调查，每一次调查都根据前几次的调查结果对问卷内容进行调整。作为综合型的气候变化素养调查问卷，AKCC中虽有态度成分，但区分并不明显，题目数量也相对较少。态度的评价是相对复杂的，如何评估学生群体对气候变化的态度，目前仍没有一个统一的标准。在进行调查时需注意评估学生气候变化态度的重要性，问卷中应增加态度部分的相关题目。

7.4.3.2　气候变化科学态度调查问卷（ACSI）

ACSI的受访者是来自五个欧洲国家（法国、挪威、意大利、荷兰和西班牙）的中学生，共计671名。该研究的贡献在于开发了一种测量学生对科学和气候变化的态度以及他们的环境友好行为的工具。ACSI是一种有效、可靠、多维和易于使用的工具，从学生态度、知识和行为等方面为科学和环境教育提供有价值的见解[1]。

ACSI共包括三个部分。第一部分包含了12道关于背景变量的题目，背景变量有性别、年龄、学校、父母的教育水平、成绩以及学生家庭中是否有科学家等内容。第二部分包括39道题目，内容涉及对科学和气候

① DIJKSTRA E M,GOEDHART M J.Development and validation of the ACSI: measuring students' science attitudes, pro-environmental behaviour, climate change attitudes and knowledge[J]. Environmental Education Research,2012,18(6):733-749.

变化的态度，主要包括：①对学校教授的科学的态度；②对科学的社会影响的态度；③对科学家的态度；④对科学事业的态度；⑤对气候变化紧迫性的态度；⑥对支持环保的行为的态度。态度部分的选项是从以下五个选项中选择一个：非常不同意、不同意、中立、同意和非常同意。最后一部分是关于气候变化的知识测试，有 12 道题目。内容包括气候变化的人为原因、气候变化与臭氧层变薄和气候变化的影响（海平面上升、干旱、森林酸化、动物灭绝等）。

问卷调查结果显示，学生对科学和环境的态度是积极的，学生最积极地看待科学的社会影响，而对科学事业态度的得分最低。气候变化知识测试对一些学生来说是比较困难的，平均正确率为 48％。在背景变量上，低年级学生、女学生和成绩较高的学生在统计上显示出更积极的态度和行为。女学生在对待科学家的态度和亲环境行为方面得分更高。然而，在知识测试中，男生比女生得分更高。在对待科学家的态度、科学职业、气候变化紧迫性和亲环境行为方面，年龄较大的学生得分低于年轻学生，但年龄大的学生在气候变化知识测试方面的得分较高。

研究人员对学生气候变化态度有更广泛的了解，就能够更好地评估具体的科学和环境课程对学生的知识、态度和行为的影响。ACSI 的结果可以帮助教育者在学校课程中处理与科学和环境有关的态度问题，这些态度问题可能有助于引导学生产生对科学职业的向往并促使学生采取环境保护的行为。提高学生积极态度的一个方法是进行科学和环境相关的活动，这些活动可以被纳入中学气候变化教育的课程中。

案例研讨 ～～

气候变化科学态度调查问卷（ACSI）

背景信息

姓名：　　　　性别：　　　　年龄：　　　　学校：　　　　年级：

（以下题目请回答"非常不同意/不同意/中立/同意/非常同意"）

1. 对学校教授的科学的态度

（1）我在科学课上能学到有趣的知识。

（2）我想在学校少学一些科学知识。

（3）我期待着上科学课。

（4）在科学课上学到的东西对我很有用。

（5）科学课是很有趣的。

（6）科学是学校里最有趣的科目之一。

（7）科学课让我感到厌烦。

2. 对科学的社会影响的态度

（1）用于科学项目的钱是浪费的。

（2）科学发现弊大于利。

（3）科学可以使世界变得更美好。

（4）科学是人类最大的敌人。

（5）科学让生活更美好。

（6）花在科学上的钱很值得。

3. 对科学家的态度

（1）科学家没有足够的时间和家人在一起。

（2）科学家不像其他人那么友好。

（3）科学家和其他人一样健康。

（4）科学家没有很多朋友。

4. 对科学事业的态度

（1）在实验室工作很有趣。

（2）当我毕业后，我想从事科学研究工作。

（3）毕业后我想成为一名科学家。

（4）科学家的工作很有趣。

（5）从事科学工作是枯燥乏味的。

5. 对气候变化紧迫性的态度

（1）人们应该更加关注气候变化。

（2）气候变化问题应放在首位。

（3）看到人们在气候变化问题上无所作为是令人恼火的。

（4）人们过于担心气候变化。

（5）气候变化的严重性被夸大了。

（6）气候变化是对世界的威胁。

6. 支持环保的行为

（1）我不浪费水。

（2）我不浪费食物。

（3）我把大部分废物分开回收利用。

（4）我更喜欢使用公共交通或自行车出行。

气候变化教育

（5）当我离开一个房间时，我会将灯关掉。

（6）当我不用电脑的时候，我会将它关掉。

（7）我试着节约能源。

（8）我觉得当前人类最重要的是要保护好环境。

7. 知识测评（回答正确/错误/不知道）

（1）当前的气候变化大部分是由于人类活动产生的温室气体造成的。

（2）如果我的城市今年夏天会有热浪，那就意味着气候在变化。

（3）气候变化仅被定义为地球表面温度的上升。

（4）气候变化是臭氧层变薄的结果。

（5）气候变化的部分原因是重金属排放的增加。

（6）海平面上升和干旱是气候变化的一些后果。

（7）气候变化和皮肤癌之间有直接联系。

（8）海洋可以吸收人类排放的二氧化碳。

（9）由于气候变化，将会出现氧气不足的情况。

（10）由于气候变化，海洋中的水将会膨胀。

（11）森林的酸化是气候变化的结果。

（12）由于气候变化，某些动植物可能会灭绝。

问题研究

1. 你认为气候变化科学态度调查问卷从哪些方面测评了学生的气候变化素养？

2. 在气候变化科学态度调查问卷的基础上，你还能设计哪些题目来测评学生的气候变化素养水平？

气候变化素养测评问卷设计的目的在于根据测评结果更好地在中学地理课堂中进行气候变化教育。进行气候变化教育之前，需要了解清楚学生气候变化素养的基本特征。教师可以根据学生的实际情况设计具体的气候变化素养测评问卷，根据问卷的调查结果来分析中学生的气候变化素养现状。现有的问卷测评结果可以总结为以下几点：①学生对气候变化的相关概念普遍存在误解；②大部分学生对气候变化持有积极乐观的态度；③多数的学生知道并愿意参与应对全球气候变化的气候友好行为。本章简要介绍了国际上较为权威的测评问卷，其研究结果可能会与我国中学生的实际情况有所出入，但仍可以作为教师开展气候变化教育的参考。

第7章　中学生气候变化素养测评

本章小结

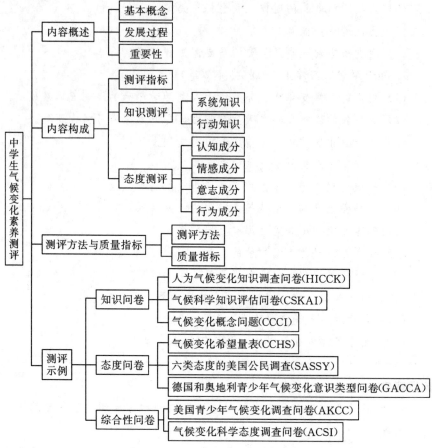

平台链接

NOAA 气候素养 https：//www. climate. gov /teaching /climate

耶鲁气候变化问卷 2021 https：//www. wjx. cn /vj /hX0JPrg. aspx

耶鲁大学气候变化交流项目——六类气候变化态度的美国人 https：//
climatecommunication. yale. edu /about /projects /global-warmings-six-
americas /

参考资料

一、中文资料

[1] 张钰. 科学与社会视角下的气候传播策略研究 [D]. 青岛：青岛大学，2020.

[2] 成里京. SROCC：海洋热含量变化评估 [J]. 气候变化研究进展，2020，16 (2)：172-181.

[3] 戴民汉，翟惟东，鲁中明，等. 中国区域碳循环研究进展与展望 [J]. 地球科学进展，2004 (1)：120-130.

[4] 高晓清，汤懋苍，朱德琴. 关于气候系统与地球系统的若干思考 [J]. 地球物理学报，2004 (2)：364-368.

[5] 耿元波，董云社，孟维奇. 陆地碳循环研究进展 [J]. 地理科学进展，2000 (4)：297-306.

[6] 构建绿色低碳循环可持续发展的钢铁工业发展体系 [J]. 科技导报，2021，39 (16)：56-61.

[7] 贺仕昌，张远辉，陈立奇，等. 海洋酸化研究进展 [J]. 海洋科学，2014，38 (6)：85-93.

[8] 黄必城，苏涛，封国林. 全球海洋蒸发量年代际变化归因：动力因子分析 [J]. 大气科学，2019，43 (3)：525-538.

[9] 焦念志. 微生物碳泵理论揭开深海碳库跨世纪之谜的面纱 [J]. 世界科学，2019 (10)：38-39.

[10] 朴世龙，张新平，陈安平，等. 极端气候事件对陆地生态系统碳循环的影响 [J]. 中国科学：地球科学，2019，49 (9)：1321-1334.

[11] 秦大河，姚檀栋，丁永建，等. 冰冻圈科学体系的建立及其意

参考资料

义 [J]．中国科学院院刊，2020，35（4）：394-406．

[12] 曲建升，孙成权，张志强，等．全球变化科学中的碳循环研究进展与趋向 [J]．地球科学进展，2003（6）：980-987．

[13] 孙军，李晓倩，陈建芳，等．海洋生物泵研究进展 [J]．海洋学报，2016，38（4）：1-21．

[14] 汤懋苍．岩石圈强迫对气候变化的作用 [J]．气象科学，1995（4）：2-6．

[15] 陶波，葛全胜，李克让，等．陆地生态系统碳循环研究进展 [J]．地理研究，2001（5）：564-575．

[16] 王绍武．冰雪覆盖与气候变化 [J]．地理研究，1983（3）：73-86．

[17] 王友绍．海洋生态系统多样性研究 [J]．中国科学院院刊，2011，26（2）：184-189．

[18] 林朝晖，曾庆存．气候系统及模式中反馈机制研究 I．概念和方法 [J]．气候与环境研究，1998（1）：2-15．

[19] 邬炜，赵腾，李隽，等．考虑碳预算与碳循环的能源规划方法及建议 [J]．电力建设，2021，42（10）：1-8．

[20] 夏建阳，鲁芮伶，朱辰，等．陆地生态系统过程对气候变暖的响应与适应 [J]．植物生态学报，2020，44（5）：49-514．

[21] 谢君毅，徐侠，蔡斌，等．"碳中和"背景下碳输入方式对森林土壤活性氮库及氮循环的影响 [J]．南京林业大学学报（自然科学版），2022，46（2）：1-11．

[22] 尹彩春，赵文武，李琰，等．气候系统中临界转变的研究进展与展望 [J]．地球科学进展，2021，36（12）：1313-1323．

[23] 张志强，曲建升，曾静静．温室气体排放评价指标及其定量分析 [J]．地理学报，2008（7）：693-702．

[24] 赵树云，孔铃涵，张华，等．IPCC AR6 对地球气候系统中反馈机制的新认识 [J]．大气科学学报，2021，44（6）：805-817．

[25] 赵伟，张文，刘鹏，等．河北平原小青龙河流域地表径流变化分析 [J]．水电能源科学，2021，39（12）：25-27．

气候变化教育

[26] 郑益群，钱永甫，苗曼倩，等. 植被变化对中国区域气候的影响 I：初步模拟结果 [J]. 气象学报，2002（1）：1-16.

[27] 杨向东. 教育测量在教育评价中的角色 [J]. 全球教育展望，2007，（11）：15-25.

[28] 袁建林，刘红云. 核心素养测量：理论依据与实践指向 [J]. 教育研究，2017，38（7）：21-28.

[29] 周林焱，李凤亭，单习章. 基于四个独立样本的中国版环境关心量表（CNEP）的检验 [J]. 干旱区资源与环境，2022，36（2）：78-83.

[30] HUNT B. G，高良成. 地球自转速率变化对气候的影响 [J]. 气象科技，1982（5）：59-62.

[31] 周天军，陈梓明，邹立维，等. 中国地球气候系统模式的发展及其模拟和预估 [J]. 气象学报，2020，78（3）：332-350.

[32] 樊星，秦圆圆，高翔. IPCC 第六次评估报告第一工作组报告主要结论解读及建议 [J]. 环境保护，2021，49（Z2）：44-48.

[33] 郭建平. 气候变化对中国农业生产的影响研究进展 [J]. 应用气象学报，2015，26（1）：1-11.

[34] 蒋样明，彭光雄，邵小东. 自然驱动是全球气候变化的重要因素 [J]. 气象与环境科学，2011，34（2）：7-13.

[35] 李国栋，张俊华，焦耿军，等. 气候变化对传染病爆发流行的影响研究进展 [J]. 生态学报，2013，33（21）：6762-6773.

[36] 李平原，刘秀铭，刘植，等. 火山活动对全球气候变化的影响 [J]. 亚热带资源与环境学报，2012，7（1）：83-88.

[37] 彭公炳，陆巍，殷延珍. 地极移动与气候的几个问题 [J]. 大气科学，1980（4）：369-378.

[38] 彭公炳. 地极移动对气候变化的影响及其在气候预测中的应用 [J]. 气象科技资料，1973（3）：54-58.

[39] 钱永甫，王谦谦，钱云，等. 青藏高原等大地形和下垫面的动力和热力强迫在东亚和全球气候变化中作用的新探索 [J]. 气象科学，1995（4）：7-16.

参考资料

[40] 石晓丽，史文娇. 气候变化和人类活动对耕地格局变化的贡献归因综述 [J]. 地理学报，2015，70 (9)：1476.

[41] 宋晨阳，王锋，张韧，等. 气候变化背景下我国城市高温热浪的风险分析与评估 [J]. 灾害学，2016，31 (1)：201-206.

[42] 宋晓猛，张建云，占车生，等. 气候变化和人类活动对水文循环影响研究进展 [J]. 水利学报，2013，44 (7)：779-790.

[43] 孙颖. 人类活动对气候系统的影响：解读 IPCC 第六次评估报告第一工作组报告第三章 [J]. 大气科学学报，2021，44 (5)：654-657.

[44] 肖子牛，钟琦，尹志强，等. 太阳活动年代际变化对现代气候影响的研究进展 [J]. 地球科学进展，2013，28 (12)：1335-1348.

[45] 叶兴庆，程郁，张玉梅，等. 我国农业活动温室气体减排的情景模拟、主要路径及政策措施 [J]. 农业经济问题，2022 (2)：4-16.

[46] 张渊媛，薛达元. 气候公约的背景、履约进展、分歧与展望 [J]. 中国人口·资源与环境，2014，24 (S2)：1-5.

[47] 唐博文. 从国际经验看中国农业温室气体减排路径 [J]. 世界农业，2022 (3)：18-24.

[48] 陈敏鹏.《联合国气候变化框架公约》适应谈判历程回顾与展望 [J]. 气候变化研究进展，2020，16 (1)：105-116.

[49] 高云，高翔，张晓华. 全球 2℃ 温升目标与应对气候变化长期目标的演进：从《联合国气候变化框架公约》到《巴黎协定》 [J]. Engineering，2017，3 (2)：262-276.

[50] 张强，韩永翔，宋连春. 全球气候变化及其影响因素研究进展综述 [J]. 地球科学进展，2005 (9)：990-998.

[51] 仲雷，葛楠，马耀明，等. 利用静止卫星估算青藏高原全域地表潜热通量 [J]. 地球科学进展，2021，36 (8)：773-784.

[52] 唐伟挺，余晓盈，邹苑，等. 人造肉的研究现状、挑战及展望 [J]. 食品研究与开发，2022，43 (6)：190-199.

[53] 易兰，贺倩，李朝鹏，等. 碳市场建设路径研究：国际经验及对中国的启示 [J]. 气候变化研究进展，2019，15 (3)：232-245.

[54] 核心素养研究课题组. 中国学生发展核心素养 [J]. 中国教育

气候变化教育

学刊，2016，（10）：1-3.

[55] 洪大用，范叶超，肖晨阳. 检验环境关心量表的中国版（CNEP）：基于 CGSS2010 数据的再分析 [J]. 社会学研究，2014，29（4）：49-72.

[56] 洪大用. 环境关心的测量：NEP 量表在中国的应用评估 [J]. 社会，2006，（5）：71-92.

[57] 贾留战. 教育测量中问卷信效度的概念与检验方法的演变 [J]. 当代教育实践与教学研究，2020，（12）：68-70.

[58] 申丹娜，齐明利，唐伟. 气候素养提高之思考 [J]. 自然辩证法研究，2019，35（3）：56-61.

[59] 申丹娜，贺洁颖. 国外气候变化教育进展及其启示研究 [J]. 气候变化研究进展，2019，15（6）：704-708.

[60] 张国玲. UNESCO 积极推动气候变化教育 [J]. 世界教育信息，2019，32（2）：71.

[61] 赵绘宇. 美国国内气候变化法律与政策进展性研究 [J]. 东方法学，2008（06）：111-118.

[62] 祝怀新，刘晓楠. 基于环境学习的基础教育质量观：美国 EIC 模式的实践与探索 [J]. 课程·教材·教法，2005（2）：85-89.

[63] 李海东. 从边缘到中心：美国气候变化政策的演变 [J]. 美国研究，2009，23（2）：20-35.

[64] 王永强. 欧美发达国家中小学课程改革的特点与启示 [J]. 当代教育论坛，2003（9）：100-103.

[65] 张婷婷，董筱婷. 联合国教科文组织积极推行气候变化教育 [J]. 比较教育研究，2013，35（4）：106-107.

[66] 祝怀新，刘晓楠. 西班牙环境教育的政策与实践探析 [J]. 外国教育研究，2004（7）：61-64.

[67] 国家教委. 国家教委关于现行普通高中教学计划的调整意见 [J]. 人民教育. 1990（6）：9-10.

[68] 彭斯震，何霄嘉，张九天，等. 中国适应气候变化政策现状、问题和建议 [J]. 中国人口·资源与环境，2015，25（9）：1-7.

参考资料

[69] 柴慈瑾，田青，杨珂，等. 全球环境教育的进展与趋势分析[J]. 北京师范大学学报（社会科学版），2009，(6)：135-137.

[70] 印卫东. 环境教育的新理念：从"卢卡斯模式"谈起[J]. 教育研究与实验，2009 (S2)：19-22.

[71] 王民，蔚东英，霍志玲. 论环境教育与可持续发展教育[J]. 北京师范大学学报（社会科学版），2006，(3)：131-136.

[72] 王雪琦，陈进. 影响中国沿海地区青少年气候变化减缓意愿及行为的因子分析[J]. 气候变化研究进展，2021，17 (02)：212-222.

[73] 尹海霞，朱雪梅. 科学精神与人文底蕴相融合的高中地理教学探究：以"全球气候变暖"为例[J]. 地理教学，2020 (05)：21-25.

[74] 周瑜，陈实，常珊珊，等. 高中地理实施气候变化教育的教材基础与教学策略[J]. 地理教学，2021 (22)：10-14.

[75] 祝怀新. 面向可持续发展：环境教育新理念[J]. 教育理论与实践，2001 (12)：16-19.

[76] 杨尊伟. 面向2030可持续发展教育目标与中国行动策略[J]. 全球教育展望，2019，48 (6)：12-23.

[77] 方修琦，曾早早. 地理教育中的气候变化教育[J]. 地理教学，2014，(3)：3-6.

[78] 孟献华，倪娟. 气候变化教育：联合国行动框架及其启示[J]. 比较教育研究，2018，40 (6)：35-44.

[79] 于雷，段玉山，马倩怡. 国际气候变化教育研究进展及对我国气候变化教育的启示[J]. 地理教学，2022，(2)：41-46.

[80] 陈佑清. 在与活动的关联中理解素养问题：一种把握学生素养问题的方法论[J]. 教育研究，2019，40 (6)：60-69.

[81] 刘涛. 环境传播的九大研究领域（1938—2007）：话语、权力与政治的解读视角[J]. 新闻大学，2019 (4)：97-104.

[82] 罗艳菊，张冬，黄宇. 城市居民环境友好行为意向形成机制的性别差异[J]. 经济地理，2012，32 (9)：74-79.

[83] 王玉洁，陈克垚，周波涛，等. 气候变化知识传播之思考[J]. 气候变化研究进展，2016，12 (2)：162-166.

[84] 龚文娟. 当代城市居民环境友好行为之性别差异分析 [J]. 中国地质大学学报 (社会科学版), 2008, (6)：37-42.

[85] 孙岩, 武春友. 环境行为理论研究评述 [J]. 科研管理, 2007, (3)：108-113.

[86] 陆益龙. 水环境问题、环保态度与居民的行动策略：2010CGSS 数据的分析 [J]. 山东社会科学, 2015 (1)：70-76.

[87] 田慧生. 关于活动教学几个理论问题的认识 [J]. 教育研究, 1998, (4)：46-53.

[88] 王道俊. 把活动概念引入教育学 [J]. 课程·教材·教法, 2012, 32 (7)：3-7.

[89] 陈诗吉, 李依铭. 高中地理网络互动教学模式的研究与实践：以"全球气候变化"为例 [J]. 地理教学, 2015 (24)：26-29.

[90] 陈涛, 谢宏佐. 大学生应对气候变化行动意愿影响因素分析：基于 6643 份问卷的调查 [J]. 中国科技论坛, 2012 (1)：138-142.

[91] 方修琦, 曾早早. 地理教育中的气候变化教育 [J]. 地理教学, 2014 (3)：3-6.

[92] 李子建, 尹弘飚. 后现代视野中的课程实施 [J]. 华东师范大学学报 (教育科学版), 2003 (1)：21-33.

[93] 崔允漷. 课程实施的新取向：基于课程标准的教学 [J]. 教育研究, 2009 (1)：74-79.

[94] 申丹娜, 齐明利, 唐伟. 气候素养提高之思考 [J]. 自然辩证法研究, 2019, 35 (3)：56-61.

[95] 明轩. 国外课堂教学技巧研究之二小组讨论活动的组织技巧 [J]. 外国中小学教育, 1999 (5)：27-31.

[96] 刘鹏. 基于具身认知理论的教学活动设计研究 [J]. 中国教育技术装备, 2015 (14)：89-91.

[97] 马晓羽, 葛鲁嘉. 基于具身认知理论的课堂教学变革 [J]. 黑龙江高教研究, 2018 (1)：5-9.

[98] 姚利民, 杨莉. 课堂讨论国外研究述评 [J]. 外国中小学教育, 2015 (7)：60-65.

参考资料

[99] 翟子豪. 中国青少年气候变化及环保意识调查报告 [J]. 教育研究, 2015, 36 (11)：111-116.

[100] 王志超, 张博文, 倪嘉轩, 等. 微塑料对土壤水分入渗和蒸发的影响 [J]. 环境科学, 2022, 43 (8)：4394-4401.

[101] 郭林茂, 王根绪, 宋春林, 等. 多年冻土区下垫面条件对坡面关键水循环过程的影响分析 [J]. 水科学进展, 2022, 33 (3)：401-415.

[102] JOY A. P. 21世纪的环境教育：理论、实践、进展与前景 [M]. 田青, 刘丰, 译. 中国轻工业出版社, 2002.

[103] 时伟. 教育学 [M]. 合肥：安徽大学出版社, 2020.

[104] 戴海琦, 张锋. 心理与教育测量：第4版 [M]. 广州：暨南大学出版社, 2018.

[105] 迈尔斯. 社会心理学：第11版 [M]. 侯玉波, 乐国安, 张智勇, 等译. 北京：人民邮电出版社, 2016.

[106] 彭聃龄. 普通心理学 [M]. 北京：北京师范大学出版社, 2019.

[107] 姜世中. 气象学与气候学 [M]. 北京：科学出版社, 2010.

[108] 金祖孟. 地球概论：第3版 [M]. 北京：高等教育出版社, 1997.

[109] 潘守文. 现代气候学原理 [M]. 北京：气象出版社, 1994.

[110] 张兰生, 方修琦, 任国玉. 全球变化 [M]. 北京：高等教育出版社, 2017.

[111] 周淑贞. 气象学与气候学：第3版 [M]. 北京：高等教育出版社, 1997.

[112] 邓海峰. 排污权：一种基于私语境下的解读 [M]. 北京：北京大学出版社, 2008.

[113] 袁世全, 冯涛. 中国百科大辞典 [M]. 北京：华夏出版社, 1990.

[114] 祝怀新. 环境教育的理论与实践 [M]. 北京：中国环境科学出版社, 2005.

气候变化教育

322

[115] 徐辉，祝怀新. 国际环境教育的理论与实践 [M]. 北京：人民教育出版社，1998.

[116] 陈丽鸿. 中国生态文明教育理论与实践 [M]. 北京：中央编译出版社，2019.

[117] 张建珍. 中学地理教育走向"田野"意义、方法与保障 [M]. 杭州：浙江大学出版社，2017.

[118] 田青，胡津畅，刘健，等. 环境教育与可持续发展的教育联合国会议文件汇编 [M]. 北京：中国环境科学出版社，2011.

[119] 史根东，王桂英. 可持续发展教育基础教程 [M]. 北京：教育科学出版社，2009.

[120] 王民. 可持续发展教育概论 [M]. 北京：地质出版社，2006.

[121] 徐辉，祝怀新. 国际环境教育的理论与实践 [M]. 北京：人民教育出版社，1998.

[122] 贺国伟. 现代汉语同义词词典 [M]. 上海：上海辞书出版社，2009.

[123] 邵培仁. 传播学 [M]. 北京：高等教育出版社，2000.

[124] 董璐. 传播学核心理论与概念 [M]. 北京：北京大学出版社，2008.

[125] 郑保卫. 气候传播理论与实践气候传播战略研究 [M]. 北京：人民日报出版社，2011.

[126] 陈佑清. 教育活动论 [M]. 南京：江苏教育出版社，2000.

[127] PADILLA M J. 科学探索者：第 3 版 [M]. 万学，译. 杭州：浙江教育出版社，2018.

[128] 樊杰，高俊昌. 普通高中教科书：地理必修第二册 [M]. 北京：人民教育出版社，2019.

[129] 王飞，贺文琴，胡倩倩. 新教学理念下的英语教学研究 [M]. 西安：西北工业大学出版社，2020.

[130] 王民. 普通高中教科书：地理必修第二册 [M]. 北京：中国地图出版社，2019.

[131] 王建，仇奔波. 普通高中教科书：地理必修第二册 [M]. 济

南：山东教育出版社，2019.

　　[132] 陈佑清. 教育活动论 [M]. 南京：江苏教育出版社，2000.

　　[133] 葛全胜. 公民行动：气候变化中的人类自觉 [M]. 北京：学苑出版社，2010.

　　[134] 中华人民共和国教育部. 义务教育地理课程标准（2022 年版）[S]. 北京：北京师范大学出版社，2022：78-84.

　　[135] 中华人民共和国教育部. 普通高中地理课程标准（2017 年版2020 年修订）[S]. 北京：人民教育出版社，2020：8-26.

　　[136] 中国科学院. 纪念竺可桢先生诞辰 120 年[EB/OL]. （2010-03-26）[2022-02-26]. https://www. cas. cn/zt/rwzt/jnzkz/jnzkzxsbg/201003/t20100326 _ 2807874. shtml.

　　[137] 中华人民共和国国务院新闻办公室. 中国应对气候变化的政策与行动[EB/OL]. （2021-10-27）[2022-02-26]. http://www. mee. gov. cn/zcwj/gwywj/202110/t20211027 _ 958030. shtml? keywords ＝％ E6％B0％94％E5％80％99.

　　[138] 中共中央办公厅. 国务院办公厅印发粮食节约行动方案[EB/OL]. （2021-11-08）[2022-02-26]. http://www. mee. gov. cn/zcwj/zyygwj/202111/t20211108 _ 959455. shtml.

　　[139] 中华人民共和国国务院新闻办公室. 中华人民共和国气候变化第三次国家信息通报 [EB/OL]. （2018-11-01）[2019-10-31]. https://www. ccchina. org. cn/archiver/ccchinacn/UpFile/Files/Default/20191031142451943162.pdf.

　　[140] 中国碳排放交易网. 科斯定理与碳排放权交易[EB/OL]. （2015-11-25）[2022-02-03]. http://www. tanpaifang. com/tanguwen/2015/1125/49174. html.

　　[141] 向江林，张寿林. 全国碳市场还需建设国际化碳交易体系为对接全球市场奠定基础[EB/OL]. （2021-12-22）[2022-01-28]. http://www. tanpaifang. com/tanjiaoyi/2021/1222/81297. html.

　　[142] 社投盟. 欧盟碳市场繁荣的背后 [EB/OL]. （2021-09-07）[2022-02-02]. http://www. tanjiaoyi. com/article-34551-2. html.

[143] 华宝证券研究团队. 北美洲：加州总量控制与交易计划[EB/OL]. (2021-05-12) [2022-02-02]. http://www.tanpaifang.com/tangguwen/2021/0512/77833.html.

[144] 联合国. 联合国气候变化框架公约[R/OL]. (1992-05-09) [2022-02-03]. https://www.un.org/zh/documents/treaty/A-AC.237-18 (PARTII)-ADD.1.

[145] 联合国. 变革我们的世界：2030 年可持续发展议程[R/OL]. (2015-09-25) [2022-02-03]. https://www.un.org/zh/documents/treaty/A-RES-70-1.

[146] 联合国. 巴黎协定 [R/OL]. (2015-12-12) [2022-02-03]. https://www.un.org/zh/documents/treaty/FCCC-CP-2015-L.9-Rev.1.

[147] 联合国. 京都议定书[R/OL]. (1997-12-11) [2022-02-03]. https://unfccc.int/zh/kyoto_protocol.

[148] 国际碳行动伙伴组织. 全球碳市场进展 2021 年度报告[R/OL]. (2021-12-22) [2022-01-28]. https://icapcarbonaction.com/en/?option=com_attach&task=download&id=735.

[149] 科学技术部社会发展科技司, 科学技术部国际合作司, 中国 21 世纪议程管理中心. 中国碳捕集、利用与封存（CCUS）技术进展报告[R/OL]. (2019-03-11) [2022-02-04]. https://max.book118.com/html/2019/0311/6212030055002014.shtm.

[150] 中华人民共和国国务院新闻办公室. 1994 年 3 月 25 日国务院常务会议通过《中国 21 世纪议程（草案）》[R/OL]. (2011-03-25) [2022-02-07]. http//www.scio.gov.cn/wszt/wz/Document/880092/880092.htm.

[151] 中华人民共和国中央人民政府. 国务院关于印发中国 21 世纪初可持续发展行动纲要的通知[R/OL]. (2003-01-14) [2022-02-08]. http//www.gov.cn/gongbao/content/2003/content_62606.htm.

[152] 中华人民共和国教育部. 教育部关于印发《中小学环境教育实施指南（试行）》的通知[R/OL]. (2003-10-13) [2022-02-08]. http//www.moe.gov.cn/srcsite/AO6/s7053/200310/t20031013_181773.

参考资料

html.

[153] 中华人民共和国中央人民政府. 白皮书: 中国应对气候变化的政策与行动[R/OL]. (2008-10-29)[2022-02-09]. http//www.gov.cn/zhengce/2008-10/29/content_2615768.htm.

[154] 中华人民共和国教育部. 国家中长期教育改革和发展规划纲要（2010—2020 年）[R/OL]. (2010-07-29)[2022-02-09]. http//www.moe.gov.cn/srcsite/A01/s7048/201007/t20100729_171904.html.

[155] 中华人民共和国生态环境部. 关于印发《全国环境宣传教育行动纲要（2011—2015 年）》的通知[R/OL]. (2011-04-22)[2022-02-10]. https://www.mee.gov.cn/gkml/hbb/bwj/201105/t20110506_210316.htm.

[156] 中华人民共和国教育部. 教育部关于"十二五"职业教育教材建设的若干意见[R/OL]. (2012-11-13)[2022-02-10]. https://www.moe.gov.cn/srcsite/A07/moe_953/201211/t20121113_144702.html.

[157] 胡锦涛. 胡锦涛在中国共产党第十八次全国代表大会上的报告[R/OL]. (2012-11-18)[2022-02-10]. https://www.cpc.people.com.cn/n/2012/1118/c64094-19612151.html.

[158] 中华人民共和国中央人民政府. 中共中央国务院关于加快推进生态文明建设的意见[R/OL]. (2015-05-05)[2022-02-11]. http//www.gov.cn/xinwen/2015-05/05/content_2857363.htm.

[159] 中华人民共和国中央人民政府. 国务院关于印发国家教育事业发展"十三五"规划的通知[R/OL]. (2017-01-19)[2022-02-11]. http//www.gov.cn/zhengce/content/2017-01/19/content_5161341.htm.

[160] 中华人民共和国教育部. 教育部办公厅等四部门关于在中小学落实习近平生态文明思想、增强生态环境意识的通知[R/OL]. (2019-10-10)[2022-02-11]. http//www.moe.gov.cn/srcsite/A26/s7054/201910/t20191022_404746.html?spm=zm5056-001.0.0.1/lhtO5I&from=timeline.

[161] 中华人民共和国生态环境部. 关于印发《"美丽中国，我是行动者"提升公民生态文明意识行动计划（2021-2025 年）》的通知[R/OL]. (2021-02-23)[2022-02-12]. http//www.mee.gov.cn/xxgk2018/

xxgk/xxgkO3/202102/t20210223 _ 822116. html.

[162] 中华人民共和国教育部. 教育部办公厅关于印发《中小学生预防艾滋病专题教育大纲》《中小学生毒品预防专题教育大纲》《中小学生环境教育专题教育大纲》的通知［R/OL］. (2003-03-12) ［2022-02-13］. http//www. moe. gov. cn/srcsite/A06/s3325/200303/t20030312 _ 81815. html.

[163] 中华人民共和国生态环境部. 环境保护部教育部关于建立中小学环境教育社会实践基地的通知［R/OL］. (2012-09-10) ［2022-02-13］. http//www. mee. gov. cn/gkml/hbb/bwj/201209/t20120918 _ 236368. htm.

[164] 中华人民共和国教育部. 教育部关于印发《中小学生守则(2015 年修订)》的通知［R/OL］. (2015-08-25) ［2022-02-13］. http//www. moe. gov. cn/srcsite/AO6/s3325/201508/t20150827 _ 203482. html.

[165] 中华人民共和国教育部. 教育部关于印发《中小学德育工作指南》的通知［R/OL］. (2017-08-22) ［2022-02-13］. http//www. moe. gov. cn/srcsite/A06/s3325/201709/t20170904 _ 313128. html.

[166] 中华人民共和国中央人民政府. 白皮书：中国应对气候变化的政策与行动［R/OL］. (2021-10-27) ［2022-02-14］. http//www. gov. cn/zhengce/2021-10/27/content _ 5646697. htm.

[167] 中华人民共和国生态环境部. 2021 年全国生态环境宣传教育工作会议召开［R/OL］. (2021-11-16) ［2022-02-14］. http//www. mee. gov. cn/ywdt/hjywnews/202111/t20211116 _ 960534. html.

二、英文资料

[168] SHEPARDSON D P, NIYOGI D, ROYCHOUDHURY A, et al. Conceptualizing climate change in the context of a climate system: implications for climate and environmental education［J］. Environmental Education Research, 2012, 18(3): 323-352.

[169] SIEGNER A, STAPERT N. Climate change education in the humanities classroom: a case study of the lowell school curriculum pilot ［J］. Environmental Education Research, 2019, 26(4): 511-531.

[170] STAPLETON S R. A case for climate justice education: American

youth connecting to intragenerational climate injustice in Bangladesh [J]. Environmental Education Research,2018,25(5):732-750.

[171] WYNES S, NICHOLAS K A. Climate science curricula in Canadian secondary schools focus on human warming, not scientific consensus,impacts or solutions[J]. PLOS ONE,2019,14(7):218305.

[172] ZUMMO L, GARGROETZI E, GARCIA A. Youth voice on climate change: using factor analysis to understand the intersection of science, politics, and emotion [J]. Environmental Education Research, 2020,26(8):1207-1226.

[173] AGUADED I. Children and young people: the new interactive generations[J].Revista Comunicar,2011,18(36):7-8.

[174]MONROE M C,PLATE R R,OXARART A,et al. Identifying effective climate change education strategies: a systematic review of the research[J]. Environmental Education Research,2017,25(6):791-812.

[175] PEARCE T D, FORD J D, LAIDLER G J, et al. Community collaboration and climate change research in the Canadian Arctic[J].Polar Research,2009,28(1):10-27.

[176] PRUNEAU D, GRAVEL H, BOURQUE W. Experimentation with a socio-constructivist process for climate change education [J]. Environmental Education Research,2003,9(4):429-446.

[177]ROMÅN D,BUSCH K C. Textbooks of doubt: using systemic functional analysis to explore the framing of climate change in middle-school science textbooks[J]. Environmental Education Research, 2015, 22 (8):1158-1180.

[178] RUMORE D, SCHENK T, SUSSKIND L. Role-play simulations for climate change adaptation education and engagement[J]. Nature Climate Change,2016,6(8):745-750.

[179]Eddy J A. Climate and the changing sun [J]. Climatic Change, 1977,1(2):173-190.

[180] HALLAR A G, MCCUBBIN I B, WRIGHT J M. change: a

气候变化教育

place-based curriculum for understanding climate change at Storm Peak Laboratory, Colorado[J]. Bulletin of the American Meteorological Society, 2011,92(7):909-918.

[181]HERMAN B C, FELDMAN A, VERNAZA-HERNANDEZ V. Florida and puerto rico secondary science teachers' knowledge and teaching of climate change science[J]. International Journal of Science and Mathematics Education, 2015,15(3):451-471.

[182]HESTNESS E, MCDONALD R C, BRESLYN W, et al. Science teacher professional development in climate change education informed by the next generation science standards [J]. Journal of Geoscience Education, 2014,62(3):319-329.

[183]KHALIDI R, RAMSEY J. A comparison of California and texas secondary science teachers' perceptions of climate change [J]. Environmental Education Research, 2020,27(5):669-686.

[184] LI C, MONROE M C. Development and validation of the climate change hope scale for high school students[J]. Environment and Behavior, 2017,50(4):454-479.

[185] MEEHAN C R, LEVY B L, COLLET-GILDARD L. Global climate change in U.S. high school curricula: portrayals of the causes, consequences, and potential responses[J]. Science Education, 2018, 102 (3):498-528.

[186] FINDELL K L, SHEVLIAKOVA, STOUFFER R J, et al. Modeled impact of anthropogenic landcover change on climate.[J].Journal of Climate, 2007,20(14):3621-3634.

[187]BERGER P, GERUM N, MOON M. "Roll up Your Sleeves and Get at It!" climate change education in teacher education[J] Canadian Journal of Environmental Education, 2015(20):154-173.

[188]CHOI S, NIYOGI D, SHEPARDSON D P, et al. Do earth and environmental science textbooks promote middle and high school students' conceptual development about climate change? [J]. Bulletin of the

参
考
资
料

American Meteorological Society,2010,91(7):889-898.

[189] FRIIS-CHRISTENSEN E, LASSEN K. Length of the solar cycle: an indicator of solar activity closely associated with climate [J]. Science,1991(254):698-700.

[190] ANDERSON A. Climate change education for mitigation and adaptation[J]. Journal of Education for Sustainable Development,2012,6 (2):191-206.

[191]BAZILIAN M, BRADSHAW M, GOLDTHAU A, et al. Model and manage the changing geopolitics of energy [J]. Nature, 2019, 569 (7754):29-31.

[192] ERB K-H, KASTNER T, PLUTZAR C, et al. Unexpectedly large impact of forest management and grazing on global vegetation biomass[J]. Nature,2018,553(7686):73-76.

[193]FORSELL N, TURKOVSKA O, GUSTI M, et al. Assessing the INDCs' land use, land use change, and forest emission projections [J]. Carbon Balance Management.2016,11(1):1-17.

[194] HICKS D, BORD A. Learning about global issues: why most educators only make things worse[J]. Environmental Education Research, 2001,7(4):413-425.

[195] HAIGH J D. The sun and the earth's climate [J]. Living Reviews in Solar Physics,2007,4(2):2298.

[196]LABITZKE K, LOON H V. Associations between the 11-year solar cycle, the QBO and the atmosphere[J]. Journal of Atmospheric and Terrestrial Physics,1988,50(3):197-206.

[197] ZHAI P M, ZHANGX B, WANG H, et al. Trends in total precipitation and frequency of daily precipitation extremes over China[J]. Journal of Climate,2005,18(7):1096-1108.

[198] LABITZKE K. Sunspots, the QBO, and the stratospheric temperature in the north polar region[J]. Geophysical Research Letters, 1987,14(5):535-537.

气候变化教育

[199]MIKUNDA T,BRUNNER L,SKYLOGIANNI E, et al.Carbon capture and storage and the sustainable development goals [J]. International Journal of Greenhouse Gas Control,2021(108):1-14.

[200] PACALA S, SOCOLOW R. Stabilization wedges: solving the climate problem for the next 50 years with current technologies [J]. Science,2004,305(5686):968-972.

[201]ROGELJ J,DEN ELZEN M,HÖHNE N, et al.Paris agreement climate proposals need a boost to keep warming well below 2 ℃ [J]. Nature,2016,534(7609):631-639.

[202]SOHNGEN B,MENDELSOHN R. An optimal control model of forest carbon sequestration [J]. American Journal of Agricultural Economics,2003,85(2),448-457.

[203]SOVACOOL B K, ALI S H, BAZILIAN M, et al. Sustainable minerals and metals for a low-carbon future[J].Science,2020,367(6473): 30-33.

[204]BONNETT M.Environmental education and the issue of nature [J].The Journal of Curriculum Studies.2007,39(6):707-721.

[205]KOPNINA H. Education for sustainable development (ESD): the turn away from "environment" in environmental education? [J]. Environmental Education Research,2012,18(5):699-712.

[206] ANDERSON A. Climate change education for mitigation and adaptation[J].Journal of Education for Sustainable Development,2012,6 (2):191-206.

[207] REID A. Climate change education and research: possibilities and potentials versus problems and perils? [J]. Environmental Education Research,2019,25(6):767-790.

[208]LESLEY-ANN L, DUPIGNY-GIROUX. Introduction—Climate science literacy: a state of the knowledge overview [J]. Physical Geography,2008(29):483-486.

[209] Lay V. Climate literacy: obstacles to the development and

参考资料

spread of climate literacy[J]. Socijalna ekologija: časopis za ekološku misao i sociologijska istraživanja okoline, 2016, 25(1-2): 39-52.

[210] MOSER S C. Communicating climate change: history, challenges, process and future directions [J]. Wiley Interdisciplinary Reviews: Climate Change, 2010, 1(1): 31-53.

[211] WIBECK V. Enhancing learning, communication and public engagement about climate change: some lessons from recent literature[J]. Environmental Education Research, 2014, 20(3): 387-411.

[212] EISENACK K. A climate change board game for interdisciplinary communication and education[J]. Simulation & Gaming, 2013, 44(2-3): 328-348.

[213] FORTNER R W. Climate change in school: where does it fit and how ready are we? [J]. Canadian Journal of Environmental Education, 2001, 6(1): 18-31.

[214] BARDSLEY D K, BARDSLEY A M. A constructivist approach to climate change teaching and learning[J]. Geographical Research, 2007, 45(4): 329-339.

[215] BOYKOFF M T, BOYKOFF J M. Balance as bias: global warming and the U.S. prestige press[J]. Global Environmental Change, 2004, 14(2): 125-136.

[216] CHOI S, NIYOGI D, SHEPARDSON D P, et al. Do earth and environmental science textbooks promote middle and high school students' conceptual development about climate change? textbooks' consideration of students' misconceptions [J]. Bulletin of the American Meteorological Society, 2010, 91(7): 889-898.

[217] CROSS I D, CONGREVE A. Teaching (super) wicked problems: authentic learning about climate change [J]. Journal of Geography in Higher Education, 2021, 45(4): 491-516.

[218] DUIT R. Students' conceptual frameworks: consequences for learning science [J]. The psychology of learning science, 1991, 75 (6):

气
候
变
化
教
育

649-672.

[219] GROVES F H, PUGH A F. Elementary pre-service teacher perceptions of the greenhouse effect[J]. Journal of Science Education and Technology,1999,8(1):75-81.

[220] JORDAN R, SORENSEN A E, SHWOM R, et al. Using authentic science in climate change education[J]. Applied Environmental Education & Communication,2019,18(4):350-381.

[221]KAHAWA F, SELLBY D. Ready for the storm:education for disaster risk reduction and climate change adaptation and mitigation1[J]. Journal of Education for Sustainable Development,2012,6(2):207-217.

[222]LEDERMAN L C. Debriefing:toward a systematic assessment of theory and practice[J]. Simulation & gaming,1992,23(2):145-160.

[223]LEICHENKO R, O'BRIEN K. Teaching climate change in the anthropocene: an integrative approach [J]. Anthropocene, 2020, 30:100241.

[224] LIU S C. Environmental education through documentaries: assessing learning outcomes of a general environmental studies course[J]. Eurasia Journal of Mathematics, Science and Technology Education,2018, 14(4):1371-1381.

[225] MASON L, SANTI M. Discussing the greenhouse effect: children's collaborative discourse reasoning and conceptual change [J]. Environmental Education Research,1998,4(1):67-85.

[226] MCCRIGHT A M, O'SHEA B W, SWEEDER R D, et al. Promoting interdisciplinarity through climate change education[J]. Nature Climate Change,2013,3(8):713-716.

[227]MCNEAL K S,LIBARKIN J C,LEDLEY T S,et al. The role of research in online curriculum development:the case of earth labs climate change and earth system modules[J]. Journal of Geoscience Education, 2014,62(4):560-577.

[228] MICKLETHWAITE P, KNIFTON R. Climate change:design teaching for a new reality [J]. The Design Journal, 2017, 20 (sup1):

S1636-S1650.

[229]MOCHIZUKI Y, BRYAN A. Climate change education in the context of education for sustainable development: rationale and principles [J]. Journal of Education for Sustainable Development, 2015, 9(1):4-26.

[230]MONROE M C, PLATE R R, OXARART A, et al. Identifying effective climate change education strategies: a systematic review of the research[J]. Environmental Education Research, 2019, 25(6):791-812.

[231] NIEBERT K, GROPENGIESSER H. Understanding and communicating climate change in metaphors[J]. Environmental Education Research, 2013, 19(3):282-302.

[232] NOLAN J M. "An inconvenient truth" increases knowledge, concern, and willingness to reduce greenhouse gases[J]. Environment and Behavior, 2010, 42(5):643-658.

[233] PAPADIMITRIOU V. Prospective primary teachers' understanding of climate change, greenhouse effect, and ozone layer depletion[J]. Journal of Science Education and Technology, 2004, 13(2):299-307.

[234]RECKIEN D, EISENACK K. Climate change gaming on board and screen: a review[J]. Simulation & Gaming, 2013, 44(2-3):253-271.

[235] SADLER T D, KLOSTERMAN M L. Exploring the sociopolitical dimensions of global warming[J]. Science Activities, 2009, 45(4):9-13.

[236]SANSON A V, BURKE S E L, Van Hoorn J. Climate change: implications for parents and parenting [J]. Parenting, 2018, 18(3): 200-217.

[237]STEVENSON K T, PETERSON M N, BONDELL H D. The influence of personal beliefs, friends, and family in building climate change concern among adolescents[J]. Environmental Education Research, 2019, 25(6):832-845.

[238] WISE S B. Climate change in the classroom: patterns, motivations, and barriers to instruction among Colorado science teachers[J]. Journal of Geoscience Education, 2010, 58(5):297-309.

[239] WOODS-TOWNSEND K, CHRISTODOULOU A, RIETDIJK

气候变化教育

W, et al. Meet the scientist: the value of short interactions between scientists and students[J]. International Journal of Science Education, Part B, 2016, 6(1):89-113.

[240] BOFFERDING L, KLOSER M. Middle and high school students' conceptions of climate change mitigation and adaptation strategies[J]. Environmental Education Research, 2015, 21(2):275-294.

[241] BOYES E, CHUCKRAN D, STANISSTREET M. How do high school students perceive global climatic change: what are its manifestations? what are its origins? what corrective action can be taken? [J]. Journal of Science Education and Technology, 1993, 2(4):541-557.

[242] BOYES E, STANISSTREET M. Children's models of understanding of two major global environmental issues (Ozone layer and greenhouse effect) [J]. Research in Science & Technological Education, 1997, 15(1):19-28.

[243] BOYES E, STANISSTREET M. The "Greenhouse Effect": children's perceptions of causes, consequences and cures[J]. International Journal of Science Education, 1993, 15(5):531-552.

[244] CHRYST B, MARLON J, VAN DER LINDEN S, et al. Global warming's "Six Americas Short Survey": audience segmentation of climate change views using a four question instrument [J]. Environmental Communication, 2018, 12(8):1109-1122.

[245] DIJKSTRA E M, GOEDHART M J. Development and validation of the ACSI: measuring students' science attitudes, pro-environmental behaviour, climate change attitudes and knowledge [J]. Environmental Education Research, 2012, 18(6):733-749.

[246] FRICK J, KAISER F, WILSON M. Environmental knowledge and conservation behavior: exploring prevalence and structure in a representative sample[J]. Personality and Individual Differences, 2004, 37 (8):1597-1613.

[247] GOLDMAN D, AYALON O, BAUM D, et al. Influence of "green school certification" on students' environmental literacy and

参
考
资
料

adoption of sustainable practice by schools [J]. Journal of Cleaner Production, 2018, 183:1300-1313.

[248] HESTNESS E, MCGINNIS J R, BRESLYN W. Examining the relationship between middle school students' sociocultural participation and their ideas about climate change [J]. Environmental Education Research, 2016, 25(6):912-924.

[249] HIRAMATSU A, KURISU K, NAKAMURA H, et al. Spillover effect on families derived from environmental education for children[J]. Low Carbon Economy, 2014, 5(2):40-50.

[250] JARRETT L, TAKACS G. Secondary students' ideas about scientific concepts underlying climate change[J]. Environmental Education Research, 2019, 26(3):400-420.

[251] KOLLMUSS A, AGYEMAN J. Mind the gap: why do people act environmentally and what are the barriers to pro-environmental behavior?[J]. Environmental Education Research, 2002, 8(3):239-260.

[252] KUHLEMEIER H, LAGERWEIJ N. Environmental knowledge, attitudes, and behavior in dutch secondary education[J]. The Journal of Environmental Education, 1999, 30(2):4-14.

[253] KUTHE A, KELLER L, KÖRFGEN A, et al. How many young generations are there?: a typology of teenagers' climate change awareness in Germany and Austria[J]. The Journal of Environmental Education, 2019, 50(3):172-182.

[254] LEHNERT M, FIEDOR D, FRAJER J, et al. Czech students and mitigation of global warming: beliefs and willingness to take action [J]. Environmental Education Research, 2019, 26(6):864-889.

[255] LI C J, MONROE M C. Exploring the essential psychological factors in fostering hope concerning climate change [J]. Environmental Education Research, 2019, 25(6):936-954.

[256] LOMBARDI D, SINATRA G M, NUSSBAUM E M. Plausibility reappraisals and shifts in middle school students' climate change conceptions[J]. Learning and Instruction, 2013, 27:50-62.

气候变化教育

[257]MAIBACH E W, LEISEROWITZ A, ROSER-RENOUF C, et al. Identifying like-minded audiences for global warming public engagement campaigns: an audience segmentation analysis and tool development[J]. PLOS One, 2011, 6(3): e17571.

[258]MESSICK S. The interplay of evidence and consequences in the validation of performance assessments[J]. Educational researcher, 1994, 23 (2): 13-23.

[259] PRUDENTE M, AGUJA S, ANITO J, JR. Exploring climate change conceptions and attitudes: drawing implications for a framework on environmental literacy [J]. Advanced Science Letters, 2015, 21 (7): 2413-2418.

[260]SIBLEY D F, ANDERSON C W, HEIDEMANN M, et al. Box diagrams to assess students' systems thinking about the rock, water and carbon cycles[J]. Journal of Geoscience Education, 2007, 55(2): 138-146.

[261] TEKSOZ G, SAHIN E, TEKKAYA-OZTEKIN C. Modeling environmental literacy of university students [J]. Journal of Science Education and Technology, 2011, 21(1): 157-166.

[262] WALSH E M, CORDERO E. Youth science expertise, environmental identity, and agency in climate action filmmaking [J]. Environmental Education Research, 2019, 25(5): 656-677.

[263]ARNELL N W, LOWE J A, CHALLINOR A J, et al. Global and regional impacts of climate change at different levels of global temperature increase[J]. Climatic Change, 2019, 155: 377-391.

[264]BONAN G B. Frost followed the plow: impacts of deforestation on the climate of the United States[J]. Ecological Applications, 1999, 9 (4): 1305-1315.

[265] BEGGS P J. Climate change, aeroallergens, and the aeroexposome[J]. Environmental Research Letters, 2021, 16(3): 035006.

[266] CAMUS P, TOMáS A, DíAZ-HERNáNDEZ G, et al. Probabilistic assessment of port operation downtimes under climate change[J]. Coastal Engineering, 2019, 147: 12-24.

参考资料

[267]CHRISTIDIS N,STOTT P A,HEGERL G C,et al. The role of land use change in the recent warming of daily extreme temperatures[J]. Geophysical RESEARCH Letters,2013,40(3):589-594.

[268] CHRISTODOULOU A, CHRISTIDIS P, DEMIREL H. Sea-level rise in ports:a wider focus on impacts[J]. Maritime Economics & Logistics,2019,21:482-496.

[269]HAMAOUI-LAGUEL L,VAUTARD R,LIU L I,et al.Effects of climate change and seed dispersal on airborne ragweed pollen loads in Europe[J].Nature Climate Change,2015,5(8):766-771.

[270]KIREZCI E, YOUNG I R,RANASINGHE R,et al.Projections of global-scale extreme sea levels and resulting episodic coastal flooding over the 21st Century[J].Scientific Reports,2020,10(1):11629.

[271]KULP S A,STRAUSS B H. New elevation data triple estimates of global vulnerability to sea-level rise and coastal flooding[J]. Nature Communications,2019,10(1):1-12.

[272]LAKE I R,JONES N R,AGNEW M,et al.Climate change and future pollen allergy in Europe[J]. Environmental Health Perspectives, 2017,125(3):385-391.

[273]MALYSHEV S, SHEVLIAKOVA E, STOUFFER R J, et al. Contrasting local versus regional effects of land-use-change-induced heterogeneity on historical climate:analysis with the GFDL earth system model[J].Journal of Climate,2015,28(13):5448-5469.

[274] MANDEL A, TIGGELOVEN T, LINCKE D, et al. Risks on global financial stability induced by climate change:the case of flood risks [J].Climatic Change,2021,166(1-2):4.

[275] MARX W, HAUNSCHILD R, FRENCH B, et al. Slow reception and under-citedness in climate change research:a case study of Charles David Keeling, discoverer of the risk of global warming [J]. Scientometrics,2017,112:1079-1092.

[276] OLESON K W, BONAN G B, LEVIS S, et al. Effects of land use change on North American climate:impact of surface datasets and

气
候
变
化
教
育

model biogeophysics[J]. Climate Dynamics,2004,23:117-132.

[277]OPPENHEIMER M,GLAVOVIC B,HINKEL J,et al.Sea level rise and implications for low lying islands, coasts and communities[J]. 2019,15(4):595-597.

[278] ROHMER J, LINCKE D, HINKEL J, et al. Unravelling the importance of uncertainties in global-scale coastal flood risk assessments under sea level rise[J]. Water,2021,13(6):774.

[279] STRACK J E, PIELKE SR R A, STEYAERT L T, et al. Sensitivity of June near - surface temperatures and precipitation in the eastern United States to historical land cover changes since European settlement[J]. Water Resources Research,2008,44(11):1-13.

[280]VERSCHUUR J,KOKS EE,HALL J W. Port disruptions due to natural disasters: insights into port and logistics resilience [J]. Transportation research part D: Transport and Environment, 2020, 85:102393.

[281]YESUDIAN A N,DAWSON R J. Global analysis of sea level rise risk to airports[J].Climate Risk Management,2021,31:100266.

[282] ZHANG Y, ISUKAPALLI SS, BIELORY L, et al. Bayesian analysis of climate change effects on observed and projected airborne levels of birch pollen[J]. Atmospheric Environment,2013(68)64-73.

[283] ZISKA L H, MAKRA L, HARRY S K, et al. Temperature-related changes in airborne allergenic pollen abundance and seasonality across the northern hemisphere: a retrospective data analysis [J]. The Lancet Planetary Health,2019,3(3):e124-e131.

[284]ZISKA L H.An overview of rising CO_2 and climatic change on aeroallergens and allergic diseases[J]. Allergy, Asthma & Immunology Research,2020,12(5):771.

[285] HARVEY B, ENSOR J, CARLILE L, et al. Climate change communication and social learning-review and strategy development for CCAFS[J].CCAFS Working Paper,2012(22):1-51.

[286] KOLLMUSS A, AGYEMAN J. Mind the gap: why do people

参
考
资
料

act environmentally and what are the barriers to pro-environmental behavior? [J]. Environmental education research, 2002, 8(3): 239-260.

[287] ALLAN R P, BARLOW M, BYRNE M P, et al. Advances in understanding large - scale responses of the water cycle to climate change [J]. Annals of the New York Academy of Sciences, 2020, 1472(1): 49-75.

[288] GRACE J. Understanding and managing the global carbon cycle [J]. Journal of Ecology, 2004, 92(2): 189-202.

[289] STEPHENS G L, LI J, WILD M, et al. An update on earth's energy balance in light of the latest global observations [J]. Nature Geoscience, 2012, 5(10): 691-696.

[290] WANG W C, PINTO J P, YUNG Y L. Climatic effects due to halogenated compounds in the earth's atmosphere [J]. Journal of atmospheric sciences, 1980, 37(2): 333-338.

[291] NOAA. Climate Literacy: the essential principles of climate science [M]. Washington: U. S. Global Change Research Program, 2009.

[292] SCHLESINGER W. Biogeochemistry: an analysis of global change [M]. 2nd ed. San Diego: Academic Press, 1997.

[293] DICKINSON T, EDWARDS L, FLOOD N, et al. ON science 10 [M]. Vancouver: McGraw-Hill Ryerson Ltd, 2009.

[294] DIGIUSEPPE M, FRASER D, GABBER M, et al. Science connections 10 [M]. Toronto: Nelson Education Ltd, 2011.

[295] PLUTZER E, HANNAH A L, ROSENAU J, et al. Mixed messages: how climate is taught in America's schools [M]. Oakland, CA: National Center for Science Education, 2016.

[296] GALLAGHER S M, DOWNS R M. Geography for life: national geography standards [M]. Washington: National Council for Geographic Education, 2012.

[297] BANDURA A. Self-efficacy: the exercise of control [M]. New York: W H Freeman/Times Books/ Henry Holt & Co, 1997.

[298] MEDU. The ontario curriculum grades 9 and 10: science [M]. Toronto: Queen's Printer for Ontario, 2008.

气候变化教育

[299] MONROE M C, OXARART A, et al. Southeastern forests and climate change: a project learning tree secondary environmental education module [M]. Gainesville, FL: University of Florida and Sustainable Forestry Initiative, 2015.

[300] SANDNER L, ELLIS C, LACY D, et al. Investigating science 10 [M]. Vancouver: Pearson Education Canada, 2009.

[301] MATTHIES E, WALLIS H. Family socialization and sustainable consumption[M]. Cheltenham: Edward Elgar Publishing, 2015.

[302] SHEPARDSON D P, ROYCHOUDHURY A, HIRSCH A S. Teaching and learning about climate change: a framework for educators [M]. London: Routledge, Taylor & Francis, 2017.

[303] STEPHENSON M. Energy and climate change: an introduction to geological controls, interventions and mitigations [M]. Amsterdam: Elsevier, 2018.

[304] United Nations Educational, Scientific and Cultural Organization. Climate change education for sustainable development [M]. Paris: UNESCO, 2010.

[305] United Nations Educational, Scientific and Cultural Organization. Not just hot air: putting climate change education into practice[M]. Paris: UNESCO, 2015.

[306] United Nations Educational, Scientific and Cultural Organization. Country progress on climate change education, Training and Public Awareness[M]. Paris: UNESCO, 2019.

[307] Center for Research on Environmental Decisions. The psychology of climate change communication: a guide for scientists, journalists, educators, political aides, and the interested public [M]. New York: Columbia University, 2009.

[308] Center for Research on Environmental Decisions. The psychology of climate change communication: a guide for scientists, journalists, educators, political aides, and the interested public [M]. New York: Columbia University, 2009.

参
考
资
料

[309]CLAYTON H H. World Weather[M]. New York:Macmillan,1923.

[310]ADLER S A. National curriculum standards for social studies a framework for teaching,learning and assessment [M]. Silver Spring,MD: National Council for the Social Studies,2010.

[311] NGSS Lead States. Next generation science standards: for states,by states[M]. Washington:The National Academies Press,2013.

[312] SMITH K R, CHAFE Z, WOODWARD A, et al. Human health: impacts, adaptation, and co-benefits [M]. Cambridge, United Kingdom and New York:Cambridge University Press,2015.

[313] Manitoba Education. Senior science 2: specific learning outcomes[M]. Winnipeg:Manitoba Education Ca Y,2001.

[314] FORREST S, FEDER M A. Climate change education:goals, audiences,and strategies. National Academies Press. [R]. Washington:500 Fifth Street NW,2011.

[315]MASSON-DELMOTTE V, ZHAI P, PIRANI A, et al. Climate change 2021:the physical science basis [R]. Cambridge and New York: Cambridge University Press,2021.

[316] IPCC. Climate change 2014: impacts, adaptation, and vulnerability [R]. Cambridge and New York: Cambridge University Press,2014.

[317] IPCC. Climate change 2007: the physical science basis [R]. Cambridge and New York:Cambridge University Press,2007.

[318] IPCC. Climate change 2021: the physical science basis [R]. Cambridge and New York:Cambridge University Press,2021.

[319] Ontario Ministry of Education. The ontario curriculum: secondary science [EB/OL]. (2017-08-16) [2022-02-09]. http://www. edu. gov. on. ca/eng/curriculum/secondary/science. html.

[320]NOAA. What is eutrophication?[EB/OL]. (2010-02-17) [2022-02-09]. https://oceanservice. noaa. gov/facts/eutrophication. html.

[321] THEISSEN K M. Greenhouse emissions reduction role-play exercise [EB/OL]. (2010-04-08) [2022-04-12]. https://serc. carleton.

气
候
变
化
教
育

edu/sp/library/roleplaying/examples/34147. html.

[322] UNESCO Course. Climate change education inside and outside the classroom [EB/OL]. (2019-11-03) [2022-03-05]. https://en. unesco. org/sites/default/files/4. _ ccesd _ course _ final _ 30. 12. 14. pdf.

[323] Department for Education. National curriculum in England: key stages 3 and 4 framework document [EB/OL]. (2020-11-12) [2022-03-05]. https://www. gov. uk/national-curriculum/key-stage-3-and-4.

[324] Saskatchewan Department of Education. Science 10: curricula document [EB/OL]. (2016-06-09) [2022-03-30]. https://curriculum. nesd. ca/Secondary/Pages/Science10. aspx#/=.

[325] IEA. CCUS in clean energy transitions [EB/OL]. (2020-10-11) [2022-09-01]. https://www. iea. org/reports/ccus-in-clean-energy-transitions/a-new-era-for-ccus#abstract.

[326] Saskatchewan Department of Education. Environmental science 20: curricula document [EB/OL]. (2016-04-27) [2022-11-30]. https://curriculum. nesd. ca/Secondary/Pages/EnvironmentalScience20. aspx#/=.

[327] ANYA K. Most teachers don't teach climate change; 4 In 5 parents wish they did [EB/OL]. (2019-04-22) [2022-01-22]. https://www. npr. org/2019/04/22/714262267/most-teachers-dont-teach-climate-change-4-in-5-parents-wish-they-did.

[328] BETH O, SHIRA D S. Mini climate change musical [EB/OL]. (2020-01-16) [2022-02-04]. https://cleanet. org/resources/56028. html.

[329] Biointeractive. Coral reefs and global warming [EB/OL]. (2021-09-07) [2022-02-04]. https://www. biointeractive. org/classroom-resources/coral-reefs-and-global-warming.

[330] LEISEROWITZ A, SMITH N, MARLON J R. American teens' knowledge of climate change [EB/OL]. (2016-02-13) [2022-02-20]. http://environment. yale. edu/uploads/american-teens-knowledge-of-climate-change. pdf.

[331] Ecowatch. Watch Leonardo DiCaprio's climate change doc online for free [EB/OL]. (2016-10-25) [2022-02-08]. https://www. ecowatch. com/

参
考
资
料

leonardo-dicaprio-before-the-flood-2062971522-2062971522. html.

[332]Global Oneness Project. The environment is in you [EB/OL]. (2021-02-15) [2022-02-08]. https://www. globalonenessproject. org/ stories/environment-you-student-photography-and-original-illustration-contes.

[333] UNESCO. Education for sustainable development goals: learning objectives[EB/OL]. (2018-06-06) [2022-02-08]. https://www. Researchgate. net/publication/314871233 _ Education _ for _ Sustainable _ Development _ Goals _ Learning _ Objectives. pdf:11.

[334] Council of the European Union. Osnabruck declaration on vocational education and training as an enabler of recovery and just transitions to digital and green economies [R/OL]. (2020-11-30)[2022-02-05]. https://www. cedefop. europa. eu/files/osnabrueck _ declaration _ eu2020. pdf.

[335]IPCC. Special Report: global warming of $1.5℃$ [R/OL]. (2018-10-15) [2022-02-15]. https://www. ipcc. ch/site/assets/uploads/sites/2/2019/05/SR15 _ Chapter1 _ Low _ Res. pdf.